中国特色学徒制试点学徒岗位教材

猪生产学徒岗位手册

张　伟　王世银　主编

中国农业大学出版社
·北京·

内容简介

该手册按照步入企业、认识岗位到学徒工作学习任务的顺序编写，与学生进入养猪企业的认知和学习过程同步，有利于指导学生适应企业的学习环境，顺利完成拟定岗位专业知识和技术的学习。岗位知识和技术则按照目前我国规模化猪场的生产组织形式，划分为配怀舍生产管理、分娩舍生产管理以及保育育肥舍生产管理3个项目，每个项目又依据生产实际划分为若干个任务，以确保手册内容能涵盖目前养猪生产中的主要岗位知识和技能。每个任务首先明确“任务目标与质量要求”和“学习产出目标”，然后进行岗位“工作程序与方法要求”的介绍，再依据岗位工作针对性地补充“业务知识”和“业务经验”，使学徒全面了解掌握该岗位的工作标准、学习要求、操作程序及技术要求、所需专业知识以及前人总结的经验等，最后对岗位工作的学习情况进行考核评价。

图书在版编目(CIP)数据

猪生产学徒岗位手册/张伟，王世银主编.—北京：中国农业大学出版社，2023.5
ISBN 978-7-5655-2896-5

Ⅰ.①猪…　Ⅱ.①张…　②王…　Ⅲ.①养猪学-高等职业教育-教材　Ⅳ.①S828

中国国家版本馆CIP数据核字(2023)第006894号

书　　名　猪生产学徒岗位手册
作　　者　张　伟　王世银　主编

策划编辑　康昊婷　　**责任编辑**　许晓婧
封面设计　郑　川　李尘工作室
出版发行　中国农业大学出版社
社　　址　北京市海淀区圆明园西路2号　　**邮政编码**　100193
电　　话　发行部 010-62733489，1190　　读者服务部 010-62732336
　　　　　　编辑部 010-62732617，2618　　出　版　部 010-62733440
网　　址　http://www.caupress.cn　　**E-mail** cbsszs@cau.edu.cn
经　　销　新华书店
印　　刷　涿州市星河印刷有限公司
版　　次　2023年6月第1版　　2023年6月第1次印刷
规　　格　185 mm×260 mm　　16开本　　13.75印张　　264千字
定　　价　42.00元

编 写 人 员

主　编　张　伟（新疆农业职业技术学院）

　　　　王世银（新疆农业职业技术学院）

副主编　杨力伟（新疆农业职业技术学院）

　　　　肖　非（新疆泰昆集团有限责任公司）

　　　　龙翠琴（吉木萨尔县农业农村局）

　　　　刘晓娜（新疆农业职业技术学院）

编　者　（按姓名汉语拼音排序）

　　　　崔炳灿（新疆农业职业技术学院）

　　　　刘晓娜（新疆农业职业技术学院）

　　　　龙翠琴（吉木萨尔县农业农村局）

　　　　王世银（新疆农业职业技术学院）

　　　　王香祖（新疆农业职业技术学院）

　　　　肖　非（新疆泰昆集团有限责任公司）

　　　　杨力伟（新疆农业职业技术学院）

　　　　张　伟（新疆农业职业技术学院）

　　　　朱建军（新疆正大畜禽有限公司）

　　　　庄文明（新疆泰昆集团有限责任公司）

前　言

我国自古就有“猪粮安天下”的说法，充分说明了猪肉的足量供应在我国具有特殊重要的意义。我国养猪历史悠久，猪也是华夏先民们最早驯化的家畜。在过去，我国广大农村一直都有养猪的习惯。每逢春节宰一头年猪，不但可以让人们过一个丰盛的节日，还可以通过卖一部分猪肉来增加收入，而利用农闲时节养几只猪出售，更是农民家庭经济收入的一个重要来源。长期以来，我国50％以上的猪肉是由农村散养户和小规模养殖户供应的。

近年来，随着我国生猪产业的迅速发展，以及国家对于环境保护的日益重视，中小养猪企业在环保、资金、技术和人才等方面的压力下逐渐退出养猪行业，我国的生猪养殖产业逐步进入集约化、规模化、机械化、自动化和数字化的时代。养猪也不再是以前农村小规模养殖时的情形，已成为一项专业性极强的工作。党的二十大报告提出“高质量发展是全面建设社会主义现代化国家的首要任务”“加快建设农业强国”，而不论是保障生猪产业的高质量发展，还是实现建设农业强国的目标，大量专门化、高技能养猪人才的培养都将发挥重要作用。

基于此，我们编写了这本《猪生产学徒岗位手册》。

猪生产是高等职业院校畜牧兽医专业的核心课程，本手册是依据现代学徒制人才培养理念，针对学生以学徒身份进入养猪企业生产岗位后需要掌握的专业知识和技能编写的一本岗位学习手册。

本手册按照步入企业、认识岗位到学徒工作学习任务的顺序编写，与学生进入养猪企业的认知和学习过程同步，有利于指导学生适应企业的学习环境，顺利完成拟定岗位专业知识和技术的学习。岗位知识和技术则按照目前我国规模化猪场的生产组织形式，划分为配怀舍生产管理、分娩舍生产管理以及保育育肥舍生产管理 3 个项目，每个项目又依据生产实际划分为若干个任务，以确保手册内容能涵盖目前养猪生产中的主要岗位知识和技能。每个任务首先明确“任务目标与质量要求”和“学习产出目标”，然后进行岗位“工作程序与方法要求”的介绍，再依据岗位工作针对性地补充“业务知识”和“业务经验”，使学徒对该岗位的工作标准、学习要求、操作程序及技术要求、所需专业知识以及前人总结的经验等方面有一个全面的掌握，最后对岗位工作的学习情况进行考核评价。由于猪场岗位工作较为繁杂，涉及很多细节性的内容，为了使学徒对每个岗位的技术细节有一个清晰的了解，我们借鉴了飞行员在起飞前的检查清单，针对每个岗位梳理了“岗位工作检查清单”，以确保学徒在开展岗位工作时不遗漏任何重要环节。

本手册由三部分构成，第一部分步入企业包含 2 个入职培训专题，由肖非和张伟编写；第二部分认识岗位包含 4 个入职培训专题，由庄文明和王世银编写；第三部分共有 3 个项目，其中项目 1 概述由杨力伟编写，任务 1、任务 2 和任务 3 由张伟和肖非编写，任务 4 和任务 5 由王世银和庄文明编写，项目 2 概述由张伟编写，任务 1 和任务 2 由杨力伟和王香祖编写，任务 3 由刘晓娜和朱建军编写，项目 3 由崔炳灿和龙翠琴编写。张伟、王世银和杨力伟负责统稿。

本手册编写过程中参考了相关文献资料，在此表示感谢。

本手册编写过程中，尽管所有编者都尽了最大的努力，但由于水平和时间所限，加之相关内容发展变化较快，不妥及疏漏之处在所难免，敬请广大读者提出宝贵意见。

编　者

2022 年 10 月

目　录

第一部分

步入企业

The first part
The first part
The first part
The first part

入职培训专题 1
养猪业的现状及发展趋势

我国是世界第一养猪大国，养猪业在畜牧经济总量中占有很大比重，已成为农业和农村经济的支柱产业。但就总体而言，我国的养猪整体生产水平还比较低，与养猪强国的差距很大。欧盟、美国、巴西、加拿大的生猪存栏量与出栏量均为世界前列。在欧盟国家中，养猪生产水平的典型代表是丹麦、德国与法国，属于世界养猪强国。

一、 我国养猪业的现状及存在的问题

（一） 我国养猪业的现状

2022 年，我国生猪存栏 45 256 万头（4.1 亿头为警戒线）、生猪出栏 69 995 万头、猪肉产量 5 541 万 t，同比分别增长 0.7%、4.3%和 4.6%。猪肉产量占我国肉类总产量的 60%，养猪业产值占我国畜牧业总产值的比重达 38%。我国生猪饲养量和猪肉消费量约占世界总量的 1/2，几十年来均居世界第一位。我国已经当之无愧地成为世界养猪生产和猪肉消费的第一大国。

（二） 我国养猪业存在的问题

近年来，随着社会和经济的不断发展，制约我国养猪业发展的因素日益复杂与多样化，存在的问题日益凸显，已经影响到我国养猪业的健康发展和城乡居民的正常消费。我国养猪业大而不强，具体表现在以下几个方面。

1. 生猪养殖生产存在诸多问题

（1）地理集中度不高，规模化养殖程度较低。我国的生猪养殖主要分布在四川、河南和湖南，这 3 个省的生猪养殖量占全国的比重超过 25%，其中四川一直位居第一，所占比重在 10%左右；位居前 10 位省份的生猪养殖量合计占全国的比重在 66%左右。除四川、河南、湖南生猪养殖相对比较集中外，从整体来看，我国生猪养殖的集中度不高。

另外，我国散养模式长期占主导地位，规模化养殖程度较低。从省份来看，仅河南和湖南在规模化养殖方面已形成一定规模；而养殖第一大省四川仍以散养为主，规模化和产业化都尚未形成。

(2) 中小型企业技术及管理落后，龙头企业带动力不足。生猪散养户及大量中小规模养殖户受养殖规模的影响和资金、技术及管理人员的限制，还属于粗放式生产经营，精细化管理严重滞后。国家及省级龙头企业的规模相对较小，凝聚力、号召力与引导力有限。

(3) 饲料转化率（报酬率）低。与养猪发达国家相比，我国饲养生猪的饲料转化率较低。例如，2020 年丹麦育肥猪全期饲料转化率已达 2.6∶1，而我国至 2022 年育肥猪全期饲料转化率仍停留在 2.8∶1。

(4) 对种源的引进陷入误区，受制于养猪发达国家。现代养猪业不同于传统养猪业，是一个高投入、高产出、高风险的“三高”行业，企业的利润主要来源于科学的管理与技术的创新。纵观全球养猪业，越发达的国家对技术的依赖性越大，技术水平也越高。我国养猪业的整体技术水平不高，主要表现为低产低效、品种退化严重且较混杂。

种猪生产位于生猪产业链的顶端，利润大、技术含量高，是整个养猪业的核心竞争力，是区分养猪强国的重要标志，也是我国养猪业最薄弱的环节。我国的原种猪基本被养猪发达国家所控制，我国种猪长期依赖进口，并且有逐年增加的趋势。从 2008 年开始，我国已经成为世界最大的种猪进口国。分析其主要原因是：我国养猪企业长期“重引种轻选育”，导致育种技术落后；部分本应扛起培育我国种猪责任的大型养猪企业缺乏长远的战略眼光，过于重视短期利益，导致国内养猪业长期未能走出“引种一退化一再引种一再退化”的怪圈；国内部分养猪企业热衷于进口外国种猪，常以“新某系”“从某国进口 X 头原种猪”为宣传口号。2005 年我国从国外引种进入高峰期，全国各地争先到国外引种，出现了严重的“炒种”现象。但许多养殖企业忽略了对引进种猪（国外）进行风土驯化，未能做到引种后人工选育，也未能培育国外种猪对我国气候的适应性、抗逆性及对我国流行疫病的抵抗力，导致引进种猪逐渐退化。种猪品牌最终将成为种猪企业的“王牌”，最好的种猪不是最适合的种猪，但最适合的种猪一定是最好的种猪。可以说，我国与养猪发达国家最大的差距在于第一步，即优良种源的选育。

很多养猪企业直接从国外引进种猪，这种“拿来”的方式不需要太多的技术人员（特别是育种技术人员）作支撑。但是，从长远来看，这种做法在行业发展至一定阶段，将会严重制约我国养猪企业的发展，降低企业的盈利能力及抗风险能力。

(5) 育种群体的规模较小。在 500 头猪中选 1 头最好的种猪，与在 50 万头中选 100 头最好的，效果完全不同。因为 50 万头中排名第 100 位的，甚至会比 500 头中排名第1位的好很多。育种群体的规模在很大程度上决定育种水平的高低。许多养猪企业因为受种群规模的限制，大规模选育或优中选优做得不够好，使种猪的品质受到影响。

（6）面临很高的市场风险。我国生猪养殖缺乏大规模生产，大部分生猪养殖企业无法预测市场变化，只能根据经验决定当前的经济行为，容易形成“追涨杀跌”的一致预期，导致“猪价上涨就补栏、猪价下跌就加快出栏”；加之母猪、仔猪、生猪拐点滞后猪价分别约10、14、18个月，这是造成我国生猪生产3～4年周期性波动的根本原因。以散养为主的生猪生产方式，由于抵抗市场价格风险和疫情风险的能力弱，加上小生产者进入和退出的“门槛”低，造成生猪生产容易出现大起大落，猪肉价格也随之大落大起。这会影响养殖户的补栏积极性，而补栏积极性是决定能繁母猪数量和后期生猪供应量的关键因素，也是导致生猪价格周期性波动的主要原因。

另外，货币的超发加剧了市场波动，特别是在生猪价格的上涨周期，容易出现供需紧张的假象，使得猪肉价格最终在流通环节被拉高，从而拉动生猪价格，影响了养殖户对后市的判断，继而影响后一轮的补栏与出栏。

（7）面临较高的疫情风险。猪病频发，很大程度上是由生猪养殖产业化程度低及技术、设备、资金投入与管理环节薄弱导致的。很多散户不愿意在防疫方面进行投入，特别是在效益差的年景，更不会额外花钱为猪接种疫苗。生猪疫病主要包括猪蓝耳病、猪口蹄疫、猪瘟等，其他一些低概率疫病的发生，也可能会因疏于防范而导致高死亡率，影响“猪周期”。猪蓝耳病对存栏量影响最大，可使母猪流产，并可导致母猪与仔猪大量死亡，对后期的生猪供应造成重创；猪瘟则会大大降低仔猪存活率。

（8）自动化与标准化水平整体较低。自动化生产与科学的饲喂保证了标准化的定时、定量喂养，避免了人工喂养的随意性与浪费，也减少了逐年上涨的人工成本。自动化生产可使猪只的体重、身高、身长、瘦肉率基本相同，使猪能在标准的自动生产线上进行屠宰，大大提高了屠宰效率。我国的养猪企业由于受观念、资金、技术、市场等因素的影响，自动化程度普遍不高，导致标准化养殖做得不到位。

（9）生产结构不太合理。部分中大型养猪场生产结构不太合理，具体表现在：一是母猪存栏数量与栏舍设施不配套，在滞销时面临周转不畅的压力；二是原种场、扩繁场、商品场的结合度不高或配套不足，各场的定位不明确，没有建成良好与机动的宝塔式生产结构；三是生产结构不合理，使转场过于频繁，增加了疾病、应激、死亡等风险，导致隐性生产成本过高。

2. 生猪屠宰加工业问题较多

我国生猪养殖业的区域性特点，使得屠宰加工业也呈现高度分散的格局。我国生猪屠宰及肉制品行业存在集中度低，肉制品结构不合理（深加工肉制品少）、产量占猪肉产量的比例低、转换率与档次也较低，落后产能比重过大，产能总量过剩，行业布局与结构不合理，产品同质化严重，品牌建设滞后，屠宰执法不力，冷链物流比例较低等问题。我国猪肉加工“四强”（双汇投资发展股份有限公司、大众食品控股有限公司、雨润食品公司和得利斯食品股份有限公司）的加工能力占规模以上企业总加工能力不足10%，而美国猪肉“四强”加工能力占全国的50%以上，荷兰猪肉“三强”加工能力占全国的74%，丹麦最大企业加工能力占全国的80%。

我国生猪的屠宰加工水平与生产工艺设备关系密切。总体来说，我国生猪屠宰加工以中小型或手工屠宰为主，工业化程度较低，大部分企业的设备较落后，影响肉品卫生状况与质量安全。

3. 产业链一体化严重不足

生猪产业是一个完整的产业链，包括饲料→种猪→商品猪→屠宰→加工→流通。产业链中任何一个单一的环节都存在很大的风险。如果能够打通整个产业链，就会形成养猪企业最重要的核心竞争力，保障养猪企业较好地规避经济周期波动的风险，具备良好的成本转嫁能力，且可以分得产业链中的利润，获得稳定甚至高额的收益，并建成良好的食品安全追溯体系与自有品牌。这是一条需要长期坚持的产业化之路，也是必由之路。

另外，我国自有品牌猪肉的覆盖率较低，这与真正拥有猪源的养殖企业难以掌控猪肉渠道有关。大型生猪养殖企业打造品牌猪肉有很大优势。品牌猪肉的第一要素是安全，大型养猪企业的猪肉可以追根溯源，拥有质量及安全保证。因此，品牌猪肉商机应当被大型养猪企业抓住，产业链贯通则是行之有效的途径之一。未来，由养殖链上的大型或龙头企业牵头，通过参股或控股形式对产业链中的企业进行兼并与重组，打通全产业链，将是我国养猪业的发展重心之一，也是处于市场控制地位的必要手段之一。

4. 养猪行业研发与技术水平不高

我国养猪行业的研发水平需要进一步提升，国家的支持力度也需要进一步加大，产、学、研的结合需要进一步加强，还需要加强与国外相关高端机构的合作。人才是企业最大的核心竞争力，任何企业的发展最终都要依靠人才。所以，发展生猪产业必须实施长期的人才选择、培养与储备战略，加强养殖企业与大专院校的合作，培养专业技术型与管理型复合人才。同时，为人才培养提供相应的政策，支持大型企业设立自己的内部培训学校或专职职能部门，建立标准示范场作为实训及轮训基地，为生猪产业的可持续发展提供更多人才。通过人才、技术及资金的投入，提高存活率、产仔率、平均窝产仔数等关键指标，直接降低养殖业的生产成本，间接增加利润。

5. 生猪期货发展滞后

我国养殖户面临的市场风险特别大，养猪业正在重新洗牌，尽管以后散养户的数量会越来越少，但养殖总量会越来越多。对于规模化养殖企业来说，期货可以防范风险、保证企业基本赢利，亦即期货将是养猪业的一个可靠的后盾，但这个后盾至今尚未形成。因此，应尽快建立和完善生猪期货，运用其套期保值功能，把在现货交易形式下由养殖环节独自承担的价格风险市场化转化，并分散到社会投资者身上，对降低养猪行业的风险、保持养猪业的健康发展是一个利好。

6. 行业协会或合作社的职责发挥不强

我国养殖业管理体制的现状是，行业组织发展松散、滞后、缺位，信息发布、行规制定、咨询服务体系建立、网络健全等诸方面不足，养殖企业在市场竞争中长期处于弱势地位，每次周期性波动受损最严重的是养殖户。因此，亟待加强行业协会或合作社的职责。

7. 国外资本给养猪业带来潜在风险

外资投行（如高盛等）已经通过错综复杂的资本运作，逐渐进入我国养猪业的产业链。试想一下，如果这些以股权方式进入的国际金融资本在我国养猪业发展的非常时期套现流出，我国生猪产业原生态产业链将会是什么样子？育种技术相对落后的零星散户资金不足，如何能抵挡资本雄厚的外资进入？养猪业究竟是我国产业被外资介入的新突破口，还是仅仅是一个与其他投资项目类同的投资新热点？

有专家指出，外资在我国养猪业的优势主要在于资金实力雄厚，容易整合上下游，产生规模效应，形成产业链或产业链中某个环节的垄断。所以，我国需要培育自己的产业基金或投资银行，利用资金、人才等综合优势，在贯通全产业链、建成品牌猪肉、整合重组资源、加强食品安全等方面贡献自己的力量。传统养猪企业受规模、观念、经验、资金、人才等方面的约束，不懂得利用资本的力量整合资源，提高规模化、集约化、自动化经营水平。而信贷机制不够灵活，也使得许多养殖户不能在资金的支持下做大做强。

8. 环境污染与资源占用的问题严重

生猪产业发展与城市化、工业化及城乡居民生活之间存在资源之争，主要表现在土地资源、水资源与粮食资源方面。从世界养猪业的发展来看，德国与法国原来是欧洲的养猪大国，由于环保的压力，让位于荷兰；而荷兰的环保措施也日益严格，养猪业向东欧转移。在我国一些养殖集中的区域（特别是在大城市的郊区），开展大规模的养殖也会造成环境污染，而环境污染的控制难度大、治理成本高。因此，发展循环经济，利用“猪-沼-菜、猪-沼-鱼、猪-沼-林、猪-沼-果”等模式，保证养猪生产零排放乃当务之急。

9. 饲料资源匮乏及价格上涨带来发展压力

以玉米与豆粕为主要原料的饲料成本占养猪成本的60%左右。2010年，我国进口大豆5400万t、玉米150万t；豆粕、鱼粉等主要蛋白饲料资源的进口依赖度超过70%；饲料用玉米从2010年开始变成净进口，已经从供求平衡转向供求偏紧。到2030

年，我国饲料量占粮食比重将达到50%，饲料量问题将成为影响我国粮食安全的主要问题。如果不及时增加国内大宗原材料的种植，并合理控制大宗原材料的价格，养猪业将面临“无料养”的局面。

从畜牧经济学角度出发，养猪业为耗粮型畜牧业，需要消耗玉米等大量粮食作物。为降低成本，应将粮食就地转化为畜产品，因而养猪业主产区主要分布在粮食主产区应为比较合理的布局。

10. 劳动力成本持续增加

我国工业化与城镇化速度处于不断加快的过程中，导致劳动力成本持续不断地增加。原因有：一方面，养猪业中人工养殖比例较高、机械自动化程度较低，又脏又累的养猪工作越来越难留住饲养员，而且饲养员在城市打工的收入已经逐渐高于在养殖业工作的收入；另一方面，很多农村劳动力选择进城打工，在导致大量散户退出的情况下，退出养殖业的农村劳动力与新建规模猪场的劳动力需求不匹配，劳动力短缺对养猪生产产生很大影响，局部或临时出现“没人养”的情况。

11. 养猪企业对消费习惯的影响不足

欧美冷鲜肉占肉制品的90%左右，而我国仅占10%左右。原因在于：一方面，我国百姓习惯了热鲜肉的消费，对冷鲜肉在健康与安全方面的保障认识不足；另一方面，现有的生猪养殖企业特别是屠宰加工企业，还没有完全学会在营销方面下功夫，人们无从全面了解冷鲜肉与加工肉制品的安全与健康保障。这是养猪企业对消费习惯的影响不足产生的对养猪业发展的制约。欧美国家、日本等养猪发达国家的肉制品占肉类生产总量的比重达到50%，我国仅15%左右，差距较大，这与我国民众的消费习惯及食品不安全感的增强有一定关系。

二、 我国养猪业的发展趋势

我国养猪业要真正做大做强还有很长的路要走，结合现状分析，并借鉴国外先进的养猪成功经验，我国的“养猪强国”探索之路可做如下尝试。

1. 大力发展规模化养殖

我国需要加快生产方式的转变，推进养猪业规模化、集约化、标准化、自动化、专业化发展；需要提高劳动生产效率和有限资源的利用效率；需要推进散养向规模化养殖转变，大力培养和发展养殖专业户，进而推进集约化生产与专业化分工。

在资源有限的情况下，确定我国的国情资源对生猪的承载量，避免生猪产业发展与城市化、工业化及城乡居民生活之间存在的资源之争；从长远考虑实施低速与长期增长战略；由注重数量向注重质量转变。我国养猪业应以保障供给为目的，如果将养猪业视为可无限发展或出口换汇的大产业而在我国国土上养更多的生猪，那么这两种不同目的所带来的承载量对整个生态系统的影响是截然不同的，后者产生的效应可能是国人悔之莫及的。所以，质量型的养猪业是我国养猪业的唯一出路，必须走高效、安全、优质、可持续发展的养猪道路。

2. 加快构建属于我国自有的良种繁育体系

在猪的育种方面，我国和养猪发达国家的差距还是比较大的。我国需要改变原种猪被养猪发达国家控制的局面，大型种猪养殖企业需要负起艰巨而重大的国家使命，对从国外引进的种猪在逆境中进行风土驯化，加强引种后的人工主动选育，培育国外种猪对我国气候的适应性及对我国流行疫病的抵抗力，并最终形成适合我国自己的品牌种猪。

国外的育种主要由大公司来进行，我国母猪数量虽然多，但大多数分布在小规模猪场中，真正大的猪场不是很多。我国的育种工作不能靠这些小型猪场（300～500头母猪）来做，靠小型猪场做育种工作很困难，所以我国的猪育种工作需要由政府来组织。国家需要引导并支持选出的100家国家级种猪核心育种场进行联合育种，在政府与核心育种场之间建成良好且长期稳定的国家种猪选育与培育机制。

从猪种资源来说，我国可以说是强国。据调查，我国地方猪种的遗传资源有70多个，猪的肉质、繁殖性能、粗饲料的利用等都要比国外的种猪好。从这个角度来说，我国的猪种优于国外的猪种。因此要用我国猪种去改造国外种猪，利用我国猪种的特点完善国外猪种。例如，国外的猪肉不好吃，用我国猪与之杂交，可提高其肉质；国外种猪的繁殖性能不好，用我国猪与之杂交，可提高其繁殖性能。已有许多国家利用我国的猪种去改造他们的猪种。譬如，这两年进口的法国大白猪，产仔数增加了；进口的丹麦长白猪，繁殖性能提高了。原因就是他们引进了我国梅山猪的血统，梅山猪血统仅占10%的比例就把国外猪的品质提高了，靠他们自己的猪种是根本不可能实现的。丹麦过去选育他们自己的长白猪，选了50多年，结果产仔数才增加了0.5头，近几年靠导入我国梅山猪的部分血统，产仔数很快增加了1～2头。也就是说，我国猪种的优势在这方面显现出来了。

这两年猪病很多，如猪蓝耳病、支原体引起的猪呼吸道疾病等。最近有研究报告，我国地方猪种某些方面的抗病力要强于国外的猪。华中农业大学做过这方面的试验，同样的情况下，用猪蓝耳病病毒对国外猪进行攻毒，猪只体温升高且数天不退，但是我国的地方猪种（如湖北通城猪）体温升高2～3 d，到第4天就退了。也就是说我国的地方猪种对猪蓝耳病有一定的抵抗力。为什么体温降下来了？进一步用分子遗传学的方法研究发现，我国地方猪种的某些免疫指标高于国外猪种，这就从生理上得到了一些解释。另外，有不少饲养场反映，国外猪容易生病，地方猪不易生病。这就是我国猪种与国外猪种之间的差别，说明我国的猪种也有好的一面，并不都是落后的。因此，从猪种资源方面来说，我国也是强国，这就是我国的优势。

3. 大力发展各种形式的养猪专业经济合作组织

国外经验表明，养殖业的组织化程度越高，养殖业主的收入就越高，他们的利益就越能够得到保证。我国必须大力支持与发展农民合作组织，同时养猪行业协会或合作社需加强以下方面的职能与服务：确保代表本行业全体企业的共同利益不受其他利益的干扰；制定并执行行规、行约和各类标准；协调本行业企业之间的经营行为；对本行业产品和服务质量、竞争手段、经营作风进行严格监管；维护行业信誉，鼓励公平竞争，打击违法、违规行为；收集行业真实、详细的信息，并及时对外发布，起到引导与预警作用；研究本行业面临的问题，提出建议，出版刊物，供企业和政府参考；将分散养殖户由自然人变成本组织的法人成员，增强其在市场经济活动中的话语权与利益博弈权，提高自我发展与抗风险的能力。

养猪发达国家经验表明，有计划地组织养猪生产，避免出现市场波动，一要靠政府，二要靠协会。政府通过协会发放补贴，协会本身建立风险基金，以丰补歉。同时，行业协会和农村合作组织通过把养殖企业组织起来与龙头企业对接，缓解养猪风险，加速养猪产业化发展；通过资金与资源整合，把产业链做大做强，稳定市场价格，减少生猪价格波动；通过加强产业链中股份改造，做到合理分配。在养猪产业链条中“饲料、种猪、商品猪、收购、屠宰、加工、销售”等环节中采用“股田制”，实现“你中有我、我中有你、风险共担、利益共享”。

4. 发展种养结合的循环畜牧业经济

按照“植物生产、动物转化、微生物还原”的思路，实行区域内种植业为养殖业提供饲料、养殖业为种植业提供有机肥料等，大力发展“猪-沼-菜（渔、果、林、茶等）”等循环经济模式。同时，加大废弃物资源化利用力度，积极发展有机肥料、沼气发电等新型产业。

5. 完善畜产品质量标准与质量追溯机制

加快标准的修订、完善与补充，力争使我国畜产品标准体系与国际先进的标准体系接轨。建立畜产品质量可追溯信息系统，加快建设全程畜产品可跟踪机制。

6. 加速产业链一体化与大型企业的培养

近几年来，我国现有的龙头企业正处于快速提升与发展壮大的阶段，尤其是大的集团化企业。目前，龙头企业在市场中所占份额都不高，意味着尚有巨大的扩张或整合空间。随着散户的退出，产业大调整的机会已经来临，龙头企业即将成为提高畜产品质量安全的引领者。要推进畜产品品牌战略，大力发挥龙头企业带头作用，构建以龙头企业为主导的“饲料、种猪、商品猪、屠宰、加工、分销”一条龙的“品牌专卖”模式。

养猪产业链条越健全，综合抗市场风险的能力越强。我国实力较强的集团公司正在转型升级，如广东温氏公司以养猪养鸡业为主，正在发展饲料业、动保业、屠宰业、深加工业；河南牧原、海南罗牛山、天津宝迪公司以养猪业为主，正在发展饲料业、屠宰业、深加工业；江西正邦公司以饲料业为重点，带动养猪业、动保业、屠宰业、加工业发展；双汇、雨润公司以屠宰业与深加工业为主，正在大力发展养猪业；正大、希望、六和、大北农、金新农、双胞胎公司以饲料业为主，已经进入或正在进军养猪业、动保业、屠宰业与加工业；四川铁骑力士公司以饲料业为主，正在大力发展养猪业、屠宰业、深加工业。这是未来我国养殖行业的发展趋势与必由之路。从经济与企业发展角度分析，产业链上专业化的公司相对整合全部或部分产业链的集团化公司而言，竞争力、抗风险能力、盈利能力较弱。

7. 实现自动化、标准化

自动化的建成促进标准化的建成，同时促进国内畜牧设备自动化制造企业的壮大。养猪生产方式、规模化、集约化、标准化、产业化等方面都是制约养猪强国发展的根本因素。我国养猪业走向世界养猪先进行列，要走适度集约化、规模化经营之路，更要实现生产的自动化、标准化及管理的信息化。实施产业化，应由龙头企业引导，加快行业各环节协调一致发展，促进养猪标准化水平提高，达到养猪业组织程序化、养猪生产“傻瓜化”的目的。

要实现从传统养猪向现代化养猪的转变，需要从单纯劳动密集型向资本与技术密集型转变，应用现代技术，提高企业自主创新能力，加快科技成果转化速度，强化先进养猪工艺，使用先进养猪设备，促进养猪业自动化、标准化水平的提高。

8. 优化资源配置

根据我国的国情，确定我国承载生猪的总量，使其与总的生态系统承载能力相匹配并建立相关的信息发布平台与风险预警体系。

划分产、销分开的自然养猪优势产区。由于养猪业给城市环境污染带来的压力日趋增大，西北及少数民族地区应以发展草食家畜为主，养猪业应重点放在粮食主产区，以提高粮食转化率、降低养殖成本。大力扶持我国养猪百强县与粮食百强县发展生猪养殖业，在每个养猪百强县和粮食百强县建立一个标准化猪人工授精站，指导生猪品种改良。

未能在粮食主产区建立养殖场的企业，在条件允许时，需要单独或联合在粮食主产区建成自己的原材料仓库。

9. 注重动物福利

保证生猪有安全、卫生、舒适的住所，增加活动娱乐场所，减少应激、恐惧焦虑的心情、疾病伤痛等，有助于改善生猪的健康状况。生猪的健康状况与其生产性能密切相关，生长在舒适环境下的动物一定会给经营者带来更高的收入。

10. 建立长期稳定的生猪生产财政支持政策

对于规模化生猪养殖场，按照规模大小给予适当的补贴或税收优惠，扶持规模化养殖，减少散户数量。对于自动化、标准化养殖场，也给予一定的补贴或税收优惠，支持自动化、标准化发展。重点给予将重心放在本土繁育与人工选育的种猪场一定的补贴或税收优惠，支持并鼓励其从国外引进种猪后进行本土选育并培育适合我国本土的种猪。另外，加大对推动产业链一体化与食品安全的龙头企业的补贴力度或税收优惠。

11. 解决规模化养殖户的资金和土地难题

对于规模化养殖场，信贷扶持的力度和贷款额度需要加大，最好给予一定的贷款优惠，并在贷款条件上给予足够的宽松；同时，在土地的使用与审批上，给予更多更加便利的条件。在国家、投资公司或协会的组织下，可以成立养殖产业发展基金，投资公司、国家、养殖企业及协会都可以注资成为产业基金的股东。利用资金与资源的整合优势，借助企业化运作，提高产业链的整合能力及各养殖企业的抗风险与盈利能力。

12. 做好重大疫病的防控工作

各地防疫机构需要建立健全重大疫病汇报与发布机制，在第一时间对外发布重大疫病信息及防控办法，使养猪企业能提前预防并减少生猪死亡。

13. 加大生猪产业前期的基础建设力度

在养猪场的建设中，前期水质及环境调研、整体布局及规划、生猪流转、环境保护、圈舍建造、防疫消毒等的合理性（如外勤区、内勤区及生产区的合理配置与建造，原种场、扩繁场、商品场的合理结合与配套等），决定了后期生产改造的不必要性及生产成本的增加是否合理。国内养猪行业需要培育专业的设计与建造公司，因地制宜地合理设计、建造新猪场，减少后期不必要的改造与额外的成本支出。

14. 加强养猪业行业预警体系建设

完全的自由竞争、没有规划的养猪业是非常危险的，其表现一是一旦发生疫情，猪病传播很难控制，产量马上下降，接着出现市场短缺、物价上涨；二是无序的市场竞争，造成市场波动频繁，对养殖业主的养猪积极性影响很大。因此，我国应根据粮食产量、消费水平及排污能力计划生产，对市场波动进行调控。同时，收集行业数据进行分析，提出风险与警示，并建立健全养猪业的行业预警体系、全方位信息化体系及信息公开发布体系。

15. 减少养猪业的环境污染

随着国家与公众环保意识的增强，对养猪业的环保要求会越来越严格。养猪企业需要提升环保意识，在设计、建造猪场时充分考虑环境保护的要求，配套足够面积的消纳土地或沼气池建设用地，以菜、茶、果、林、渔、沼气、有机肥等方式消纳污染物，形成内生的循环经济与环保体系。

16. 强化消费端口产业发展

从产业链的角度看待养猪业的发展，养殖环节面临的压力与风险，可以通过肉类产品屠宰与加工的消费终端给予解决。所以，需要加大对消费端口的财政、资金、税收等的支持力度，采取财政扶持、资金支持、税收优惠等措施。

加强对冷鲜肉及肉制品的安全、健康及营养知识的宣传与普及，改变消费者对冷鲜肉的认知，促进屠宰和肉制品加工环节产能的提高，推动规模化、集约化、专业化发展，并带动养猪业的发展。

国家应当增加对屠宰后的猪肉收储容量，通过足够大的收储能力来化解行业周期波动带来的风险。尽量避免从国外进口猪肉，同时加大对走私猪肉的打击力度，促进国内养猪业健康、快速发展。

17. 加大对生产、育种、管理等技术的支持力度

规模化养猪是一种高投入、高产出的生产模式，要求实行全进全出的生产方式、具备很高的育种水平、配套产床和高床保育、拥有高水平管理人才、采取科学管理方式、应用先进管理理念等。规模化、自动化、集约化、专业化及标准化最终需要技术人员与管理人员去实施和执行，我国需要加强对相关技术人才和管理人才的培训与培养，需要在国家养猪产业规划、高校专业设置及养殖企业支持与配合方面做出更大的努力。

18. 加快生猪期货的建成

尽快建立和完善生猪期货市场，运用其套期保值的功能，把现货交易形式下由养殖环节独自承担的价格风险市场化转化，并分散到社会投资者身上，这对降低养猪行业的风险、保持养猪业的健康发展是一个利好。

三、 国外养猪业现状

1. 种猪资源市场优势突出

长白猪、杜洛克猪、约克夏猪属于世界著名猪种，分布广泛。2006—2007 年，丹麦出口种猪 7 万头；2010—2011 年，种猪出口量增至 20 万头，2020 年种猪出口总量已增至 70 多万头。加拿大有种猪场 630 个，其中原种猪场 250 个。登记的纯种猪约 10 万头，原种猪场核心群母猪 3.5 万头，其纯种约克夏猪、长白猪与杜洛克猪分别占国内种猪的 44%、37%和 15%。养猪强国种猪资源优势突出与其长期坚持不懈的科学育种是紧密相关的。

2. 猪场数量缩减，养殖规模扩张

1975 年，美国有 64.7 万个猪场，2005 年减至 6.94 万个，2020 年美国 1 000 头以上规模养猪场的年产量占整个美国养猪业的 90%以上。2000 年，荷兰有 2.92 万个猪场，2006 年减少到 2.12 万个，到 2019 年猪场数量已下降到 1 000 个左右。与猪场数量减少形成鲜明对比的是猪场的平均规模在不断扩大。1998—2008 年，饲养猪头数量不足 100 头的小猪场，从 7 454 个减少到 1 701 个，下降了 77%，平均每年减少 575 个；饲养规模超过 1 000 头的大农场从 1998 年的 1 757 个增加到 2008 年的 47 378 个。在此期间，母猪数量多于250头的大农场则从1 139个增加到了1 746个，而饲养母猪数量不足50头的猪场，从2000年的4 855个减少到2008年的1 979个。

总体看来，世界养猪强国猪场数量逐年减少，养殖规模不断扩大，实现了生猪养殖的工业化。

3. 母猪生产性能

每头母猪每年提供的断奶仔猪数（PSY）是衡量一个国家母猪繁殖性能和养猪水平的重要指标。丹麦全国平均PSY达到了30头，居于世界领先水平，其次是荷兰，全国平均PSY 28.97头，加拿大、美国和英国猪群PSY表现相对较差，均为25头左右。另外，每头母猪每年提供的商品猪数（MSY），丹麦为28.11头，荷兰为27.68头，美国为22.67头，加拿大为21.7头。

4. 饲料转化率

在养猪生产中，饲料成本占生产投入的一半以上，在养猪生产中起关键作用。断奶至出栏猪群的饲料消耗占饲料总消耗的绝大部分，因此断奶至出栏猪的饲料转化率直接影响养殖经济效益。目前，加拿大、美国与匈牙利的饲料转化率最低；在欧洲国家中，荷兰的饲料转化率最高。当然，饲料转化率是以丹麦标准校正的，各国饲料转化率可比性较差。

5. 猪肉生产成本

育成育肥期的饲料转化率仅是养殖投入的一部分，猪肉生产成本能较好地说明养猪的投入。目前，加拿大生产猪肉的饲料成本最低，其次是美国，两国的饲料成本价格优势比较明显。北美是蛋白饲料的主产地，而欧洲蛋白饲料的进口依赖性强，玉米进口也要征收关税，因此美国饲料价格比欧洲便宜30%。

四、 国外养猪业发展趋势

1. 发展中国家在生猪生产中将扮演更加重要的角色

1978年，世界60%的猪肉来自发达国家，发展中国家产量仅占40%。然而近年来发展形势有所逆转，大部分猪肉来自发展中国家。据联合国粮农组织（FAO）统计资料表明，2010年发展中国家的猪肉市场份额占60%。

2. 养猪生产更加集约化与专业化

迫于经济与环保压力，养猪生产趋向集约化与专业化方向发展，猪场由零散分布向局部区域集中。为避免局部地区猪场过度集中造成环境污染与生物安全问题，规划及审批部门要求养殖企业根据拟饲养量和粪污排放量，评估土地粪污的消纳能力，以确定区域猪场数量，避免养殖规模过大与养殖场过度集中给环境造成污染。对养猪生产而言，猪场根据自身条件和生产利润及其风险评估决定猪场的生产类型（仔猪繁育、育肥猪生产），养猪生产更加专业化，生产水平不断提高。

3. 生猪产区布局转移

高度的集约化与完善的饲养管理是现代养猪生产典型的特征。尽管世界各地几乎都能养猪，但是迫于经济与环保压力等原因，生猪生产主产区逐步向饲料主产区转移，节约了饲料运输费用。但养猪生产由零散向集中分布也容易造成环境污染。

4. 禁用抗生素，注重肉品安全

瑞典于 1986 年开始禁止使用抗生素，丹麦则于 2008 年全面实施抗生素禁用。1992—2008 年，丹麦全国抗生素的使用量降低了 50%。如今，治疗用抗生素需征求兽医师的同意。欧盟规定，自 2006 年起，禁止在饲料中添加抗生素。抗生素禁用之初，断奶仔猪死亡率较高，采取其他措施后，死亡率已恢复正常。世界卫生组织（WHO）认为，抗生素禁用对养殖经济效益的影响很小，但是需要更新现有生产系统。抗生素禁用造成饲料转化率降低，猪群生长速度缓慢，断奶仔猪死亡率及治疗费用上升。然而抗生素禁用并未对丹麦养猪经济效益造成负面影响。

5. 积极推进生猪的福利养殖

在现代养猪生产中，大部分猪是生活在全漏缝或半漏缝地板的环境中，地板下方是粪尿储藏池，妊娠母猪饲养于限位栏内。欧盟规定母猪配种后 4 周内可以使用限位栏，其他时间则禁止将其定位于限位栏中，未来集约化生猪养殖将更加严格执行动物福利的相关规定。

6. 积极寻找替代系统，推动生猪福利养殖

许多欧洲国家及北美少数国家采用替代系统实施生猪养殖，要求舍外或舍饲都必须为猪提供垫料。北欧与北美舍饲养猪生产替代系统特征是建筑结构简单，建筑材料保温性能差。饲养者认为稻草垫料改善猪群的躺卧舒适度及稻草具有供猪群拱、咬的作用，可以提高猪群的健康与福利化养殖水平。在欧美部分国家，如英国、美国中西部的许多母猪饲养在舍外，妊娠、哺乳母猪群体饲养于带有防寒设施的草地上。舍外养殖系统为猪提供了广阔的运动空间，但其环境控制难度大，动物福利受气候条件、寄生虫及疾病检测滞后的影响。因此，当前的舍外养殖条件还不完善，未能充分实现动物福利。此外，实施生猪福利化养殖的必然代价是养殖成本增加，阻碍福利化养殖的进程。寻求传统养殖的理想替代系统，降低成本投入，提高生猪养殖利润，对推动生猪健康与福利化养殖具有重要意义。

7. 强化疫病防控

随着养殖规模的扩张，多点式生产工艺模式凸显在疫病控制方面的优势，得到广泛采纳与应用。在规模化、集约化养猪生产中，动物健康管理与生物安全控制是优先考虑的重点。大型猪场高度重视动物健康状况，设有围墙与专用通道等工程防疫设施。此外，部分国家，如巴西，在全国范围内实行口蹄疫的免费接种计划，在一些地区几乎实现了繁殖与呼吸综合征的零发病率，伴随农产品认证政策的强化，保障了猪肉生产的安全。瑞典还要求养猪生产必须执行“全进全出”饲养模式，避免疫病的交叉感染。

8. 注重环境保护

20世纪80年代以来，畜牧业产生的氨气（NH_3）排放成为重要的大气污染源，危害人、畜健康及畜禽生长与生产性能，已造成严重的环境与生态问题。在畜禽舍内，NH_3通过刺激嗅觉神经和三叉神经，对畜禽呼吸中枢产生毒害作用，引起呼吸道疾病；饲养员和周围居民经常表现出明显的沮丧、易怒、易疲劳、紧张及精力缺乏等症状；排放到大气中的NH_3等有毒有害气体及其他废弃物会造成水体富营养化、土壤酸化，破坏植被和生态系统。2009年哥本哈根世界气候大会召开后，全球呼唤低碳生活。对环境污染严重的畜牧业，必须转变生产方式，才能实现低碳畜牧业的要求。世界各养猪强国高度重视畜牧减排，废弃物源头与过程减排并重，强化废弃物末端治理效率。

世界养猪强国以国内优势资源为基础发展养猪业。政府部门长期坚持对生猪养殖的政策扶持，行业协会承担政府与养殖企业沟通的桥梁，及时掌握行业现状与发展趋势，积极推进生猪健康福利化养殖，加强环境保护，注重种猪选育与提高饲料转化率，提升饲养管理水平，多渠道降低生猪养殖成本，高度重视猪肉品质安全，增强养猪业在世界贸易中的竞争力。

入职培训专题2
养猪企业管理文化

一、 我国养猪企业组织架构

与国外养猪业发达国家相比，我国的规模化养猪业起步较晚，目前正处于发展转型期，一些规模化养猪企业也逐渐开始按照现代企业的管理模式进行运行管理，企业组织架构越来越规范、科学和高效。总体而言，我国的规模化养猪企业由以下职能部门构成，不同养猪企业可能会根据实际情况将一些部门业务进行合并或者进一步细分，但基本功能属性大同小异。

1. 内部审计部

依据国家有关法律法规、财务会计制度和企业内部管理规定，对本企业及各部门、分公司的财务收支、财务预算、财务决算、资产质量、经营绩效，以及建设项目或者有关经济活动的真实性、合法性和效益性进行审计、监督和评价。

2. 董事会秘书处

承担对外信息披露，投资者关系管理，筹备股东大会、董事会和监事会会议，公司股权管理事务，公司的收购、兼并等资本运作工作。

证券事务部隶属于董事会秘书处，承担公司资本运作、股票发行上市运作、股权管理、对外股权投资工作。

3. 质量控制部

负责公司质量管理规章制度的制定与实施；猪场生产规程的执行情况检查；公司质量体系的建立、管理；产品生产许可证申报、产品注册；公司产品出厂的质量检查；采购原材料、药品、疫苗、活猪的质量管理和使用监督；产品质量纠纷的评估及赔偿。

4. 人力资源部

负责人才的招聘及人事档案管理；劳动合同管理；执行公司的薪酬制度；专业技

术职务的考核与评定、员工培训及业绩考核。

5. 技术研发推广中心

负责公司下属猪场的畜牧、兽医技术指导；技术研究；负责技术改造计划的制定与实施，组织实施科研课题研究；管理实验室，做好数据收集与分析，用以指导生产；公司科技开发项目的申报、推广工作。

6. 财务部

负责公司财务制度的制定；会计核算、财务稽核、报表编制等会计基础工作；组织编制公司年度、季度成本、利润、资金、费用等有关的财务指标计划；办理贷款；保管库存现金、印章、空白收据、空白支票、发票；月末盘点；定期对公司的财务状况、经营状况和现金流状况进行分析，编写财务分析及经济活动分析报告；各下属单位日常财务管理及财务工作检查。

养猪大户结算中心隶属于财务部，是根据财务管理和会计核算的需要，为进一步健全和完善各项基础工作，加强养殖大户的管理而设置的专职机构。主要工作职责是：负责养殖大户仔猪发放、育肥猪收回、饲料供应和劳务费结算工作；会同技术部制定和组织学习《养殖大户生产流程和操作规程》；负责养殖大户的服务、监督和管理工作，负责养殖大户劳务费的结算等。

7. 采购部

负责对饲料原料、生产设备及仪器、基建材料、五金配件的采购；各部门、各分公司日常办公用品及各分场日常所需要物资的采购；根据各部门、各分公司物资需求数量编制月采购及资金使用计划；采购物料质量的把关；新供应商开发，新物料的代用开发及使用跟踪；原料库存的分析及控制，原料市场的走势分析。

8. 销售部

负责根据公司产品的特殊性，制定执行各项具体措施，完成销售；积极开拓市场、稳定经销商队伍，建立与完善营销网络；及时将市场信息反馈给公司相关部门，指导公司生产；做好产品的售后技术服务，指导农户正确养殖。

9. 办公室

负责公司行文，上级部门及公司内部重要文件、通知的上传下达；行政方面的证明、手续出具；各部门的考勤；公司内部的其他事务；会务的组织与安排；来访接待及其他日常服务工作。

10. 综合部

负责基建、用电、水暖、车辆、设备管理等，包括建筑工程设计、预算及施工管理，公司生产、生活用电管理，机电设备的安装、使用管理、保养、维修工作，生产运输车辆的管理与保养维修。

11. 生产技术部

组织安排生产经营；负责制定并安排生猪与饲料的生产计划及质量指标；各猪场、

饲料厂的生产管理及考核；协调各分公司的生产；生产经营指标与任务完成情况的汇总、统计；防疫工作。

12. 安保法律部

负责指导与职工利益相关的社会保障工作；负责全公司安全保卫工作的归口管理；组织开展经常性、多样化的安全生产教育活动，提高公司全体员工安全生产意识和能力；定期或不定期地进行安全生产管理检查。

13. 项目部

负责基建和承接各种类型的项目，组织安排各种项目的申报、实施。

14. 分公司

（1）每个分公司的岗位设置。公司的生产基地主要采用分公司形式管理。每个分公司设场长1人，生产线主管1人，配种妊娠组长1人，分娩保育组长1人，生长育肥组长1人；饲养员按照猪场生产规模确定；后勤人员如后勤主管、会计出纳、司机、维修工、保安门卫、炊事员、勤杂工等，按实际岗位需要设置人数。

（2）各岗位责任分工。以层层管理、分工明确、场长负责制为原则。具体工作专人负责，既有分工又有合作；下级服从上级；重点工作协作进行，重要事情通过场领导班子研究解决。

①场长：负责猪场的全面工作；负责制定和完善本场的各项管理制度、技术操作规程；负责后勤保障工作的管理，及时协调各部门之间的工作关系；负责制定具体的实施措施，落实和完成公司分配的各项任务；负责监控本场的生产情况，员工工作情况和卫生防疫，及时解决出现的问题；负责编排全场的经营生产计划，物资需求计划；负责全场的生产报表，并督促做好月结工作、周上报工作；做好全场员工的思想工作，及时了解员工的思想动态，出现问题及时解决，及时向上反映员工的意见和建议；负责全场直接成本费用的监控与管理；负责落实和完成公司下达的全场经济指标；直接管辖生产线主管，通过生产线主管管理生产线员工；负责全场生产线员工的技术培训工作，每周或每月主持召开生产例会。

②生产线主管：负责生产线日常工作；协助场长做好其他工作；负责执行饲养管理技术操作规程、卫生防疫制度和有关生产线的管理制度，并组织实施；负责生产线报表工作，随时做好统计分析，以便及时发现问题并解决问题；负责猪病防治及免疫注射工作；负责生产线饲料、药物等直接成本费用的监控与管理；负责落实和完成场长下达的各项任务；直接管辖组长，通过组长管理员工。

③组长：包括配种妊娠舍组长、分娩保育舍组长和生长育成舍组长。

配种妊娠舍组长负责组织本组人员严格按《饲养管理技术操作规程》和每周工作日程进行生产；及时反映本组中出现的生产和工作问题；负责整理和统计本组的生产日报表和周报表；本组人员休息替班；负责本组定期全面消毒，清洁绿化工作；负责本组饲料、药品、工具的使用计划与领取及盘点工作；服从生产线主管的领导，完成生产线主管下达的各项生产任务；负责本生产线配种工作，保证生产线按生产流程运行；负责本组种猪转群、调整工作；负责本组公猪、后备猪、空怀猪、妊娠猪的预防注射工作。

分娩保育舍组长负责组织本组人员严格按《饲养管理技术操作规程》和每周工作日程进行生产；及时反映本组中出现的生产和工作问题；负责整理和统计本组的生产日报表和周报表；本组人员休息替班；负责本组定期全面消毒，清洁绿化工作；负责本组饲料、药品、工具的使用计划与领取及盘点工作；服从生产线主管的领导，完成生产线主管下达的各项生产任务；负责本组空栏猪舍的冲洗消毒工作；负责本组母猪、仔猪转群、调整工作；负责哺乳母猪、仔猪预防注射工作。

生长育成舍组长负责组织本组人员严格按《饲养管理技术操作规程》和每周工作日程进行生产；及时反映本组中出现的生产和工作问题；负责整理和统计本组的生产日报表和周报表；本组人员休息替班；负责本组定期全面消毒，清洁绿化工作；负责本组饲料、药品、工具的使用计划与领取及盘点工作；服从生产线主管的领导，完成生产线主管下达的各项生产任务；负责肉猪的出栏工作，保证出栏猪的质量；负责生长、育肥猪的周转、调整工作；负责本组空栏猪舍的冲洗、消毒工作；负责生长、育肥猪的预防注射工作。

④饲养员：包括辅配饲养员，妊娠母猪饲养员，哺乳母猪、仔猪饲养员，保育猪饲养员和生长育肥猪饲养员。

辅配饲养员：协助组长做好配种、种猪转栏、调整工作；协助组长做好公猪、空怀猪、后备猪预防注射工作；负责大栏内公猪、空怀猪、后备猪的饲养管理工作。

妊娠母猪饲养员：协助组长做好妊娠猪转群、调整工作；协助组长做好妊娠母猪预防注射工作；负责定位栏内妊娠猪的饲养管理工作。

哺乳母猪、仔猪饲养员：协助组长做好临产母猪转入、断奶母猪及仔猪转出工作；协助组长做好哺乳母猪、仔猪的预防注射工作；负责 2 个单元大约 40 个产栏哺乳母猪、仔猪的饲养管理工作。

保育猪饲养员：协助组长做好保育猪转群、调整工作；协助组长做好保育猪预防注射工作；负责 2 个单元或大约 400 头保育猪的饲养管理工作。

生长育肥猪饲养员：协助组长做好生长育肥猪转群、调整工作；协助组长做好生长育肥猪预防注射工作；负责 3 个单元大约 600 头生长育肥猪的饲养管理工作。

二、 我国养猪企业经营模式

1. “公司＋农户”经营模式

“公司＋农户”经营模式的代表企业为广东温氏食品集团有限公司（以下简称“温

氏集团”）。公司设有种猪场，由公司统一管理，能够较好地控制其生产环节，因此种猪具有较高的生产水平。但保育场（舍）没有单独设立，由农户在商品猪场中划出一小片区域适当增加投资进行保育猪的饲养。农户饲养25日龄（断奶后2～3 d）苗猪至175日龄（共饲养150 d）由企业收购。这种模式对农户饲养质量要求较高，但农户养猪都较为细心，倘若技术人员辅导到位，还是可以获得较高的生产成绩。但对于农户来说，因为需要建设保育舍和饲养保育猪，投入增加、管理要求也较高，而且由于现阶段生猪养殖环保压力增大，农户发展较为困难。同时，农户在各自养殖场内进行养殖，企业对农户的控制力弱，农户出于利益最大化，难免会使用通过其他渠道得到的饲料和药品等，甚至还有可能使用违禁药品，这些均会造成产品的质量下降；还有部分农户会外购掺入猪苗补栏，行情好时偷卖肥猪，行情差时谎报死淘率。

温氏集团的“公司＋农户”模式发展于特殊的历史背景之下。20世纪90年代国内畜产品生产水平低下、企业资金短缺，农民各自拥有少量土地进行分散的种植和畜牧生产，但由于农户缺少专业素质和发展眼光，多为无组织盲目地生产和自营销售，难以与变幻莫测的市场接轨。“公司＋农户”模式集中了社会上分散的资金和资源，使公司和农户达到优势互补、资源互补、利益共享和风险共担，让农民合理地利用自家土地搭建简易猪舍进行养殖，增加农民收入和就业机会，公司也因不需投入大量资金而得到迅速发展和扩张。但此模式因成功于特殊的时代环境下，现在单纯地复制此模式已无法满足时代的需求。现今社会对畜牧业环保问题关注日益加强，虽然温氏集团无须承担养殖废弃物集中处理的环保压力，但农户因环保投入相对不足，得到环保投诉较多，以及公司会对长期不能赢利或甚至亏损的农户做退户处理，可是因为猪舍投入过大，往往难以拆迁或作其他用途，最终猪舍无法得到再利用，导致农户与公司矛盾较大。

2.“公司＋基地＋农户”经营模式

“公司＋基地＋农户”经营模式的代表企业为江苏立华牧业有限公司（以下简称“江苏立华”）。在这种经营模式中，企业按统一标准投资建造猪舍，并且提供农民猪苗、饲料、兽药、技术指导和技术人员服务以及防疫和技术管理，农户交纳适当保证金后在基地内进行封闭式养殖，成为公司的契约农户，最终由公司负责回收和销售商品猪。

江苏立华种猪由公司统一饲养，仔猪21日龄断奶后转至公司保育舍。育肥猪由农户进场契约代养，公司提供给农户70日龄的育肥猪，在饲养105 d后，公司回收175日龄的商品猪。此模式可大大缩减农户饲养周期、增加年饲养批次，并且农户无须增加保育的投入，即便是饲养量相同的情况下，农民也可增加收入。而且，农户进场饲养还可有效控制“公司＋农户”模式下产生的“偷买偷卖”。

此外，随着中国经济和畜牧业的迅猛发展，低成本的猪舍环境和较少的饲养量已无法迎合时代的进步，并且可用于畜牧生产的土地逐渐缺乏，即使我国已出台了土地流转政策，但因农民的种种顾虑和信息接收的滞后，个人往往难以获取足够土地面积进行生产活动。江苏立华“公司＋基地＋农户”的模式可很好地解决这些问题，通过大型集团出面集合土地资源并投资大量资金建造优质的畜舍。同时，“公司＋农户”的弊端日趋显露，如公司回收产品困难、产品质量堪忧等，要求公司对农户监督和监管的呼声日益高涨。“公司＋基地＋农户”的模式可较好地继承“公司＋农户”的优势，又可在一定程度上弥补其不足之处，特别是环保和退户后猪舍的再利用问题。

3. “一体化”经营模式

“一体化”经营模式的代表企业为河南牧原食品股份有限公司（以下简称“河南牧原”）。河南牧原采用的是“自繁自养自加工”的一体化模式，形成一条生猪育种、种猪扩繁、商品猪饲养为一体的完整封闭式生猪产业链。猪场的建设、饲养、固定设备等均由企业投资，农户与公司签订合同形成雇用关系后，统一养殖、供料、防疫、销售，分阶段饲养。河南牧原养殖管理好及疫病风险低，食品安全有保障，但公司固定资产投资大，环保压力大。

河南牧原采用的是“分阶段、流程化”的生产工艺，将生猪养殖分为“配种-妊娠-分娩-保育-育成”5个阶段并配置不同的猪舍。一体化模式可对生产过程进行严格控制，并且采用更科学、先进的饲养方式，如早期隔离断奶（12～14 d断奶）、分胎次饲养、多点式饲养、一对一专栏与不混群、自动化饲喂等饲养组织方式。

三、 我国养猪企业的管理文化

（一） 企业文化的相关概念

1. 企业文化的定义

企业文化是在一定的条件下，企业生产经营和管理活动中所创造的具有该企业特色的精神财富和物质形态。它包括企业愿景、文化观念、价值观念、企业精神、道德规范、行为准则、历史传统、企业制度、文化环境、企业产品等，其中价值观念是企业文化的核心。

2. 企业文化的价值

企业文化是企业的灵魂，是推动企业发展的不竭动力。它包含着非常丰富的内容，其核心是企业的精神和价值观。这里的价值观不是泛指企业管理中的各种文化现象，而是企业或企业中的员工在从事经营活动中所秉持的价值观念。

3. 企业文化的性质

企业文化是企业在经营活动中形成的经营理念、经营目的、经营方针、价值观念、经营行为、社会责任、经营形象等的总和，是企业个性化的根本体现，它是企业生存、竞争和发展的灵魂。

4. 企业文化的意义

(1) 企业文化能激发员工的使命感。不管是什么企业都有它的责任和使命，企业使命感是全体员工工作的目标和方向，是企业不断发展或前进的动力之源。

(2) 企业文化能凝聚员工的归属感。企业文化的作用就是通过企业价值观的提炼和传播，让一群来自不同地方的人共同追求同一个梦想。

(3) 企业文化能加强员工的责任感。企业要通过大量的资料和文件宣传员工责任感的重要性，管理人员要给全体员工灌输责任意识、危机意识和团队意识，要让大家清楚地认识企业是全体员工共同的企业。

(4) 企业文化能赋予员工的荣誉感。每个人都要在自己的工作岗位、工作领域，多做贡献，多出成绩，多获得荣誉感。

(5) 企业文化能实现员工的成就感。一个企业的繁荣昌盛关系到每一个公司员工的生存，企业繁荣了，员工们就会引以为豪，会更积极努力地进取，企业越繁荣，员工成就感就越大，越明显。

（二） 我国主要养猪企业管理文化示例

1. 牧原食品股份有限公司企业文化

(1) 企业简介。牧原食品股份有限公司是牧原集团旗下子公司。牧原集团位于河南省南阳市，始建于1992年，历经30年发展，现已形成以生猪养殖为核心，集饲料加工、种猪育种、生猪养殖、屠宰加工等于一体的综合型现代化企业集团，总资产1 900亿元，员工15万人，子公司290余家。旗下牧原食品股份有限公司于2014年上市，养猪业务遍及全国25省（区）108市223县（区），2020年出栏生猪1 812万头。

(2) 企业文化。

文化主题：严以自律，勇于担当，追求极致，服务社会。

愿景使命价值观：身份——高品质猪肉的生产者；使命——为大众生产安全健康的猪肉食品推进行业健康发展；愿景——让人们吃上放心猪肉，享受丰盛人生，让公司成为一家受人尊重的企业。

核心价值观：创造价值，服务社会；内方外正，推进社会进步。

行为准则：经营准则——公正公平，公开透明，简单省心，高效共赢；行为准则——不投机，不巧取，不豪夺，绝不拿金钱做交易；处世准则——利而不害，为而不争。

2. 正大集团企业文化

(1) 企业简介。正大集团成立于1921年，是泰籍华人谢易初先生创办的知名跨国企业，在泰国亦称卜蜂集团（Charoen Pokphand Group，CP Group）。

正大集团秉承“利国、利民、利企业”的经营宗旨，历经近百年的蓬勃发展，已从经营单一业务的“正大庄种子行”，发展成为以农牧食品、批发零售、电信电视三大事业为核心，同时涉足金融、地产、制药、机械加工等10多个行业和领域的多元化跨国集团公司。集团业务遍及全球100多个国家和地区，员工约35万人，2019年全球销售额约680亿美元。

作为改革开放后第一家进入中国大陆的外资企业，40多年来正大集团不断加大投资力度，是中国改革开放伟大历程的参与者、见证者、贡献者，也是受益者。截至目前，正大集团在中国设立企业600多家，下属企业遍布除西藏以外的所有省份，员工9万人，是中国外商投资规模最大、投资领域最多的跨国企业集团之一，拥有正大饲料、正大食品、正大鸡蛋、正大种子、正大种植、卜蜂莲花、正大广场、正大乐城、正大中心、正大优鲜、正大电商、正大制药、正大置地、正大机电、易初工业、大阳摩托、正大国成、正信银行、正大综艺、正大音乐等具有广泛知名度的企业、品牌和产品。

（2）企业文化。正大集团的企业文化以"六条价值观"为核心，坚守"利国、利民、利企业"的经营宗旨和"爱是正大无私的奉献"的主旋律，以有利于投资所在的国家和投资所在国家的人民、促进国家经济建设和社会发展为己任。自然资源会枯竭，唯有文化才能生生不息。

三利原则：利国、利民、利企业。利国就是对投资所在的国家有利，遵守投资所在国家的法律法规，把国家的利益、社会的利益放在第一位，为国家创造效益，促进国家的经济建设和社会发展。利民就是对投资所在国家的人民有利，对投资所在国家的消费者有利，为投资所在国家的人民创造效益，使生产者早日过上小康生活，使消费者获得品质优良、安全健康、物美价廉的商品和服务。利企业就是对企业本身有利，有利于企业的可持续发展，有利于员工、有利于合作者、有利于股东，在不断开发新产品，满足消费者日益增长的商品和服务需求的同时，为企业创造经济效益。

快速优质：比别人先想、先开始、先行动，同时要保证质量才能成为行业领袖。

化繁为简：将难事变简单，简化复杂的工作。

接受变革：接受变化，视变化为机会。能及时调整自己，并在多元化的企业文化中工作。

不断创新：探索和创造，有利于企业产生新的发展动力，包括优化工作流程，开发新产品等。

正直诚信：正直，有职业道德，恪守廉洁与诚信。

3. 正邦集团企业文化

（1）企业简介。正邦集团是农业产业化国家重点龙头企业，国家高新技术企业，名列中国企业500强第240位、中国制造业500强第103位、中国民营企业500强第72位、江西省民营企业100强第1位。

集团设立了博士后科研工作站、院士工作站、正邦农业科学研究院，拥有国家企业技术中心、省工程技术研究中心等技术研发平台，承担了包括国家"863计划"——

生态福利养猪关键技术研究在内的国家及省市科研项目。

集团饲料生产、生猪繁育与养殖、农药生产、兽药生产、种鸭繁育均居全国前10强。

集团分设畜牧、植保、食品、金控四大产业，在全国29个省（市、区）拥有700家子公司、7万名员工，在“一带一路”10个国家拥有20家企业。主发起设立的江西省首家民营银行裕民银行于2019年9月28日开业，2020年实现总产值1 037亿元，2022年挺进世界500强。

（2）企业文化。

核心价值观：把小公司做成大公司，把大公司做成大家的公司。

企业愿景：“千亿正邦”“百年正邦”“世界正邦”。

企业宗旨：员工进步、企业发展、广泛联合、永远惠民。

企业精神：求实、和合、卓越。

企业使命：心系三农、造福社会、以正兴邦。

经营理念：以人为本、以正兴邦。

发展理念：做负责任的绿色食品供应商。

学习观：勤于学习、善于学习、终身学习。

人才观：成为培养老板的摇篮、企业家的俱乐部。

4. 大北农集团企业文化

（1）企业简介。大北农集团是以邵根伙博士为代表的青年学农知识分子创立的农业高科技企业。自1993年创建以来，大北农集团始终秉承“报国兴农、争创第一、共同发展”的企业理念，致力于以科技创新推动我国现代农业发展。大北农集团拥有5个国家级科研平台，4家国家农业产业化重点龙头企业，26家国家级高新技术企业，建有北京市首家民营企业院士专家工作站，中关村科技园海淀园博士后工作站分站。

大北农集团产业布局涵盖饲料动保科技产业、养猪科技产业、作物科技产业、农业互联网多个领域，拥有近2万名员工、1 500多人的核心研发团队、220多家生产基地和近300家子公司，在全国建有1万多个基层科技推广服务网点。2010年，大北农集团在深圳证券交易所挂牌上市，成功登陆资本市场，成为中国农牧行业上市公司中市值最高的农业高科技企业之一。

（2）企业文化。核心理念：报国兴农、争创第一、共同发展。

报国兴农（产业报国科教兴农）是使命。使命就是我们自己认为这一辈子奉献给它是最值得的，最无怨无悔的事情。报国兴农是大北农人奋斗和奉献的目标，是我们共同的神圣使命。报国兴农，就是要创建一个伟大的公司来报效祖国、来推动农业的发展、来振兴农业、来带动农民致富。创建世界级农业科技企业是当代青年报效国家的有效途径。通过科技服务和知识传播振兴农业、奉献农业是全体大北农人责无旁贷和令人自豪的责任。

争创第一是目标。争创第一是报国兴农的具体体现；争创第一是时代的要求，事业的追求和生活的需求；争创第一是每个员工的工作状态、工作方法和工作目标。

共同发展是道路。共同发展是实现报国兴农，争创第一的方法与途径；共同发展是与员工、股民、事业伙伴、专家、同行、社会、国家一起发展，构筑一个共同发展的平台，营造一个伙伴式共同创业的财富机制，让广大农村创业者轻松创业，快乐致富。大北农的事业是我们大家的事业。

企业愿景：创建世界级农业科技与服务企业，通过科技创新，立志为中华民族伟大复兴、创新型国家建设、农业现代化发展做出贡献。

2025 年，通过锻造英雄团队、实施三大战略与实现五大目标，创建伟大公司。英雄团队——培养造就 20 名产业领袖、200 名企业家，2 000 名事业部总经理、20 万名具有创业精神爱岗敬业的员工。三大战略——平台战略、智慧大北农战略、农业生物技术创新战略。五大目标——成为推动农业变革的重要力量，推动实现中国农业梦；尖端生物技术创新达到国际领先水平，种业、动保、种猪、生物饲料、生物农药，各生物产业分别达到全国第一、全球前五；成为员工追求成长、事业与幸福生活的好公司；利润达到 100 亿～200 亿元，市值 2 000 亿元；创立大北农公益基金，大力开展公益事业，共投入达到 20 亿元。

2030 年，销售收入将达到 2 000 亿元，进军世界 500 强企业，成为世界级农业科技企业。

2033 年，成为世界第一的农业科技企业。

2093 年，百年企业，基业长青。

5. 温氏食品集团股份有限公司企业文化

(1) 企业简介。温氏食品集团股份有限公司（以下简称“温氏股份”），创立于 1983 年，现已发展成一家以畜禽养殖为主业、配套相关业务的跨地区现代农牧企业集团。2015 年 11 月 2 日，温氏股份在深交所挂牌上市。

截至 2020 年 12 月 31 日，温氏股份已在全国 20 多个省（市、自治区）拥有控股公司 399 家、合作家庭农场约 4.8 万户、员工约 5.28 万名。2020 年温氏股份上市肉猪 954.55 万头、肉鸡 10.51 亿只，实现营业总收入 749.39 亿元。

温氏股份现为农业产业化国家重点龙头企业、创新型企业，组建有国家生猪种业工程技术研究中心、国家企业技术中心、博士后科研工作站、农业部重点实验室等重要科研平台，拥有一支以 20 多名行业专家、80 多名博士为研发带头人、700 多名硕士为研发骨干的高素质科技人才队伍。

温氏股份掌握畜禽育种、饲料营养、疫病防治等方面的关键核心技术，拥有多项国内外先进的育种技术。截至 2020 年年底，公司累计获得国家科技奖项 8 项，省部科技奖项 63 项，畜禽新品种 10 个（其中猪 2 个、鸡 7 个、鸭 1 个），新兽药证书 39 项，国家计算机软件著作权 71 项；拥有有效发明专利 162 项（其中美国发明专利 3 项），实用新型专利 310 项。

（2）企业文化。温氏股份始终坚持以“精诚合作，齐创美满生活”为企业文化的核心理念，与股东、员工及各方合作伙伴一道精诚合作，为推进中国农业产业化做出应有的贡献。

企业精神：精诚合作，各尽所能。用科学，办实事，争进步，求效益。文明礼貌，胸怀广阔，磊落光明。同呼吸，共命运，齐创美满生活。

企业愿景：千亿企业，百年温氏，打造世界一流的农牧食品集团。

核心价值观：于企业有担当，于社会有作为。

6. 天康生物股份有限公司企业文化

（1）企业简介。1993 年，新疆天康生物股份有限公司在原兵团生物制剂实验中心的基础上成立。天康生物是一家集兽用生物制品与动物疫病防治、现代生猪科学育种与养殖、饲料研发与生产、生猪屠宰加工配售为一体的农牧类上市公司。20 多年来，从区域型企业到全国型战略布局，坚持围绕现代农牧，在饲料、兽用生物制品、生猪养殖、放心肉食品等关键环节精耕细作，朝着国内一流的“健康养殖服务商，安全食品供应商”目标坚实迈进！

2006 年 12 月 26 日，天康生物在深交所成功上市。经过 20 多年的勤奋努力，如今的天康生物各业务已遍及全国。

天康生物未来将坚定地依据自身的专业能力和核心竞争力，紧紧围绕畜牧养殖的关键环节，包括饲料、饲养、动保、良种繁育（主要指生猪）以及养殖服务体系和金融服务体系建设，为养殖户提供全面解决方案，提升养殖效率，实现公司与客户的共赢发展，努力把公司打造成为国内一流的“健康养殖服务商，安全食品供应商”。

（2）企业文化。创造丰富健康生活。这里有两层意思：一是通过产品、服务，为社会、为公众提高或创造健康的生活品质；二是为企业员工创造丰富人生（包括从物质、事业、精神诸方面）。

价值观（六原则）：天康品质，深得信赖；善于学习，不断创新；彼此信任，相互尊重；保持激情，富有责任；充分沟通，坚决执行；团队原则。

The second part

The second part

第二部分

认识岗位

The second part

The second part

入职培训专题1

认识学徒业务岗位

当今，面对竞争日益激烈的养猪业，任何一个猪场想在竞争中求生存求发展，都必须把猪场的日常管理作为猪场生产的主要任务来抓。在生产上都应按集约化养猪生产工艺流程和生产设计要求进行规范化生产作业，使猪产品能有计划、按周期平衡地生产。在管理上做到责、权、利明确，进行岗位设置，明确岗位责任，做到人人有事做、事事有人做。

1. 配怀舍（含精液处理实验室）学徒岗位职责

（1）种公猪的合理饲喂和日常管理；

（2）公猪精液采集、品质检查、稀释、分装和保存；

（3）接受分娩舍断奶母猪，并进行合理饲喂；

（4）挑选后备母猪进入配怀舍；

（5）空怀母猪发情鉴定及人工授精；

（6）调整本周已配种母猪，以便检查，及时登记挂牌；

（7）检查确定已配种的母猪是否妊娠；

（8）检查、分析、治疗未能配上种的母猪；

（9）协助兽医人员对公、母猪进行疫苗接种；

（10）清洗、消毒空栏位；

（11）更换消毒池消毒液；

（12）全面检查栏内各种设备（水、电等），如有损坏能修复的自行修复，自行不能修复的书面向上级部门报告；

（13）整理本周报表；

（14）制订下周配种计划。

2. 妊娠舍学徒岗位职责

（1）打扫卫生，清洗栏舍、料槽等，全面检查栏内各种设备，如有损坏能修复的自行修复，自行不能修复的书面向上级部门报告；

（2）对待转入分娩舍的母猪进行清洗、消毒，并转栏；

（3）检查第二、第三情期母猪妊娠情况，判断是否有返情、流产等现象；

（4）对不同妊娠阶段的母猪进行合理饲喂；

（5）协助兽医人员进行疫苗接种；

（6）清洗料槽、料斗及饲料车等；

（7）整理各类待报的报表。

3. 分娩舍学徒岗位职责

（1）分娩舍清空后，进行彻底清洁和洗消；

（2）查饮水器、红外线灯的使用情况，观察舍内气温变化，天气热时使用滴水器及排风扇进行有效降温；

（3）观察母猪采食情况，对哺乳母猪进行合理饲喂；

（4）对刚分娩仔猪进行接产、断脐、断尾、调整、寄养等处理；

（5）做好哺乳仔猪的护理，如及时吃初乳、补水、补料等；

（6）清洗母猪栏位，打扫卫生及检查擦洗排风扇、抽气扇；

（7）根据配种计划，确定当天断奶母猪的品种及数量，并做好记录；

（8）给掉了耳牌号的母猪重新挂牌；

（9）将断奶母猪转入配怀舍，断奶仔猪转入保育舍，并做好每窝仔猪的断奶记录及预选种猪 3 周龄个体重记录；

（10）检查设备使用情况，有损坏的及时书面向上级报告；

（11）整理本周产仔情况报表；

（12）接收临产母猪，并填挂母猪卡片；

（13）填好本周分娩母猪产仔头数、平均产仔数、断奶仔猪数、仔猪总体重、平均个体重，表格交统计员；

（14）按要求做好舍内、外卫生清洁工作。

4. 保育舍学徒岗位职责

（1）观察室内通风、换气、干燥、卫生、保温、饮水情况；

（2）观察小猪状况，对不健康小猪进行隔离及治疗；

（3）保持料槽内 24 h 不断料；

（4）按要求打扫舍内卫生，检查各种设备，将需要修理的设备用书面形式报告上级，将患疝气等疾病需进行手术治疗的小猪停料，以便手术；

（5）对本周将离舍的小猪，进行大小调整，协助兽医做好疫苗接种；

（6）做好转栏工作，接收分娩舍断奶小猪，并按小猪体重、大小、性别进行分栏，同时做好转出猪的工作；

（7）清洗空栏位，冲洗排污沟，并更换沟内积水；

（8）填报本周饲料用量、小猪存栏及小猪残、死表格，交统计员。

5. 肥育舍学徒岗位职责

（1）观察舍内通风、换气、干燥、卫生、保温、饮水情况；

（2）观察猪群状况，对不健康猪及时进行隔离治疗；

（3）及时添加饲料，最少3次/d，原则上不限料。观察猪只采料有无异常并及时向分管领导汇报；

（4）清粪，2次/d，上、下午各一次，保持圈舍清洁干燥；

（5）填写每日存栏猪数量及饲料报表；

（6）根据天气情况，每天开关窗门；

（7）清洗消毒清空的栏舍；

（8）清点各栋猪数量，填写本周各种报表，制订及调整下周计划。

6. 兽医学徒岗位职责

（1）严格执行场内的消毒、驱虫、保健及免疫工作制度，按要求进行病猪的治疗，死猪的处理；

（2）根据猪场疫病流行情况制定合理的免疫程序，并按计划完成免疫接种；

（3）做好各类配套报表；

（4）负责该区域内猪群的治疗转群工作。

入职培训专题 2
岗位工作技术设备与安全生产

随着科技的不断发展，养猪工艺的不断革新，以及人力资源成本的不断上升，养猪业也逐渐向规模化、机械化和自动化的方向发展。原来很多由人工来完成的工作，例如饲喂、清粪、称重、转群等逐渐被机械所代替，人工智能的高速发展使诸如打耳号、剪耳缺等操作都逐渐被猪脸识别技术所替代，圈舍内温度、湿度和空气质量的调控也由各种现代化的环境控制设备进行精确控制，原来的“养猪场”已逐渐转变为“养猪厂”。

在这种趋势下，养猪企业需要员工的数量会大大减少，但是对员工的质量却提出了更高的要求。猪场技术人员不但要熟练掌握养猪技术，还要能够熟练使用各种猪场设备。

我国规模化猪场的机械化、自动化水平存在较大差异，现代养猪设施设备的使用情况也是参差不齐。目前较为普及的有自动饲喂系统、自动清粪系统、水帘风机降温系统、热风供暖系统、粪污无害化处理系统，以及配怀舍使用的自动查情、自动采精系统、精液稀释和罐装设备等，一些条件好的猪场还配备了空气过滤系统，对进入猪舍内的空气进行过滤净化。

员工在使用各类设备前，应该认真阅读设备的操作说明，熟练掌握操作方法，对操作过程中可能存在的危险要有清晰的了解。学徒必须由师傅对设备的使用方法进行反复培训，并经过严格考核，合格后才可单独操作设备。

入职培训专题3
岗位业务能力要求

一、 配怀舍岗位能力要求

1. 岗位知识及学习要求

(1) 了解我国优良地方猪品种的优点和缺点；

(2) 了解我国主要养殖的国外引进品种的培育历史、生产性能和杂交利用；

(3) 熟悉商品猪杂交生产的理论依据及常见的杂交组合；

(4) 熟悉后备猪的生长发育规律及各阶段的营养需求；

(5) 掌握种公猪的生理特点和营养需求；

(6) 熟悉空怀母猪和妊娠母猪的生理特点和营养需求。

2. 岗位技能及学习要求

(1) 能够根据猪场的种猪更新情况制订合理的后备种猪选留方案，并熟练完成后备种猪的选留和鉴定；

(2) 能够较准确挑选出优良的后备种猪，并根据猪场的实际需求制订合理的引种计划；

(3) 能够熟练完成后备种猪的培育，包括病原微生物的驯化和生殖系统发育的有效刺激；

(4) 熟练掌握引进后备种猪引种前的准备，以及引种后的隔离和驯化技术；

(5) 掌握种公猪的日常饲养管理技术；

(6) 能够熟练使用手握法采集种公猪的精液；

(7) 熟练掌握精液品质的评定，精液的稀释、分装和保存技术；

(8) 能够使用外部观察法和压背法准确鉴定发情母猪，并确定适宜的配种时间；

(9) 熟练掌握发情母猪的人工授精技术；

(10) 能够准确鉴定妊娠母猪，并推算出妊娠母猪的分娩时间；

(11) 对不同妊娠阶段的母猪进行精准饲养，使母猪保持合适的体况，确保产仔数和初生重最大化。

二、 分娩舍岗位能力要求

1. 岗位知识及学习要求

(1) 熟悉围产期哺乳母猪的生理特点和营养需求；

(2) 熟悉母猪的生殖道结构和胎盘结构；

(3) 熟悉母猪的乳房结构及泌乳机制；

(4) 熟悉初乳的组成和初乳中母源抗体的衰减规律；

(5) 了解母猪分娩前后体内激素的变化规律和调控机制；

(6) 熟悉哺乳仔猪的生理特点和习性；

(7) 熟悉哺乳仔猪消化道和消化机能的发育规律；

(8) 掌握仔猪免疫力的发育规律。

2. 岗位技能及学习要求

(1) 熟练掌握分娩舍进猪前的洗消程序；

(2) 能够熟练完成妊娠母猪从妊娠舍转入分娩舍的各项操作技术；

(3) 熟练掌握母猪的接产技术；

(4) 能够准确鉴定难产母猪并采取合理的助产技术，确保母猪顺利分娩；

(5) 能够根据分娩前后，以及泌乳期间母猪的生理特点和营养需求对母猪进行精准饲养管理，确保哺乳期失重控制在合理范围之内；

(6) 能够对分娩后存在异常的母猪进行及时处理，如产道感染的母猪及患有乳房炎等的母猪；

(7) 能够熟练完成假死仔猪的救治；

(8) 能够熟练完成哺乳仔猪辅助吃初乳、固定乳头、剪牙、断尾、打耳号等操作；

(9) 能够根据母猪和哺乳仔猪的生理特点合理控制分娩舍的温度、湿度和空气质量等环境指标。

三、 保育及生长育肥舍岗位能力要求

1. 岗位知识及学习要求

(1) 了解断奶前后仔猪消化系统发生的变化；

(2) 熟悉生长育肥猪的生长发育规律；

(3) 熟悉高品质仔猪饲料的配制原理；

(4) 掌握保育猪和生长育肥猪的生理特点和营养需求。

2. 岗位技能及学习要求

(1) 能够根据猪场的实际情况确定仔猪的断奶方案;

(2) 能够采取合理措施降低断奶仔猪腹泻的发生率,缩短生长停滞的时间;

(3) 能够对断奶仔猪进行合理组群,采取有效措施减少组群初期的打斗;

(4) 能够根据保育猪不同发育阶段对温度的需求,及时调整好圈舍的温度;

(5) 根据生长育肥猪的生长发育规律采取合理的饲喂方案,有效降低育肥成本,改善胴体品质。

四、 兽医岗位能力要求

1. 岗位知识及学习要求

(1) 掌握猪免疫系统的组成;

(2) 熟悉猪的被动免疫和主动免疫的机理;

(3) 掌握猪免疫系统的基本工作原理;

(4) 掌握健康猪的常规生理指标;

(5) 熟悉猪场常用疫苗的种类、保存及使用方法,了解疫苗的基本工作原理;

(6) 熟悉猪场常用药物的成分、作用机制、使用范围及使用方法;

(7) 熟悉猪场常见传染病的病原、致病机理、流行特点和防控办法;

(8) 掌握常见猪病的诊断方法。

2. 岗位技能及学习要求

(1) 能够根据猪场及周边疫病流行情况制订合理的免疫程序及防控方案,并及时调整;

(2) 能够建立猪场完善的生物安全体系,并严格落实;

(3) 能够有效利用临床诊断和实验室诊断数据,准确评估猪群的健康水平;

(4) 能够对猪场发生的疫病做出及时、准确的判断,并采取合理的防治措施;

(5) 有效落实"养大于防,防大于治"的理念,与畜牧技术人员合作,切实提高猪群的健康水平,降低猪病预防和治疗成本,提高猪场效益。

入职培训专题4

制订学徒培养计划

在猪生产技术学徒制培养模式下，学生以学徒的身份进入养猪企业的各个生产岗位，在学校教师和企业师傅组成的“双导师”团队的指导下，经过1～2个周期的岗位学习和实践锻炼，熟练掌握配怀阶段、分娩哺乳阶段和生长育肥阶段的相关岗位知识和技能，最终达到能够严格按照操作规程独立完成岗位工作的要求。

一、 学徒岗位工作计划

现代养猪生产采用工厂化“流水线式”生产模式，母猪在配怀舍、妊娠舍和分娩舍之间不断循环，持续生产大量的断奶仔猪。断奶仔猪再经过保育、生长育肥阶段的饲养，至出栏屠宰。在这种生产模式中，猪场内各个生产岗位之间既有明确的分工又有密切的联系，只有相互协作、共同努力，才能够使猪场高效地运转起来，进而实现生产效率的最大化。

学生虽然是以学徒的身份进入企业，但时刻要以企业员工的标准要求自己，严格按照企业的生产流程和操作规程完成各项工作。学徒在企业的岗位工作计划见表2-1。

二、 学徒岗位学习计划

学生以学徒的身份进入固定岗位，协助岗位技术人员完成日常工作，同时在学校教师和企业师傅的指导下完成该岗位知识和技能的学习，待考核合格后转入下一个岗位进行学习，直至轮换完猪场的所有生产技术岗位，经过1～2轮的学习，达到熟练掌握完成各个岗位工作所需的知识和技能。学徒岗位学习计划见表2-2。

表 2-1　学徒岗位工作计划

岗位名称	岗位工作计划
配怀舍技术员岗	(1)例行检查——时间:上班后和下班前。内容:舍内温湿度、空气质量、通风状况、猪群动态、门窗关闭、猪栏是否关好等,发现问题及时处理或反映,并做好相应的记录。要求:工作必须认真、仔细进行,不得敷衍了事 (2)喂料——时间:上下午例行检查完毕开始喂料。要求:严格按照饲喂标准供给,吃剩的料及时清理出去,不能在下次喂料时有剩料 (3)清粪——时间:上下午喂料后和下班前各 1 次,一天共 4 次。平时发现有粪时及时清出圈外。要求:公猪圈常态无粪便,不打滑;母猪圈无积粪 (4)清理卫生、更换消毒液——时间:清粪完毕后整理饲料间、过道、窗台、墙头,用水冲洗粪车过道,更换消毒液。要求:饲料间、走廊保持干净、整洁,工具、饲料放置整齐有序,窗台、墙头无积尘,粪车过道干净不滑;消毒液一天一换 (5)发情检查——时间:发情检查在上述几项工作过程中或间隙顺便进行,另外在猪休息时进行重点观察。要求:对母猪逐个观察,对快到情期的猪重点观察 (6)配种、试情——时间:上午喂料后 1 h 开始,下午下班前 1.5 h 开始。要求:将公猪驱赶到母猪栏,对空怀、妊娠、后备母猪进行查情。配前对母猪阴部冲洗干净并消毒,配种时必须有人在场辅助,保证配种质量和公母猪安全 (7)公母猪舍外运动——空怀母猪赶到舍外运动场集体活动;不常用或无活动空间的公猪进行舍外驱赶运动。时间:母猪活动在喂料以后,公猪在配种完成后。要求:母猪每天进行,公猪每周至少 1 次,时间不少于 20 min (8)转群——时间:每天下午 5:00 为固定转群时间。要求:对转入、转出猪交接清楚,同时办理交接手续 (9)其他工作——时间:其他工作如维修、防疫注射、消毒等在上述工作间隙进行。要求:消毒、防疫严格按照兽医要求进行,工具、设备损坏后及时维修
妊娠舍技术员岗	(1)例行检查——时间:上班后和下班前。内容:舍内温湿度、空气质量、通风状况、猪群动态、门窗关闭、猪栏是否关好等。发现问题及时处理或反映,并做好相应的记录。要求:工作必须认真、仔细进行,不得敷衍了事 (2)喂料——时间:上下午例行检查完毕开始喂料。要求:严格按照饲喂标准供给,吃剩的料及时清理出去,不能在下次喂料时有剩料 (3)清粪——时间:上下午喂料后和下班前各 1 次,一天共 4 次。平时发现有粪时及时清出圈外。要求:猪栏内无积粪 (4)清理卫生、更换消毒液——时间:清粪完毕后整理饲料间、过道、窗台、墙头,用水冲洗粪车过道,更换消毒液。要求:饲料间、走廊保持干净、整洁,工具、饲料放置整齐有序,窗台、墙头无积尘,粪车过道干净不滑;消毒液一天一换 (5)返发情观察——时间:每天上下午清粪时注意观察,在猪睡觉时再观察一遍。要求:重点观察 20～30 d 的猪,配后时间稍长的猪也要注意,不能忽视 (6)转群——时间:每天下午 5:00 为固定转群时间。要求:对转入、转出猪交接清楚,办理好交接手续 (7)其他工作——时间:其他工作如维修、防疫注射、消毒等在上述工作间隙进行。要求:消毒、防疫严格按照兽医要求进行,工具、设备损坏后及时维修

续表 2-1

岗位名称	岗位工作计划
分娩舍技术员岗	(1)例行检查——时间:上班后和下班前。内容:舍内温湿度、空气质量、通风状况、保温箱内温度、猪群动态、门窗关闭、猪栏是否关好等。发现问题及时处理或反映,并做好相应的记录。要求:认真、仔细,重点是保温箱内仔猪和临产母猪 (2)喂料——时间:母猪喂料上午 7:00、11:30 各 1 次,下午 5:30 1 次,晚上 9:30 1 次。仔猪补料:在母猪喂料同时和间隙补料,每天不少于 6 次。要求:母猪严格按照饲喂标准供给,吃剩的料及时清理出去,不能在下次喂料时有剩料。仔猪补料少喂勤添,根据猪日龄和数量添加,做到下次添料时上次料能吃完,不剩料 (3)清粪——时间:上下午喂料后和下班前各 1 次,一天共 4 次。平时发现有粪时及时清出产床外,放入专用盛粪车或袋中,并及时将粪便留下的痕迹用蘸有消毒水的拖布擦干净。要求:产床上无母仔粪便痕迹 (4)清理卫生、更换消毒液——时间:清粪完毕后整理饲料间、过道、窗台、墙头,用水冲洗粪车过道。要求:饲料间、走廊保持干净、整洁,工具、饲料放置整齐有序,窗台、猪栏无积尘,粪车过道干净不滑;消毒液一天一换 (5)仔猪开食训练——时间:每日上下午清理卫生后进行。要求:7 日龄以上仔猪必须进行开食训练,连续 3 d,方法为直接给嘴里填料 (6)补铁、去势——时间:每天下午在补铁的同时去势 3 日龄仔猪。要求:除留种或弱小公猪外,其余公猪一律去势 (7)初生仔猪定时吃奶——时间:产后 3 d 内仔猪固定吃奶时间,白天 1 次/h,晚上 1 次/2 h。要求:哺乳时应注意观察,确保每一只小猪都能吃上奶,喂奶次数一天不能少于 14 次,定时吃奶的同时,做好固定奶头工作 (8)转群及称猪——时间:每天上午 8:00、下午 5:30 为初生仔猪称重时间(种用仔猪随产随称重,并及时打耳号,其他仔猪集体定时称重);下午 4:30~5:30 为转猪时间。要求:新产仔猪登记好,转入、转出猪交接清楚,办好交接手续 (9)清理仔猪补料槽——时间:每天上午定时将仔猪补料槽中剩料清理出去饲喂母猪,然后清洗干净,倒扣在产床上晾干。料被污染后及时清理更换。要求:仔猪每日吃到的都是新鲜的补料 (10)其他工作——时间:其他工作如接产准备及拌料、维修、防疫注射、消毒等在上述工作间隙进行。要求:接产准备工作必须在预产前 3 d 完成,消毒、防疫严格按照兽医要求进行,工具、设备损坏后及时维修

续表 2-1

岗位名称	岗位工作计划
保育舍技术员岗	(1)例行检查——时间:上班后和下班前。内容:舍内温湿度、空气质量、通风状况、猪群动态、门窗关闭、猪栏是否关好等。发现问题及时处理或反映,并做好相应的记录。要求:工作必须认真、仔细进行,不得敷衍了事 (2)喂料——时间:上下午例行检查完毕开始添料,晚上 9:30 左右再添料 1 次,并同时检查猪群动态。要求:尽量做到有计划加料,每次加料时应等上次料吃干净 (3)清粪——时间:上午喂料后和下午下班前各 1 次,一天共 2 次,床上粪便随时清出。要求:保育床上下无积粪 (4)清理卫生、更换消毒液——时间:清粪完毕后整理饲料间、过道、窗台、墙头,用水冲洗粪车过道。要求:饲料间、走廊保持干净、整洁,工具、饲料放置整齐有序,窗台、猪栏无积尘,粪车过道干净不滑;消毒液一天一换 (5)转群——时间:每天下午 4:30~5:30 为产房转保育舍固定转群时间,如给育肥舍转群时间可提前。要求:对转入、转出猪交接清楚,办理好交接手续 (6)测舍内温度——时间:白天 1 次/h,晚上 1 次/2 h(由夜班人员负责)。要求:记录准确 (7)其他工作——时间:其他工作如拌料、维修、防疫注射、消毒等在上述工作间隙进行。要求:消毒、防疫严格按照兽医要求进行,工具、设备损坏后及时维修
育肥舍技术员岗	(1)例行检查——时间:上班后和下班前。内容:舍内温湿度、空气质量、通风状况、猪群动态、门窗关闭、猪栏是否关好,料槽中有无剩料或是否有堵料现象等。发现问题及时处理或反映,并做好相应的记录。要求:工作必须认真、仔细进行,不得敷衍了事 (2)喂料——时间:上下午例行检查完毕开始喂料。要求:尽量做到有计划加料,每次加料时应等上次料吃净 (3)清理卫生、更换消毒液——时间:添料后整理饲料间、过道、窗台、墙头。要求:饲料间、走廊保持干净、整洁,工具、饲料放置整齐有序,窗台、猪栏无积尘;消毒液一天一换 (4)清粪——时间:上午喂料后和下午下班前各 1 次,一天共 2 次。要求:平时清粪后用扫帚扫净,消毒日用水冲净,粪车过道清粪后用水冲净 (5)转群——时间:每天下午 5:00 为固定转群时间。要求:对转入、转出猪交接清楚,办理好交接手续 (6)其他工作——时间:其他工作如售猪、维修、防疫注射、消毒等在上述工作间隙进行。要求:消毒、防疫严格按照兽医要求进行,工具、设备损坏后及时维修

表 2-2　学徒岗位学习计划

序号	工作任务	学习内容及要求	学习时间
1	配怀舍饲养管理	见本专题，一、配怀舍岗位能力要求	1 个月
2	分娩舍饲养管理	见本专题，二、分娩舍岗位能力要求	1 个月
3	保育及生长育肥舍饲养管理	见本专题，三、保育及生长育肥舍岗位能力要求	0.5 个月
4	疾病预防和治疗	见本专题，四、兽医岗位能力要求	1 个月

三、　专题研修计划

（一）　研修专题

（1）猪品种选育及杂交利用；

（2）种公猪的优化管理及合理利用；

（3）高效繁殖母猪群的建立和维持；

（4）母猪非生产天数控制综合措施；

（5）母猪空怀、妊娠和哺乳阶段精细饲养管理；

（6）提高窝产仔数和初生重的综合措施；

（7）仔猪断奶阶段腹泻及生长停滞控制及改善；

（8）猪场生物安全体系建立及高效运行；

（9）母猪批次化生产技术。

（二）　研修目的

以上专题基本涵盖了养猪生产中的重大技术环节，通过对以上专题的系统研修，拟达到以下目的：

（1）对相关专题所涉及的理论知识、前沿动态进行全面的了解和掌握；

（2）全面了解相关专题在实际生产中存在的问题，并提出可行的解决方案；

（3）培养较强的发现问题、分析问题和解决问题的能力。

（三）　研修方式

（1）查阅相关资料；

（2）调研实际生产；

（3）咨询指导教师；

（4）小组研讨分析。

（四）　研修计划

每 1～2 周完成 1 个专题的研修。

（五）　研修成果

针对每个专题完成 1 份研修报告。

The third part

The third part

第三部分

学徒工作学习任务

The third part

The third part

项目一
配怀舍生产管理

配怀舍是规模化猪场生产管理的源头，配怀舍生产管理的好坏直接影响猪场的生产成绩和经济效益。配怀舍生产管理涉及种公猪、后备母猪、空怀母猪和妊娠母猪，工作流程繁琐，需要根据不同猪群的生产状态完成针对性的饲养管理，以及精液采集、发情鉴定、人工授精和妊娠诊断等技术操作，对技术人员操作技能提出了很高的要求。猪场员工只有充分理解和掌握配怀舍生产管理的目标，熟悉不同猪群的生理特点和饲养管理规范，才能更好地执行各项标准操作流程，做好日常生产管理工作，达到预期的生产目标。

【任务目标与质量要求】

最大限度地提高母猪的利用率是配怀舍生产管理的核心目标，要努力通过提高母猪情期受胎率、配种分娩率、窝均活仔数和健仔数等技术指标，降低母猪非生产天数，为提高母猪的 PSY（每头母猪每年所能提供的断奶仔猪头数）和 MSY（每头母猪每年出栏的肥猪头数），获得最佳的生产成绩和经济效益打下坚实的基础。配怀舍生产管理目标见表 3-1-1。

表 3-1-1　配怀舍生产管理目标

生产指标	参考标准	理想标准
情期受胎率/%	≥90	≥95
配种分娩率/%	≥85	≥90
年均胎次/胎	2.2	2.4
母猪非生产天数/d	≤35	≤30
窝均总仔数/头	11.8	14.0
窝均活仔数/头	11.3	13.1
仔猪平均初生重/kg	1.4	1.5

【专业知识准备】

一、 我国规模化猪场主要猪品种及其生产性能

种（优良的猪品种）、料（全价配合饲料）、舍（猪舍建造及环境控制）、病（猪疫病防控）、管（猪场经营管理）是构成现代养猪生产的五大基本要素。在促进畜牧业发展的各种因素中，家畜品种改良对畜牧业发展的贡献率约为40%，饲料营养贡献率为20%，饲养管理贡献率为20%，疫病防治所带来的贡献率为15%，其他方面的改善和提高贡献率为5%。由此可见，猪品种的好坏对养猪业的发展起着决定性作用。

高瘦肉率、高屠宰率、高饲料转化率和低造肉成本是现代养猪业追求的主要目标。由于长白猪、大白猪、杜洛克猪和皮特兰猪等国外培育猪品种更能契合上述目标，因此成为国内外企业养殖的主要品种。

1. 长白猪

长白猪公猪（左）和母猪（右）如图3-1-1所示。

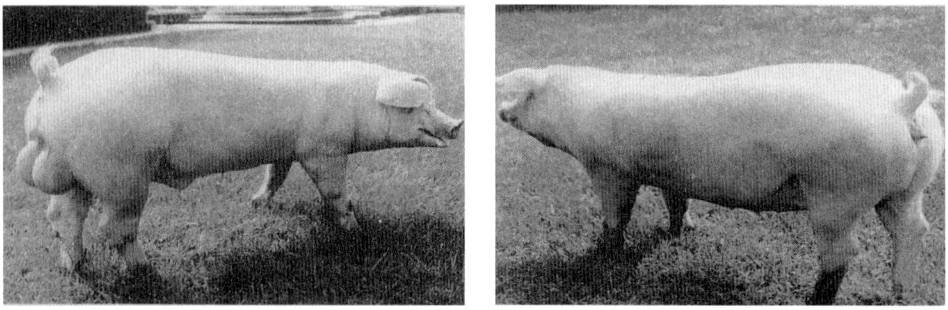

图3-1-1　长白猪公猪（左）和母猪（右）

（1）产地与分布。长白猪原名兰德瑞斯（Landrace）猪，产于丹麦。目前世界上养猪发达的国家均有饲养。1964年引入中国，现已分布全国各地。因其体躯特长，毛色全白，故名“长白猪”。许多国家在引进丹麦长白猪的基础上，选育出各自的长白猪种，如瑞系、荷系、德系、法系、英系和美系等。其外貌特征和生产性能大多与丹麦兰德瑞斯猪相似。

（2）育成经过。丹麦在1887年开始兰德瑞斯猪的培育工作，从英国引进大约克夏猪与当地土种白猪进行杂交改良，把脂肪型猪改为瘦肉型猪，于1895年选育成为当时世界上最优秀的瘦肉型种猪。

（3）外貌特征。全身被毛白色，体躯呈楔形，前轻后重。头小鼻梁长，两耳大、长多向前平伸，覆盖面部。胸宽深适度，背腰特长，背线微呈弓形，腹线平直，后躯丰满，乳头7～8对。

(4) 繁殖性能。母猪初情期 170～200 日龄，适宜配种日龄 230～250 d，体重 120 kg 以上。母猪繁殖性能好，经产母猪窝均产仔数 11 头左右。

(5) 生长育肥性能。生长育肥猪达 100 kg 体重的日龄 180 d 以下，饲料转化率 2.8∶1 以下。100 kg 体重时活体背膘厚 15 mm 以下，眼肌面积 30 cm^2 以上，屠宰率达 74%，胴体瘦肉率为 63%～64%。

(6) 种用价值。长白猪多用于培育瘦肉型品种（系），或作为第一父本进行二元杂交或三元杂交生产商品瘦肉猪，杂交效果显著。

2. 大白猪

大白猪公猪（左）和母猪（右）如图 3-1-2 所示。

图 3-1-2　大白猪公猪（左）和母猪（右）

(1) 产地与分布。大白猪又称大约克夏（Yorkshire）猪，原产英国北部的约克郡及其临近的地区。由于大白猪繁殖能力强，饲料转化率和屠宰率高，世界各地曾先后引入并用来杂交改良当地猪种，都取得了较好的效果。现在许多品种或多或少都含有其血缘。例如，苏联大白猪就是从英国引进，并经过几十年的风土驯化选育而成的，被列为苏联国家品种。又如长白猪就是丹麦从英国引进并与当地土种白猪进行杂交改良，选育成当代世界最优秀的瘦肉型猪种。

(2) 育成经过。原来英国的猪种体型大而粗糙，毛白色，皮肤具有黑色或浅蓝色的斑点。引入我国的广东猪和莱斯特（Leicester）猪杂交而育成优良的白色猪。到 1852 年正式确定为新品种，称约克夏猪。

(3) 外貌特征。约克夏猪有大、中、小 3 种类型，现在以大约克夏猪较为普遍。大白猪是瘦肉型猪的代表品种。体大，毛色全白，头长，颜面宽而呈中等凹陷，耳薄而大并向前直立，体躯长，胸深广，肋骨张，背平直稍呈弓形，腹充实而紧，后躯丰满，整体显示“长方”体型，乳头 7～8 对。

(4) 繁殖性能。性成熟较晚，母猪初情期 165～195 日龄，适宜配种日龄 220～240 d，体重 120 kg 以上。母猪繁殖力强，初产母猪产仔数 10 头以上，经产母猪产仔数 12 头以上。

（5）生长育肥性能。生长育肥猪达 100 kg 体重的日龄 180 d 以下，饲料转化率 2.8∶1 以下。100 kg 体重时，活体背膘厚 15 mm 以下，眼肌面积 30 cm^2 以上，屠宰率 70% 以上。

（6）种用价值。大白猪在杂交配套生产体系中主要用作母系，也可作为父本。我国常用大白猪作为父本与本地猪进行二元杂交或三元杂交，效果也很好。纯种大白猪与纯种黑毛色地方猪杂交，杂交一代的毛色是白色，因此很受欢迎。

3. 杜洛克猪

杜洛克猪公猪（左）和母猪（右）如图 3-1-3 所示。

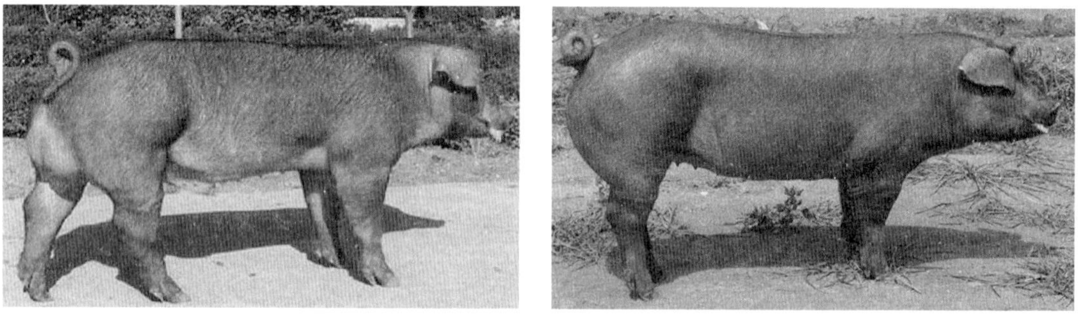

图 3-1-3　杜洛克猪公猪（左）和母猪（右）

（1）产地与分布。杜洛克（Duroc）猪产于美国东北部，育成后被引进世界各地繁殖饲养，分布较广。我国在新中国成立前已有引入，但影响不大。1972 年美国总统尼克松访华时，送给我国纯种杜洛克猪 1 对，饲养在河南省息县外贸饲养场。广东省在 1978 年从美国引入部分纯种杜洛克猪，以后相继从日本、匈牙利、美国和加拿大等国引入，在我国各地均有饲养。

（2）育成经过。杜洛克猪是 19 世纪 60 年代在美国东北部由美国纽约红毛杜洛克猪、新泽西州的泽西红毛猪及康涅狄格州的红毛巴克夏猪育成的。原来是脂肪型猪，后来为适应市场需求，改良为瘦肉型猪。原称为杜洛克-泽西猪，现简称为杜洛克猪。

（3）外貌特征。杜洛克猪全身被毛为棕红色，变异范围是由金黄色到深红砖色。皮肤上可能出现黑色斑点，但不出现大的黑斑、黑毛和白毛。头较小，耳中等大小，耳根稍立，中部下垂，略向前倾，嘴略短，颜面稍凹，体高而身腰较长，体躯深广，背呈弓形，后躯肌肉特别发达，四肢和骨骼粗壮结实，蹄黑色。

（4）繁殖性能。母猪初情期 170～200 日龄，适宜配种日龄 220～240 d，体重 120 kg 以上。繁殖力较低，初产母猪产仔数 8 头以上，经产母猪产仔数 9 头以上，乳头 5～6 对。

（5）生长育肥性能。前期生长慢，后期生长快。生长育肥猪达 100 kg 体重的日龄 180 d 以下，饲料转化率 2.8∶1 以下。100 kg 体重时，活体背膘厚 15 mm 以下，眼肌面积 30 cm^2 以上，屠宰率 70%以上，瘦肉率 62%以上。

（6）种用价值。杜洛克猪引入我国后，各地用该猪为父本与地方猪种进行经济杂交生产商品猪，效果很好。杜洛克猪的繁殖性能不高，故常作为终端父本使用。我国多采用杜×长×大或杜×大×长三元杂交模式生产商品猪，即采用长白猪公（母）猪与大白猪母（公）猪杂交，生产长×大或大×长二元母猪，再与杜洛克公猪杂交生产杜×长×大或杜×大×长三元杂交商品猪。

4. 皮特兰猪

皮特兰猪公猪（左）和母猪（右）如图 3-1-4 所示。

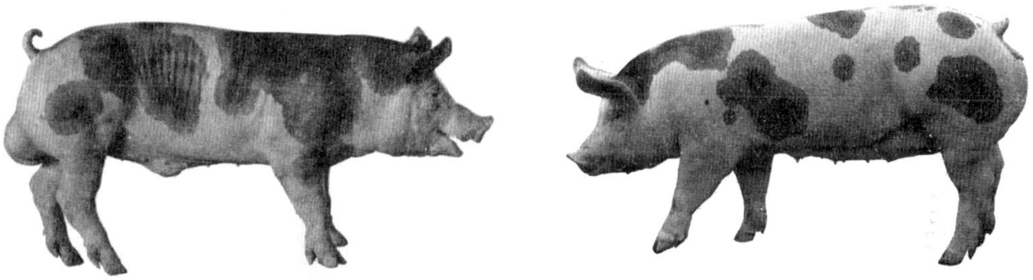

图 3-1-4　皮特兰猪公猪（左）和母猪（右）

（1）产地与分布。皮特兰猪原产于比利时布拉帮特地区的皮特兰镇，因而取名皮特兰。我国上海农科院畜牧研究所 20 世纪 90 年代初从法国引入法系皮特兰猪。北京顺鑫农业小店种猪选育场 1997 年从比利时直接引入皮特兰猪 49 头，其中母猪 33 头，公猪 16 头 8 个血统；2000 年 11 月从法国引入皮特兰猪 27 头，公猪 7 个血统。

（2）育成经过。皮特兰猪是目前世界上瘦肉型猪种中瘦肉率最高的一个品种，1920 年开始培育，1950 年选育而成，1955 年才被公认。在选育过程中，用本地猪与法国的贝叶猪杂交改良后，又导入英国的泰姆沃斯猪的血缘。

（3）外貌特征。皮特兰猪呈大片黑白花，毛色从灰白到栗色或间有红色，耳中等大小稍向下倾斜，体躯宽短，背中幅宽，中间有一深沟，后躯丰满，肌肉发达，肌肉界线明显。但是该猪应激大，往往在种猪运输过程中会造成死亡。

（4）繁殖性能。繁殖能力中等，产仔均衡，一般在 9～11 头，护仔能力强，母性好，泌乳早期乳质好，泌乳量高，中后期泌乳差。

（5）生长育肥性能。皮特兰猪具有瘦肉率高、背膘薄、眼肌面积大的优点。育肥期平均日增重 720 g，饲料转化率 2.8∶1，瘦肉率一般可达 67%，背膘厚 0.98 cm，眼肌面积 43 cm^2，这些性能都大大优于其他品种，但皮特兰猪采食量少，其生长育肥性能不及杜洛克猪、长白猪、大白猪三大品种，育肥后期增重较慢。据资料介绍，采食量少是由于生理上胰岛素含量低造成的。

（6）种用价值。皮特兰猪是理想的终端父本，可以明显地提高瘦肉率和后躯丰满程度。皮特兰猪携带应激敏感基因（RYR1 基因，俗称氟烷基因），应激敏感性强。国内一些育种场常将其与杜洛克猪杂交生产皮×杜二元杂交公猪，杂交公猪不但集中了皮特兰猪与杜洛克猪的优点，而且在生活力及种用性能上具有明显的杂种优势。近年来，使用分子生物学方法检测剔除携带氟烷基因个体，已成功选育出抗应激皮特兰猪品系。

二、 种猪的经济性状

要做好种猪的选择工作，前提是必须了解猪的主要经济性状及其遗传规律、度量方法，从而采取相应的选择措施。

1. 繁殖性状

（1）繁殖性状的度量。猪的繁殖性状包括窝产仔数、初生重、断奶仔猪数、21 日龄窝重（泌乳力）、产仔间隔和初产日龄等。

①窝产仔数：包括总产仔数和产活仔数。

总产仔数：出生时同窝的仔猪总数，包括死胎、木乃伊胎和畸形猪在内。

产活仔数：出生 24 h 内同窝存活的仔猪数，包括衰弱即将死亡的仔猪在内。

②初生个体重与初生窝重：指仔猪出生后吃初乳之前称得的个体重和全窝重。

③21 日龄窝重：同窝存活仔猪到 21 日龄时的全窝重量，包括寄养进来的仔猪在内，但寄出仔猪的体重不计在内。寄养必须在 3 d 内完成，必须注明寄养情况。

④产仔间隔：母猪前、后两胎产仔日期间隔的天数。

⑤初产日龄：母猪头胎产仔时的日龄。

（2）繁殖性状的遗传与选择。繁殖性状属于低遗传力性状，一般为 0.1 左右，其估计值的变动范围为 0.05～0.15。由于繁殖性状遗传力低，一般认为难以通过个体选择得到遗传改良。繁殖性状的遗传力估计值见表 3-1-2。

表 3-1-2 繁殖性状的遗传力估计值

性状	遗传力	性状	遗传力
产活仔数	0.11	断奶重	0.12
总产仔数	0.11	初生窝重	0.15
断奶仔猪数	0.06	21 日龄窝重	0.14
仔猪断奶前成活率	0.05	断奶窝重	0.12
初生重	0.15	初产日龄	0.15
21 日龄重	0.13	产仔间隔	0.11

近年来，对猪窝产仔数的选择正日益受到重视，其原因在于：①对猪窝产仔数的遗传特征的了解更加深入。②BLUP 技术和分子标记技术的应用。③在养猪发达国家猪的瘦肉率等经济性状正接近于最适值，继续选择改良难度也较大，结合窝产仔数进

行选择，其总体经济效益可能会提高。④我国猪种的高繁殖性能已引起世界各国的瞩目。太湖猪引入欧美一些国家后，产生了积极的作用，这重新使人们认识到，窝产仔数尚有较大的改良潜力。

2. 生长性状

（1）生长性状的度量。生长性状主要是生长速度、活体背膘厚和饲料转化率，近年来对猪的采食量也日益重视起来。

①生长速度：通常用测定期间（30～100 kg）的平均日增重或达到一定目标体重（100 kg）的日龄来表示。

②活体背膘厚：猪在 100 kg 体重时的活体背膘厚度。采用 B 超扫描测定倒数第 3、第 4 肋间处离背中线 5 cm 处的背膘厚，以 mm 为单位。

③饲料转化率：从 30～100 kg 阶段每单位增重所消耗的饲料量。

④采食量：是度量食欲的性状。在不限食条件下，猪的平均日采食量称为采食能力或随意采食量，是近年来猪育种方案中日益受到重视的性状。

（2）生长性状的遗传与选择。生长速度、饲料转化率和日采食量均属中等遗传力性状，活体背膘厚属高遗传力性状。生长和胴体性状的遗传力估计值见表 3-1-3。

由于生长性状的遗传力中等，通过选择可以获得较大的选择反应。在选择实践中通常采用多性状综合选择。加拿大从 1985 年开始应用 BLUP 育种值估计法对活体背膘厚和生长速度进行综合选择，背膘厚的改良速度提高了 50%，达 100 kg 体重日龄的改良速度提高了 100%～200%。

表 3-1-3　生长和胴体性状的遗传力估计值

性状	遗传力均值	遗传力范围
日增重	0.34	0.10～0.76
达 100 kg 日龄	0.30	0.27～0.89
日采食量	0.38	0.24～0.62
饲料转化率	0.31	0.15～0.43
活体背膘厚	0.52	0.40～0.60
屠宰率	0.31	0.20～0.40
平均背膘厚	0.50	0.30～0.74
眼肌面积	0.48	0.16～0.79
胴体瘦肉率	0.46	0.40～0.85

3. 胴体性状

（1）眼肌面积。与测定活体背膘厚同时进行，利用 B 超扫描测定同一部位的眼肌面积，用 cm^2 标识。

（2）腿臀比例。指腿臀部重量占胴体重量的百分数。腿臀部重量指沿胴体倒数第 1、第 2 腰椎间垂直切下的后腿重量。

4. 肉质性状

（1）肌肉 pH。在屠宰后 45～60 min 内测定。采用 pH 计，将探头插入倒数第 3、第 4 肋骨处的眼肌内，待读数稳定 5 s 以上，记录 pH。

（2）肉色。在屠宰后 45～60 min 内测定。以倒数第 3、第 4 肋间处眼肌横切面用 5 分制目测比对法评定。

（3）肌肉大理石纹。指可见的肌肉脂肪，取左半胴体最末胸椎与第 1 腰椎连接部的背最长肌横切面（眼肌），于冰箱冷藏层 4 ℃条件下存放 24 h 后，对照肌肉大理石纹评分标准图，用目测评分法评定。

（4）滴水损失。在不施加其他任何外力而只受重力作用的条件下，肌肉蛋白质系统在测定时的液体损失重。

三、 猪的杂交利用

（一） 基本概念

1. 杂交

在育种工作中，杂交是指不同品种或不同品系个体之间的交配。从遗传学上讲，凡是基因座位拥有不同等位基因两个亲本的交配就是杂交。杂交的基本效应是使基因型杂合，使后裔群体中杂合子比例增加，表型变异减少，从而使群体更加一致。下面将一般性讨论主要的杂交效应即杂种优势和遗传互补性。

2. 杂种优势

杂种优势可定义为杂种一代（F_1）与纯合亲代均值间的差数。杂种优势取决于基因的非加性效应，即显性效应和上位效应，而与加性效应无关。显性效应是同一基因座位上两基因的特殊组合效应，在杂种优势中起决定作用。而上位效应是指不同基因座位上基因间的互作效应。

3. 遗传互补性

遗传互补性指不同亲本群体所具有的优点相互补充。目的在于通过杂交将两个或两个以上群体的不同优良性状结合于商品猪上，使商品猪的优点比任何两亲本群体都全面，从而提高其商品价值。遗传互补性要涉及多个性状的复合，一般来说猪的生产性能与繁殖性能间为负相关。如果两个群体在生产性能和繁殖性能间互补时，我们说两者存在遗传互补性。

现代养猪生产要求瘦肉型商品猪同时具有生活力强，生长速度快，饲料利用率高，瘦肉率高和肉质好等特点，并且母猪要多产性好，但迄今几乎没有如此全面的品种，只有依赖于杂交。繁殖性能主要依赖于母本的遗传素质。而就生产性能而言，个体的生产性能素质是决定性的。在一个杂交方案中，若有一个具有高繁殖性能的群体为母系，另一个具有特别理想的生产性能的群体作为父系时，就可以利用到遗传互补性，满足现代商品瘦肉猪的要求。这意味着通过杂交从两方面利用了遗传变异，既通过杂种优势利用了非加性效应，又通过遗传互补性利用了加性效应，即群体间均值间的差异。这样，杂种优势与遗传互补性结合，既能改良繁殖性状，又能提高生产性状的整体水平。

我国的许多猪种以高繁殖力而著称，这样的群体作为母系是十分适宜的，一些西方猪种具有高水平的生产性能，通过杂交可望实现持久地提高养猪生产效益的目的。

（二） 商品猪生产的杂交繁育体系

商品猪生产的杂交繁育体系是将纯系的改良、良种的扩繁和商品肉猪的生产有机结合起来形成的一套体系。在杂交繁育体系中，将育种工作和杂交扩繁任务划分给相对独立而又密切配合的育种场和各级猪场来完成，使各个环节的工作专门化。猪完整的繁育体系的建立决定了现代集约化养猪生产的基本框架。

1. 猪杂交繁育体系的结构

商品猪生产的杂交繁育体系形似一个金字塔，由核心群、繁殖群和生产群组成（图 3-1-5）。

（1）核心群。核心群即育种猪处于金字塔塔顶位置，主要的选育措施都在这部分进行，其工作成效决定整个繁育体系的遗传进展和经济效益。在这里同时进行多个纯系的选育工作。为了保证育种核心群能够进行准确可靠的选择，欧洲一些国家普遍建立了国家级和地区级的测定站和人工授精站为核心群服务，形成核心群—测定站—人工授精站“三位一体”密切配合协作，推动整个猪群的遗传改良。

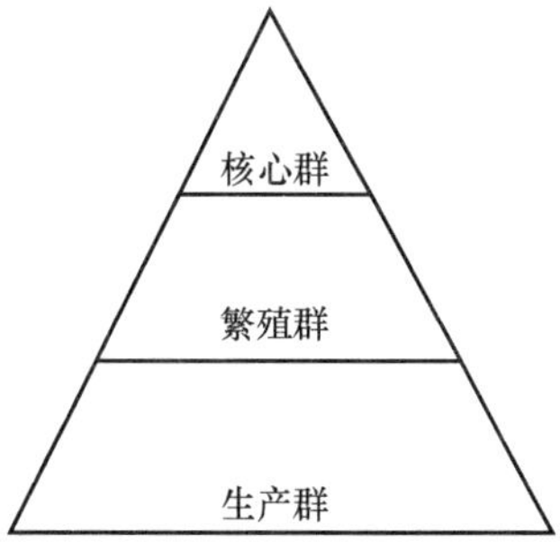

图 3-1-5 猪的金字塔形繁育体系模式图

（2）繁殖群。繁殖群在繁育体系中处于中间阶层，起着承上（核心群）启下（生产群）的重要作用。它的基本任务是将育种场所选育的纯种（系）猪进行扩繁，或按照统一的育种规划进行品种或系间杂交生产杂优母猪，以提供商品场所需要的后备母猪。有的国家将繁殖群划分为纯种繁殖群和杂种繁殖群。

（3）生产群。生产群处于金字塔体系的底层，构成繁育体系的基础。它的基本任务是组织好父母代的杂交，以生产有计划杂交的商品代肉猪。

在金字塔式的杂交繁育体系中，核心群内获得的遗传进展经繁殖群传递下来，最终体现在生产群，使商品代猪的生产性能得以提高。这里，基因的流动是自上而下的，不允许基因逆向流动，即祖代猪只能生产父母代猪，而父母代猪只能提供商品代猪，商品代猪是整个繁育体系的终点，不能再作种用。

2. 常见的杂交繁育体系形式

常见的杂交繁育体系根据参与杂交的纯系数目分为二元、三元和四元杂交繁育体系，其中，在我国应用最普通的是二元和三元杂交繁育体系。

（1）二元杂交繁育体系。最简单的杂交繁育体系形式（图 3-1-6），从纯系育种群到商品代的距离短，因此，遗传进展传递速度快。不足之处是不能在父母代利用杂种优势提高繁殖性能。

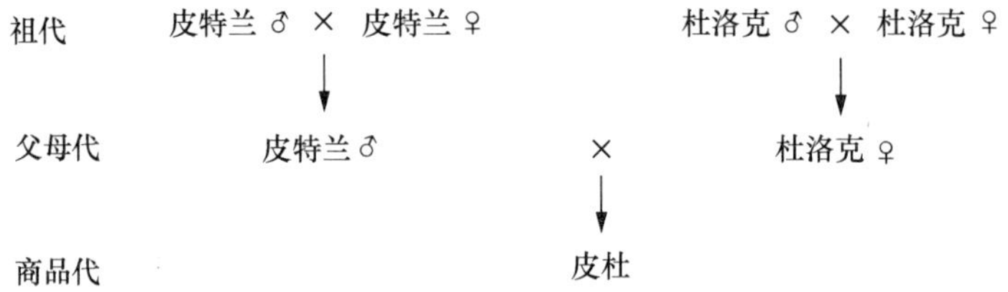

图 3-1-6　皮杜二元杂交繁育体系

（2）三元杂交繁育体系。三品种杂交是采用两品种杂交的杂种一代作母本，再与第三品种公猪交配，所生的后代作为商品猪肥育。采用这种杂交方式，杂交母本是两个不同品种的杂种，可充分利用杂交母本。与二元杂交相比，既利用了杂交母本产仔多的优势，又利用了第三品种公猪生长速度快、饲料利用率高的优势。所以三元杂交是世界各国普遍采用的杂交方式。例如，杜长大三元杂交商品猪的生产模式如图 3-1-7 所示。

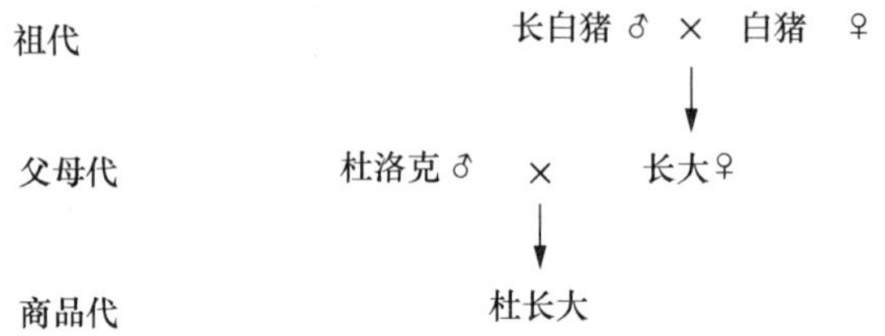

图 3-1-7　杜长大三元杂交繁育体系

（3）四元杂交繁育体系。四元杂交也称双杂交，父母代中父母本都是二元杂种。先用 4 个品种分别进行两两杂交，然后再在两种杂种间杂交进行商品猪生产。由于商品猪的双亲全是杂种，可以同时发挥父本和母本的杂种优势。此外，采用杂种大量繁殖，可以少养纯种，以降低饲养成本。采用四元杂交时涉及 4 个品种，饲养的亲本品种较多，组织工作复杂。例如，皮杜长大四元杂交商品猪的生产模式如图 3-1-8 所示。

3. 杂交亲本选择的原则

在猪的经济杂交中亲本的选择是十分重要的，亲本选择的好坏直接关系到杂交的效果。因为杂交组合中父本和母本所发挥的作用不同，所以在选择父本、母本时应遵循如下原则：

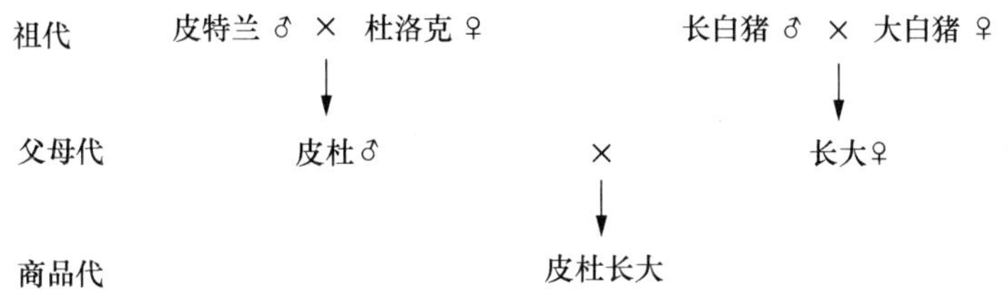

图 3-1-8　皮杜长大四元杂交繁育体系

(1) 母本选择的原则。作为杂交母本，要求群体数量大，分布广，适应性强；母性特征明显，产仔数多，泌乳能力强，母性好；体格适中，以减少自身基础代谢所消耗的能量。

与引入猪种相比，我国的地方猪种和培育猪种有较好的母性，具有作为母本的条件。

(2) 父本选择的原则。父本应具有生长速度快，饲料利用率高，胴体品质好；性成熟早，精液品质好，性欲强；对环境的适应性好等特点。

长白猪、大白猪、约克夏猪、杜洛克猪等引入猪种具有以上特点，可作为杂交的父本来利用。另外，在选择父本时应注意经济类型，不同类型的公、母猪杂交的效果比同类型的杂交效果要好。

我国地域辽阔，猪种资源丰富，各地应根据当地的实际情况，选择适宜的地方猪种和培育猪种作母本。至于选择什么品种作父本最好，需要进行杂交试验和配合力测定。

四、现代化猪场生产工艺流程

现代养猪生产工艺可划分为两种，即一点式和多点式（两点或三点）生产工艺。一点式生产工艺是目前我国养猪业中较常用的方式。多点式生产工艺是 20 世纪 90 年代发展起来的一种新的养猪工艺，该生产工艺对猪场的管理、资金投入要求较高。

1. 一点式生产工艺

一点式生产工艺是指同一个地方、一个生产场内按配种、妊娠、分娩、保育、生长和育肥生产流程组成一条生产线。根据商品猪生长发育不同阶段饲养管理方式的差异，又分成：①三段式，即配种和妊娠为一个阶段，分娩为一个阶段，保育、生长和育肥为一个阶段；②四段式，即在三段式的基础上，将保育独立为一个阶段，生长和育肥为另一个阶段；③五段式，即在四段式的基础上，将生长和育肥分为两个阶段。

下面以国内较常见的四段式生产工艺为例，介绍一点式生产工艺组织方式。

以万头猪场为例，每周有 24 头母猪配种，妊娠 16 周，产前 1 周转入分娩舍，分娩后哺乳 4 周断奶，母猪转入配怀舍，仔猪原圈饲养 1 周后转入保育舍，仔猪在保育舍饲养 4～5 周后转入生长和育肥舍继续饲养 14～16 周，体重达 90～100 kg 上市。其生产工艺流程如图 3-1-9 所示。

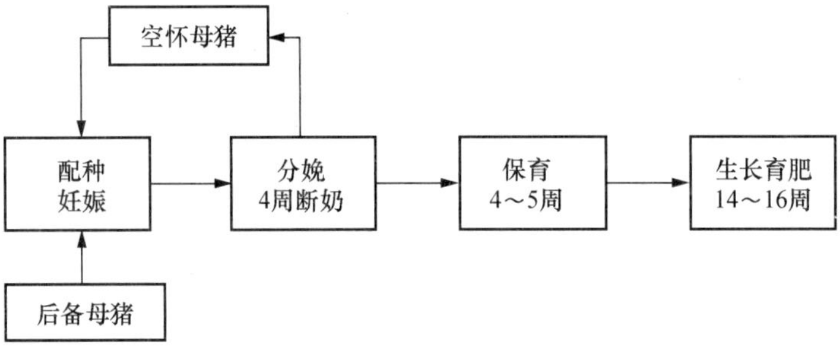

图 3-1-9　四段式生产工艺流程

一点式生产工艺最大的优点是地点集中，转群、生产管理方便。其存在的主要问题是种猪、仔猪和生长育肥猪的健康水平和对传染病的抵抗能力具有较大差异，尤其是保育猪免疫系统尚未完全发育成熟，母源抗体的保护力逐渐下降而疫苗抗体尚未达到足够的保护水平，饲养在同一个猪场，极易受到传染病的侵袭，对仔猪健康和生长将造成严重的威胁和影响。

2. 多点式生产工艺

多点式生产工艺是将一点式生产工艺中的一个猪场按照生产阶段拆分为 2 个或 3 个猪场，每个猪场之间间隔较远的距离，所以较一点式生产工艺更有利于疫病的防控及猪群生产性能的提升。哺乳仔猪在较小的日龄实施断奶，转至另一个猪场，完成保育、生长和育肥阶段的饲养，直至出栏（两点式生产工艺）；或者转至保育场完成保育阶段的饲养后，再转至育肥场，完成生长、育肥阶段的饲养（三点式生产工艺）。其生产工艺流程如图 3-1-10 和图 3-1-11 所示。

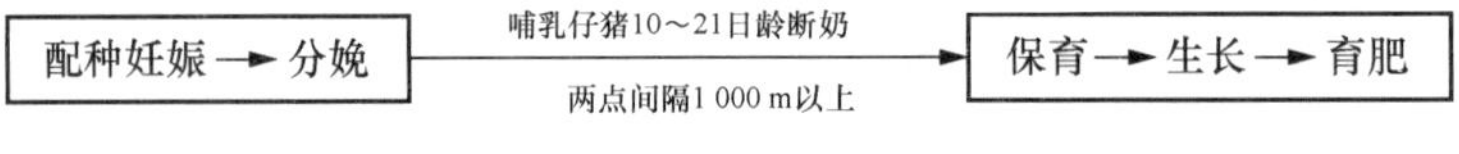

图 3-1-10　两点式生产工艺流程

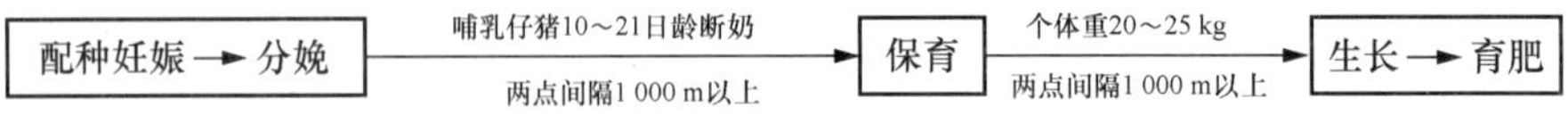

图 3-1-11　三点式生产工艺流程

在多点式生产工艺中，保育场和育肥场均严格执行全进全出，每批猪转出后全场进行彻底的洗消、空圈后下一批猪才转入。其主要优点在于仔猪出生后实施早期断奶（21 d），其体内母源抗体仍处于较高水平，将其转移至远离原生产区清洁干净的保育场进行饲养。由于仔猪对传染病的抵抗力仍较强，健康水平较高，且不受来自母猪病原体的干扰，免疫系统没有激活，减少了抗病的消耗，所以不仅成活率高，而且生长速度快。

在多点式生产工艺流程中，各猪场应尽可能远离，距离至少应该在 1 km，理想距离应为 3～5 km，若距离过近则失去了多点生产的意义。

【典型人物案例】

我国唯一的养猪院士——熊远著教授

熊远著（1930 年 7 月 3 日—2017 年 1 月 30 日），出生于湖北省竹山县，动物遗传育种专家，中国工程院院士，华中农业大学教授、博士生导师。

1959 年熊远著从华中农学院毕业后留校任教，先后担任华中农学院畜牧系助教、讲师、副教授、教授；1985 年建立我国第一个种猪测定中心——中国武汉种猪测定中心；1990 年担任华中农业大学畜牧兽医学院教授；1999 年当选中国工程院院士；2001 年获得何梁何利基金科学与技术进步奖；2008 年获得首届“武汉杰出人才奖”；2017 年 1 月 30 日在武昌去世，享年 87 岁。

熊远著主持育成瘦肉型母本新品种湖北白猪及其品系。10 余次引进世界名优猪种资源，主持培育的杂优杜湖猪，20 世纪 80 年代成为畅销港澳的名优瘦肉猪。20 世纪 80 年代初提出专门化品系选育的技术路线与方法，主持培育出多个专门化父母本品系，建立了 PCR-RFLP 等快速准确检测猪氟烷基因型的分子生物技术，提出 RYR1 基因多重效应的利用途径与方法，培育出瘦肉猪抗应激新品系。20 世纪 90 年代组建猪的资源家系，在我国国内较早地开展了猪重要经济性状 QTL 定位及后选基因的研究，同时分离、鉴定了与肌肉生长、肉质等性状有关的多个新基因和新分子标记，为开展猪分子育种奠定了基础。先后建立了我国第一个种猪测定中心、农业部种猪质检中心、农业部猪遗传育种重点实验室、国家家畜工程技术研究中心和一个产学研相结合的 1.5 万头规模的育种试验场。

截至 2017 年，熊远著先后培养博士 40 余人、硕士 60 余人。熊远著要求学生在学习中要勤思考，不要死啃书本。他常说，没有设计方案的科研是不会有成果的，没有目标的学习同样也是不会有成效的。他常用“敏而好学”“行成于思”与学生共勉。他的座右铭是：一个人如果没有出色的研究思想和理论基础，就不可能制定出完备的研究方案；有了正确的研究方案，如果没有娴熟的操作技巧，再好的研究方案也只能是空中楼阁。

熊远著对到岗的新教师，总是首先安排他们到生产、科研第一线，了解、熟悉研究对象，积累实践经验，培养分析问题、解决问题的能力。他同样重视对青年教师的品德培养，不容许工作中马虎、随意和懒散的现象。他常说，搞科研，不仅要有不怕吃苦的精神，更要有奉献精神和团队作战思想。他认为搞现代的科学研究，特别是动物遗传育种的科学研究，只有团队作战，吃苦奉献，才有可能到达胜利的彼岸。

典型人物事迹感想：____________________

____

典型人物工匠精神总结凝练：____________________

____

____

任务1　后备种猪选留、引进及培育

【任务目标与质量要求】

（1）平均27周龄出现首次发情。

（2）至29周龄，85%以上的后备母猪应出现发情征兆。

（3）至8月龄，体重达130 kg以上，P2点背膘厚16～22 mm，进入第3或第4个发情周期，且发情征兆明显。

（4）体况适中，四肢强壮有力。

（5）完全适应猪场的病原微生物。

（6）通过选留或引进，建立数量充足、性能优良的后备种猪群。

【学习产出目标】

（1）能够熟练选留出优秀的后备母猪。

（2）能够准确控制后备母猪的生长速度，使其在适配年龄达到理想的体重和背膘厚度。

（3）能够灵活使用各种手段对后备母猪进行刺激，使其生殖系统能够得到正常发育。

（4）能够准确判断后备母猪是否处于发情状态。

（5）能够熟练完成后备母猪的隔离和驯化。

【工作程序与方法要求】

一、　后备种猪选留

有条件的猪场可以自己选留后备种猪。与引进的后备种猪相比，本场选留的后备种猪从小就在原猪场长大，有充足的时间适应本场的圈舍环境、病原微生物和饲养管理，以及进行充分的发情刺激，往往能够更为平稳地进入繁殖阶段，淘汰率较低，繁殖成绩更好。

后备种猪的选留一般经过断奶、保育、测定、配种和繁殖 4 个阶段。

1. 断奶阶段选择

第一次挑选（初选、窝选）可在仔猪断奶时进行。挑选的标准为：仔猪必须来自母猪产仔数较高的窝中，符合本品种的外形标准，生长发育好，体重较大，皮毛光亮，背部宽长，四肢结实有力，乳头数在 7 对以上（瘦肉型猪种 6 对以上），没有明显遗传缺陷。

从大窝中选留后备小母猪，主要依据母猪的产仔数，断奶时应尽量多留。一般来说，初选数量为最终预定留种公猪数量的 10～20 倍及以上，母猪 5～10 倍及以上，以便后面能有较大的选留机会，使选择强度加大，有利于取得较理想的选择进展。

2. 保育结束阶段选择

保育猪要经过断奶、换环境、换料等几关的考验，保育结束一般仔猪达 70 日龄，断奶初选的仔猪经过保育阶段后，有的适应力不强，生长发育受阻，有的遗传缺陷逐步表现。因此，在保育结束拟进行第二次选择，将体格健壮，体重较大，没有瞎乳头，公猪睾丸良好的初选仔猪转入下阶段测定。

3. 测定结束阶段选择

性能测定一般在 5～6 月龄结束，这时个体的重要生产性状（除繁殖性能外）都已基本表现出来。因此，这一阶段是选种的关键时期，应作为主选阶段。另外，该阶段的后备种猪尚未进入繁殖阶段，淘汰的猪可按照商品猪进行销售，可以大大降低由于淘汰而给猪场造成的损失。

该阶段的选择应该做到：

（1）凡体质衰弱、肢蹄存在明显疾患、有内翻乳头、体型有严重缺陷、外阴部特别小、同窝出现遗传缺陷者可先行淘汰。要对公母猪的乳头缺陷和肢蹄结实度进行普查。

（2）其余个体均应按照生长速度和活体背膘厚等生产性状构成的综合育种值指数进行选留或淘汰。必须严格按综合育种值指数的高低进行个体选择，该阶段的选留数量可比最终留种数量多 15％～20％。

4. 配种和繁殖阶段选择

这时后备种猪已经过了三次选择，对其祖代、生长发育和外形等方面已有了较全面的评定。所以，该时期的选择主要依据是个体本身的繁殖性能。

对下列情况的种猪可考虑淘汰：

（1）至 7 月龄后毫无发情征兆者。

（2）在一个发情期内连续配种3次未受胎者。

（3）断奶后2～3月龄无发情征兆者。

（4）母性太差者。

（5）母猪产仔数过少者。

（6）公猪性欲低、精液品质差，所配母猪产仔数较少者。

二、后备种猪的引进

没有条件的猪场，只能从有资质的种猪场引进后备种猪。拟引种企业应根据本企业的实际情况制订科学的引种计划，计划包括品种（大白猪、长白猪、皮特兰猪、杜洛克猪）、种猪级别（原种、祖代、父母代）、数量（关系到核心群的组建）等，且应选择能够提供健康无病，性能优良种猪的大型种猪企业。

1. 品种的确定

拟引进品种应根据猪场定位或场内猪群血缘更新的需求进行确定。

原种猪场：必须引进同品种多血缘纯种公母猪。

扩繁场：可引进不同品种纯种公母猪。

商品场：可引进纯种公猪及二元母猪。

2. 引种猪场的确定

引种猪场的确定需要考虑的因素有：

（1）猪场资质。引种猪场是否具有种畜禽生产经营许可证和动物防疫合格证。

（2）生物安全。猪场位置是否合理，防疫程序是否严密，人员、车辆、饲料和环境消毒是否严格。

（3）猪群健康。猪场最近几年是否发生重大疫情。

（4）种猪性能。选购品种是否具有良好的生产性能、繁殖性能和适应性，是否开展系统的性能测定。

（5）群体规模。引种猪场的群体是否足够大，猪群规模越大越好，规模过小势必选择范围窄、血统数少、近亲程度高。

（6）配套服务。技术资料（含三代系谱）是否齐全，服务是否完善，信誉度是否好。

3. 引种前要做的工作

引种前应提前准备好隔离猪舍。隔离猪舍最好距离猪场生产区1 km以上。如果猪场受到地理位置上的限制，隔离猪舍必须建在猪场内，那么最好建在猪场生产区最边缘且处于生产区的下风向位置。在引进种猪转入隔离猪舍前必须彻底清洗、消毒并空栏7 d以上，安排固定的饲养员负责。人员进出必须淋浴更衣，饲料、药品等与生产区独立分开。

4. 种猪运输

（1）运输车辆忌用社会上贩运肉猪的运输车。任何车辆承运前均须进行检查，车辆在出发前和到达拉猪地点时都应充分清洗、彻底消毒。消毒可以用2%～3%的烧碱溶液彻底冲洗，再用清水冲净（否则会烧伤猪只皮肤）。

(2) 做好车辆隔栏准备，以每栏8～10头为宜，种猪应能自如站立、活动，不可拥挤或过于宽松。

(3) 车箱底应垫上沙土、锯末或稻草，以免蹄脚受损。

(4) 启运前不宜饱食。

(5) 装车时尽可能同类别猪只混于一栏，且体重不宜相差太大，最好上车时对猪群喷洒有较浓气味消毒药水。

(6) 运输途中不能骤停急刹，应保持车辆平稳行驶。

长途运输应随车备有注射器及镇静、抗生素类药物，停车时注意观察猪群状况，遇有异常猪只需及时处理。

5. 引种后要做的工作

(1) 引进种猪的隔离饲养。种猪到场后，用刺激性小的消毒药对猪的体表及运输用具进行彻底消毒，再用清水冲洗干净，赶入隔离舍。12 h内不要喂料，先让猪休息并采用少量多次的方法供给饮水，即每次少量供给，待饮完后10～20 min再饮，防止暴饮。水中可加入口服补液盐或电解多维。12 h后逐渐给猪喂少量的饲料，3～5 d达到正常饲量。要做好引种猪场和引入猪场的饲料过渡，否则可能造成猪腹泻或便秘。

经过2周隔离后，如果引进种猪表现健康，则可以放一些准备淘汰的老公猪或老母猪到隔离区。一方面，它们带有本场的特异性的微生物，让新的种猪接触产生轻度感染，产生特异性免疫；另一方面，它们作为“哨兵猪”，可以试探新种猪有无传染性疾病，若导致“哨兵猪”发生明显疾病，则需适时采取相应措施。

引进种猪必须经过充分的隔离饲养，以使其能够最大限度地适应引入猪场的微生物环境。若引入体重100 kg的青年母猪，建议隔离期至少为6周。

(2) 保健。为了避免营养性腹泻，在种猪进入后的前几天，不要喂过多的饲料，建议在种猪进入的1周内，饲料中添加广谱抗生素，如金霉素、土霉素、磺胺类药物、泰乐菌素等。

(3) 疫苗接种。引入新的种猪后，在6月龄前按本场的免疫程序进行免疫注射，针对本场较突出的疾病可加强免疫，特别注意不要套用供种猪场推荐免疫程序。

6. 引种时的注意事项

养猪企业每年必须要更新种猪，种猪更新率及更新质量关系到养猪企业的命运。引种时存在很多误区，往往导致引种失败。下面是引种时的注意事项：

(1) 种猪的健康。种猪的健康问题是引种时首先考虑的重要问题。有时在引种时只考虑价格、体型，而忽略了健康这个关键要素，引进种猪的同时把疾病引了回来。在引种时应先注意猪场的防疫制度是否完善，执行是否严格，所在地区是否为疫区，所处的环境位置是否有利于防疫。有条件的可以进行抽血化验。

（2）体型的误区。有时在引种时过分强调种猪的体型，只要臀部大的猪，不论它的生产性能、产仔数、料肉比、瘦肉率等各种指标如何就盲目引进。国内所称的双肌臀猪只是猪的一种体形特征，皮特兰猪、杜洛克猪、大约克夏猪、长白猪均有双肌现象。而经国内外专家研究表明，双肌臀猪的泌乳能力要比单肌臀猪的泌乳能力差5%～10%，直接影响仔猪的断奶窝重。另外，臀部大的猪容易发生难产，造成经济损失。所以在引进种猪时，公猪要侧重瘦肉率、胴体品质、肢蹄健壮度、生长速度、饲料转化率等性状。在选择后备母猪时则应侧重与繁殖性状相关的特征，如产仔数、泌乳力、生活力及母性品质等。

（3）体重的误区。在引进种猪时，引进体重大的猪可能会存在以下问题：

①体重大的猪多数为被选取剩下的猪，挑选余地比较小，可能有某方面的问题或者生长性能不理想。

②达到60 kg以上的后备母猪应该更换后备母猪料，因为此时的母猪需要大量的营养元素来促进生殖器官的发育，而育肥料中存在许多的促生长剂，会损害生殖系统的发育，降低后备母猪的发情率及配种受胎率。

③后备种猪达60 kg以上后应当限量饲喂，以避免过肥，但种猪场不会这样做。所以在引进体重偏大的猪时都有些过肥。如果体况正常时，有可能是生长速度不佳。

④引进的种猪在配种前，还要有充分的时间进行免疫注射和驱虫，以及建立人猪亲和关系。

（4）不可从多家种猪场引种。由于不同种猪场的种猪各有其特点，因此从不同种猪场引进种猪，可以使引入猪场的种猪群具有较为丰富的遗传背景，进而可最大限度地避免近交衰退，提升种猪生产性能。但是，不同种猪场种猪所携带的病原存在差异，会对引入猪场生物安全构成巨大的威胁。所以，引种猪场应在严格评估种猪场水平的基础上确定，合理控制引种猪场的数量，并保持相对稳定，不可从多家种猪场引种，亦不可随意变换引种猪场。

三、 后备母猪的培育

（一） 后备母猪的饲喂

后备母猪的饲喂除了要满足自身生长发育外，还要保证生殖系统和免疫系统的充分发育，扩充胃容积，强化骨骼肢蹄发育。因此建议后备母猪饲喂专用的后备母猪料，采取合理的饲喂方案，通过控制后备母猪的生长速度以确保其在8月龄体重达到135 kg左右。

1. 引进后备母猪的饲喂

为了节省成本，目前大部分国内猪场偏向于引进7月龄左右的后备母猪，隔离饲养 1 个月后即可参加配种。这类后备母猪的具体饲喂方案推荐如下（图 3-1-12）：

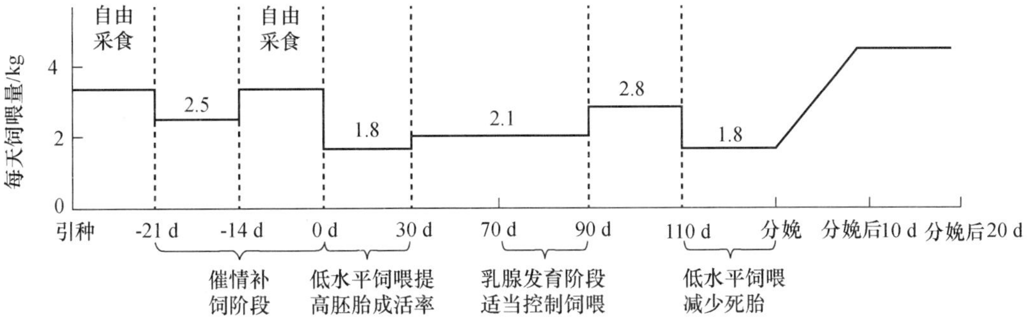

图 3-1-12　引进后备母猪的饲喂量

（1）后备母猪引入后的前 7 d，为减少应激，最好饲喂与引进猪场相同或相同类型饲料，引入当天及第 2 天进行限饲，之后让后备母猪自由采食或者根据食欲饲喂。随着后备母猪体重的增加，饲喂量也随之加大，体重达到 100 kg 以上的后备母猪饲喂量不低于 3 kg/d。

（2）当群体大部分后备母猪出现第二次发情后的 7 d 内连续降低饲喂量至 2.5 kg/d。

（3）在第二次发情后 7～21 d，即第三次发情前的 14 d 增加饲喂量，让后备母猪自由采食或根据食欲饲喂至少 3 kg/d。

（4）妊娠前期：配种当天至配种后 30 d，饲喂量降低至 1.8 kg/d。

（5）妊娠中期：妊娠 31～90 d，对于体况评分在 3 分或以上的后备母猪增加饲喂量至 2.1 kg/d，体况评分 2 分的后备母猪饲喂量增加至 2.3 kg/d，体况评分在 1 分的后备母猪饲喂量增加至 2.5 kg/d。同时在妊娠第 28～35 天，第 63～70 天进行体况评分后及时调整饲喂量。通常后备母猪不应低于 2 分，否则不能达到配种要求的背膘厚度。

（6）妊娠后期：妊娠 90～110 d 增加饲喂量至 2.8 kg/d。

（7）待产阶段：妊娠 111 d 如果母猪仍留在妊娠舍，降低饲喂量至 1.8 kg/d。

（8）如果环境温度低于最适温度 21 ℃，必须根据实际温度增加饲喂量，每降低 3 ℃饲喂量增加 0.14 kg/d。

2. 本场选留后备母猪的饲喂

对于本场选留的后备母猪，很多猪场不重视其培育，大多采用商品猪的饲养模式进行饲养，到适配年龄后直接并入基础群配种，最终导致后备母猪由于生长速度过快，肢蹄结实度不够，生殖系统和免疫系统的发育也相对滞后，为后期进入基础群充分发挥生产性能埋下了隐患。目前很多猪场后备母猪到了配种年龄不发情的情况比较普遍，与不重视后备母猪的培育有直接的关系。表 3-1-4 中推荐了现代瘦肉型种猪各年龄阶段建议的标准体重，仅供参考。各养猪场应仔细咨询种猪供应商，以获得更为可靠的增重目标。

对于后备母猪的培育，不应追求其有多快的增重速度，因为产肉不是饲养后备母猪的目的，应更为重视其骨骼、肢蹄的充分发育，避免后期由于肢蹄问题而造成的被动淘汰；同时要关注其生殖系统的发育。研究资料表明后备母猪生长速度过快将会使其生殖系统的发育受到抑制，进而导致后备母猪体重和日龄达到了配种要求，但生殖系统尚未发育成熟，也就不表现发情症状。另外，后备母猪免疫系统的发育也应给予关注。因为母猪群的健康是整个猪群健康的重要保障，同时基础母猪群也是猪场病原微生物存在的重要载体。

表 3-1-4　现代瘦肉型种猪各年龄阶段建议的标准体重

生长速度	目标是 170～180 d 达到体重 100 kg，青年母猪生长速度为 550 g/d，接近初情时达到 750 g/d		
100 kg	180 d	第 25 或第 26 周	6.5 个月以上
104kg	187 d	第 27 周	
108kg	194 d	第 28 周	7 个月以上
112kg	201 d	第 29 周	
116kg	209 d	第 30 周	
121kg	216 d	第 31 周	
126kg	223 d	第 32 周	8 个月以上
131kg	230 d	第 33 周	
136kg	240 d	第 34 周	8.5 个月以上

以下推荐一个后备母猪从选留至头胎分娩阶段的饲喂方案（图 3-1-13）。

（二） 后备母猪的培育

1. 饲养密度

采用小群栏饲养，每栏不超过 8 头，每头后备母猪的饲养面积应该至少达到 2 m^2，若条件允许每头猪的饲养面积可增加至 3 m^2，这对于增加其运动量，锻炼四肢强度大有好处。饲养在一个栏内的后备母猪，大小应该尽量接近，以免大猪攻击小猪，造成损伤，且影响小猪的正常发育。猪栏形状应该尽量接近正方形而不是瘦长形，这样便于受到攻击的后备母猪尽快逃离。另外，公母猪尽量分圈饲养，而不是分栏饲养。

2. 公猪刺激

适当的公猪刺激能够很好地激发后备母猪体内各类生殖激素的水平，促进生殖系统的正常发育，使其尽快达到性成熟，对于改善后备母猪到适配年龄不发情的问题具有明显的效果。

（1）刺激时间。在实际生产中，我们希望后备母猪能够在 8 月龄，体重 135 kg 左右时出现第 3 次发情，然后完成配种。一般青年母猪应在 20～24 周龄时开始使用公猪

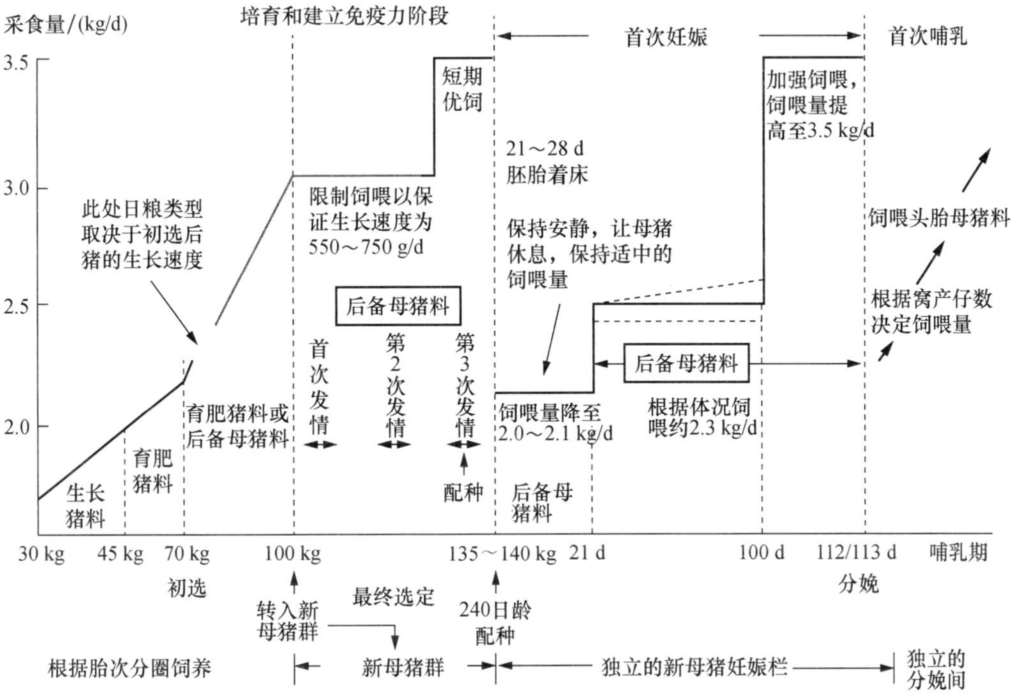

图 3-1-13　后备母猪从选留至头胎分娩期间的饲喂方案（推荐）

刺激，过于年轻的青年母猪对公猪的刺激反应会迅速下降，年龄过大又达不到刺激的目的。

（2）选择合适的公猪。用于刺激的公猪至关重要，太年轻的公猪（低于 9 月龄）及老龄公猪的刺激效果都非常差。应选择年轻、性欲旺盛的青年公猪进行刺激。饲养员应该评估候选公猪在发情母猪出现时的性欲和兴奋程度来确定其是否适合作为诱情的公猪。

（3）合适的刺激方式。后备母猪和公猪应该分圈饲养，尤其是在育成阶段，如果将青年母猪饲养在公猪栏附近，会使双方适应彼此的气味和信号，进而产生厌倦情绪，最终大大降低刺激的效果。单纯利用公猪的外激素气味刺激青年母猪的效果是有限的。最好的方式是公猪与母猪进行身体上的接触，如口对口接触，而不是通过嗅觉传播的气味，每次刺激时间控制在 10～15 min，最多不要超过 20 min。

【业务知识】

一、引种时挑选种猪的要点

1. 挑选后备公猪的要点

选种时不应仅通过体型、外貌选猪，同时要向引种猪场咨询系谱卡及其生产性能。

生长速度：好的种公猪的日增重要在850 g以上（30～100 kg），尽量要求提供其测定过的种猪。

料肉比：好的种公猪的料肉比要求在2.7以下（30～100 kg）。

瘦肉率：好的种公猪的瘦肉率要求在64%以上（100 kg体重）。

体型：体长、背腰平直、臀部丰满、四肢粗壮、无包皮积尿、睾丸发育良好、左右匀称。乳头数要求6对以上。

2. 挑选后备母猪的要点

主选繁殖性能，一般建议体重在60 kg以上；具有本品种特征(毛色、头型、耳型等)，清秀、体长、四肢粗壮，健康、气质好；乳头排列整齐均匀，有一定间距，没有无效乳头(瞎乳头、翻乳头、副乳头)，乳房发育良好，乳头数要求6对以上。外阴应选择较大且下垂的个体，阴户发育较小而且上翘的母猪往往是生殖器官发育不良的个体。

同时，在选种的时候，必须问清楚其育种群的规模及育种群的平均产仔数，要求纯种母猪产仔数在10.5头以上，二元长大或大长母猪产仔数在11头以上，以及后备母猪的利用率要求在92%以上。

二、 后备种猪体型外貌评估流程

为了能够较为全面评估1头后备种猪的体型外貌，评估人员应按照一定的顺序对后备种猪的各个部位进行观察、评估，并进行逐项记录，以免漏掉一些关键点。以下介绍一种“倒6”评估法（图3-1-14）及对应的记录表格（表3-1-5）。

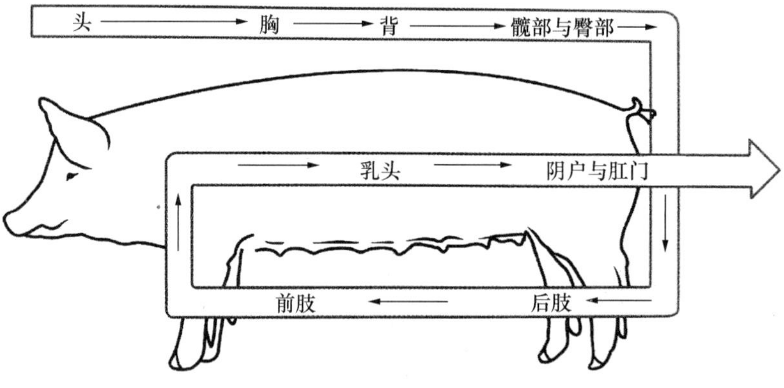

图3-1-14　后备种猪体型外貌检查评估顺序

1. 评估顺序

依次检查后备种猪的头部、胸部、背部、臀部、尾部、肢蹄、乳头和阴户等部位的特征是否符合品种特征和要求。

2. 重点检查部位

(1) 肢蹄检查。正常的肢蹄关节具有良好的弯曲度和缓冲保护力，以便缓冲站立在硬地板上产生的作用力。另外，关节应无肿大、无外翻和内陷，腿间距适中，蹄趾大小匀称，母猪起立和躺卧较为轻松，行走步伐轻盈。从侧面观察时，如果肢蹄结构过于垂直，即没有应有的弹性，应降低其评分。这对跗关节和腕关节很重要，如果格外直，应降低评分。杜洛克猪和汉普夏猪在这方面需要给予更仔细的观察。由于肢蹄形态具有高度的遗传性，一旦发现母猪肢蹄有内曲外弯、严重增生、伸缩不自然、卧系等异常情况，都不能留种。

表 3-1-5　后备母猪体型外貌评分标准

项目	要求	比重/%	后备母猪评分							
			1	2	3	4	5	6	7	8
整体	符合品种特征，长白、大白猪身无黑色斑点	20								
	头部清秀，颈部无腮肉									
	体型修长，胸宽腹深，背线平直									
	行走稳健，动作协调，不跛行									
	臀部丰满、尾巴上翘									
肢蹄	无蹄裂	30								
	不跛行，无关节肿胀，无损伤									
	蹄趾大小一致，间距适合									
	悬蹄发育正常									
	前后肢间距较宽，无 X 和 O 形腿									
	肢蹄粗壮、匀称									
腹线及乳头	腹线平直	25								
	有效乳头 7 对以上									
	乳头整齐（无突出、内陷）									
	乳头间距合适、分布均匀、两侧对称									
	乳头发育良好，无瞎乳头、附乳头									
阴户	阴户不上翘	15								
	无明显损伤									
	阴户不能过小									
健康	无遗传性疾病（脐疝）等	10								
	无皮肤病、呼吸道疾病（泪斑红眼）等									
总评分										

注：后备公猪的体型外貌评估除了保障睾丸大小适中且一致，阴囊皮肤紧凑，包皮适中外，其他参照后备母猪评定

（2）腹线乳头检查。要求腹线尽量平直，有 7 对以上的功能乳头，肚脐以前最好有 4 对功能乳头。各乳头间距均匀、两侧对称、发育良好，无瞎乳头、倒挂乳头、扁平乳头和副乳头。

（3）外生殖器检查。母猪阴户的发育与整个生殖系统的发育具有一定的关联性。因为无法直接观察内部生殖器官的发育情况，所以可以通过观察阴户的发育情况来推

测母猪整个生殖系统的发育情况。后备母猪阴户要求肥厚丰满、大小同尾根轮廓相当、不上翘、无损伤。发育良好的阴户有利于母猪配种和顺利分娩；若阴户过小，会造成配种困难和难产。

公猪的睾丸要求左右对称，大小适中，阴囊皮肤紧致，不松弛。另外，公猪的包皮不能过长，否则会造成积尿过多，采精时容易引起精液污染。

（4）胸廓检查。种猪生产压力和代谢强度大，需要呼吸系统能够提供充足的氧气，所以要求胸腔宽而深，肋骨开张良好。这是心肺系统良好发育的表现，同时也为心肺系统的工作提供了很好的空间。经验表明，胸腔过于狭窄的猪，感染肺炎的概率更高，且具有明显的遗传性。

3. 检查评估准则

（1）运用进度图表（图 3-1-14，表 3-1-5），按照顺序依次观察，认真记录细节信息。

（2）逐头进行观察评估。按照每栏 10 头左右的密度进行观察，并需要逐一评估。

（3）尽量选择性情温顺的后备种猪，有利于后期的采精、配种和接产。

（4）不要试图从每批小于 10 头的群体中选留青年母猪。

（5）动静结合进行选择，除了静态的观察，还应尝试让猪跑动一下，观察其跑动的姿势是否异常，步伐较小且僵硬的猪，以及大步伐且背部晃动明显的猪，后期发生后躯异常的比例明显较高。

三、 高效繁殖种猪群的建立

（一） 高质量后备母猪群的建立

与引进的后备母猪相比，本场选留的后备母猪在进入基础群前已很好地适应了本场的饲养环境、管理方式、微生物环境及饲料等，所以在进入基础群后生产性能更为稳定，健康状况更有保障，被动淘汰率也更低（有疾病、肢蹄、生殖等问题的母猪已提前淘汰）。

有些猪场没有条件自己选留后备母猪，只能从外场引进。这种情况下，必须保证做到以下几点：

（1）必须多引进目标数量 15%～20%的后备母猪，即计划需要补充 100 头后备母猪，必须至少引进 115～120 头。因为不是所有引进的后备母猪都能够正常发情配种的，有些后备母猪可能由于健康问题，在配种前就淘汰了。

（2）至少要预留 6 周，最好为 8 周的隔离适应时间。即若计划 8 月龄配种，则应至少引进 6～6.5 月龄的后备母猪。因为引进这个年龄阶段的后备母猪，可以有充足的时间进行驯化、适应，进行疫苗的免疫接种并使抗体水平达标后进入基础群。很多猪场为了节省饲养成本，偏向于引进可以配种的后备母猪，且引进后未按照程序进行处理就并入基础群配种，轻则导致母猪淘汰，重则引入传染病破坏整个基础群的健康状况，损失惨重。

(3) 不论是本场选留的后备母猪，还是外场引进的后备母猪，都要严格按照后备母猪的培育程序进行培育，确保其肢蹄结实、体况良好、生殖系统发育正常、发情排卵正常。

(二) 提高母猪群繁殖效率，延长母猪使用寿命，降低被动淘汰

母猪的繁殖性能1～2胎较差，但处于上升期，3～5胎最好，6胎以后又逐渐下降。另外，母猪的免疫力也存在相似的规律，即3～5胎是母猪免疫力最好的时候。所以，一个高效的母猪群应该以3～5胎的母猪为主体。

但实际情况是，一部分青年母猪由于肢蹄问题、生殖问题（产仔数少、断奶后不发情、屡配不孕等）等在第3胎前就淘汰了，导致猪场母猪群的年更新率过高（45%以上），母猪群中青年母猪的比例过大，进而使整个母猪群不论是繁殖性能还是免疫力都不在最佳状态，最终使整个猪场的生产进入一个低效的运转状态。

延长母猪的使用寿命应从以下几个方面着手。

1. 做好后备母猪的培育

后备母猪是猪场母猪群的后备力量，数量充足、性能优良的后备母猪群是高效繁殖群的基础和保障，猪场在实际生产中应给予足够的重视。

2. 适时配种

后备母猪若过早配种，不但由于排卵少导致产仔数少，更为严重的是由于后备母猪自身的生长发育尚未完成，妊娠期间部分营养要分配给胎儿的发育，导致自身的生长发育受到影响，进而影响其终身的繁殖性能，其损失要远大于由于提前配种而节省的饲养管理费用，非常的得不偿失。现代瘦肉型猪品种推荐在8月龄，体重135 kg，在第三个发情周期进行配种。

3. 做好空怀母猪的饲养管理

母猪断奶至发情配种的时间长短将直接影响母猪全年非生产天数。正常情况下，哺乳母猪应在断奶后4～7 d发情。若基础母猪群中有部分断奶后长时间不发情，或者存在屡配不孕的情况，必然会影响整个母猪群的繁殖效率。

另外，头胎母猪断奶后不发情是造成母猪过早淘汰的重要原因，即所谓的“二胎母猪综合征”。这除了与品种有一定关系以外，后备母猪培育不达标、过早配种、妊娠期饲养管理不当及哺乳期失重过大等因素均有关系。所以，要解决空怀母猪不发情或者发情不好的问题，除了做好空怀母猪的饲养管理以外，还要从问题产生的根源入手，提出针对性的综合措施加以解决。

4. 做好妊娠母猪的饲养管理

母猪的妊娠期是胎儿发育、自身乳腺发育和体况改善的关键时期，应重视该阶段

的饲养管理。将妊娠母猪舍技术人员的考核后移至分娩阶段，通过总产仔数、活产仔数、健仔数和母猪转入分娩舍的体况等指标对其进行考核，督促其严格按照妊娠母猪的饲养管理规程做好妊娠母猪的饲养管理。

5. 做好围产期及哺乳期母猪的饲养管理

分娩不论是对于母猪还是仔猪，都是一次巨大的挑战。生产中有很大比例母猪的淘汰就是因为分娩导致的产道感染、乳房感染等引起的。而哺乳期母猪的饲养管理不当，将导致其失重过多，不但影响断奶窝重，还会影响断奶后的正常发情。所以，做好围产期（分娩前后一周）及哺乳期母猪的饲养管理，减少该阶段出现的母猪被动淘汰，将对延长母猪的使用寿命、维持母猪群合理年龄结构及高效繁殖性能至关重要。

【岗位工作检查清单】

一、 后备种猪的引进

（1）全面评估拟引种猪场的资质，生物安全条件，种猪生产性能及系谱资料，性能测定情况，育种场核心群体规模，种猪选择强度和近交情况等。

（2）应特别关注拟引种猪场种猪健康状况，了解一些重要疾病的流行情况，最近一次采血检测的时间及检测结果，猪群免疫程序及保健方案等。

（3）拟引种猪场提供配套服务情况（共享育种数据、同步育种、育种方案制定、种猪选育指导等），以及信誉度情况。

（4）对拟引种猪场进行多方评估，包括认真查阅其提供的资质材料、育种相关材料（文字、图片、视频等），重点询问曾经购买其种猪的猪场引种负责人。初步确定几个拟引种猪场后，一定要进行实地考察，最终做出决定。

（5）综合考虑本场猪群的品种、生产性能、数量等因素，以及猪场定位，短、中、长期发展规划来制定科学的引种计划和详细的引种方案，包括拟引进的头数、品种、年龄、公母猪比例、家系和性能特点等。

（6）是否按要求做好引种前的各项准备工作。

（7）运输种猪的车辆是否符合要求，是否严格消毒，数量是否够用。

（8）根据引进猪场和拟引种猪场的距离，做好种猪运输途中的各项保障工作，尤其应特别关注种猪运输期间沿途的天气情况。

（9）是否做好引进种猪的隔离饲养，隔离的时间是否充足，是否完成微生物驯化及疫苗接种，主要病原抗体水平是否达标。

二、 后备种猪的选留

（1）综合考虑基础种猪群的数量、品种、血缘、生产性能、近交系数，猪场技术人员数量、业务水平，以及各项生产数据记录资料的齐全和规范程度等因素，确定猪场是否具备开展后备种猪选育的基本条件。

(2) 目前基础群的系谱资料是否清楚，数量是多少，年更新率是多少，每年需要选留多少头后备种猪。

(3) 了解基础群的近交情况，近交系数过高则应考虑通过引种降低近交，以提升后代的杂交优势。

(4) 断奶阶段的选择，是否综合考虑了亲本、同胞的生产性能，以及遗传性缺陷；是否选留了足够数量的后备种猪。

(5) 保育阶段选择重点是淘汰适应力差、生长缓慢及表现出遗传缺陷的个体，参考乳头和睾丸的发育情况进行选择。

(6) 测定阶段进行严格选择，通过体型检查和评估，淘汰评分低于 60 分的个体，然后结合综合育种值进行选留。

(7) 配种和繁殖阶段的选择重点是关注种猪本身的繁殖性能，坚决淘汰繁殖性能差的种猪。

三、后备母猪的培育

(1) 饲喂后备母猪的饲料能否满足后备母猪不同发育阶段的营养需求。

(2) 后备母猪是否存在增重速度过快或者过慢的情况（前者更为常见），能否确保后备母猪在 8 月龄体重达到 135 kg 以上，且至少发情 3 次。

(3) 后备母猪群体是否过大（每个群体不宜超过 8 头），是否有充足的活动空间。

(4) 每个小群栏中的后备母猪个体大小是否接近。认真观察每栏猪的日常活动情况，留意是否存在明显受攻击的后备母猪或者容易攻击其他猪的后备母猪。

(5) 后备母猪是否和公猪同圈饲养，若同圈饲养的话，二者的栏位是否离得很近。若存在上述情况，请及时调整。若没有条件分圈饲养，尽量使后备母猪和公猪的栏位远离一些。

(6) 是否在合适的时间开始有计划地让后备母猪和青年公猪接触。

(7) 用于刺激的青年公猪是否合适，每次刺激的时间是否合理安排。

【业务经验】

目前，我国大多数养猪场的养猪模式主要是“小而全”的自繁自养的模式。这种模式猪场在生物安全、降低成本等方面具有一定优势，但是也普遍存在由于近亲繁殖造成本场的商品猪生长速度偏慢、料肉比偏高、体型不丰满等缺点。这些问题除了与饲养管理、环境卫生、饲料营养等有关外，与“小而全”的自繁自养的模式有很大的关联。所以，这类猪场应定期从种猪场有计划地引进种猪，以持续提升本场种猪群的生产性能。

针对这些问题，现介绍一些引种方案和引种时应注意的事项。

1. 600 头母猪场的引种方案

人工授精：公母猪比例为 1∶60，杜洛克猪的存栏为 10 头；自然交配为 1∶20，杜洛克猪的存栏为 30 头。

(1) 引种方案一。

杜洛克公猪：人工授精：10×50%=5（头）；自然交配：30×50%=15（头）（备注：公猪的年淘汰率为 50%）。

长大母猪：600×30%=180（头），180÷90%=200（头），（备注：长大母猪的年淘汰率为 30%，引种的后备猪的利用率为 90%）。

(2) 引种方案二。

人工授精：公母比例为 1∶60，杜洛克猪的存栏为 10 头；自然交配为 1∶20，杜洛克猪的存栏数为 30 头，另外，长白公猪存栏为 2 头。

杜洛克公猪：人工授精：10×50%=5（头）；自然交配：30×50%=15（头）。

长白公猪：2×50%=1（头）。

大约克夏母猪：40×40%=16（头），16÷90%=18（头）[备注：600 头长大母猪每年要更新 200 头，这样 200 头长大母猪由大约克夏母猪提供，按每头大约克夏母猪提供 5 头计算，那 600 头母猪场需要 200÷5=40（头）大约克夏母猪。另外，大约克夏纯种母猪的年淘汰率为 40%]。

就目前的环境来看，大约克夏母猪比长白母猪的产仔性能高，而长白母猪的生长性能比大约克夏母猪的高，所以建议采用杜长大的模式。

以上两个引种的方案，方案二比较合理，因为这样引种的费用相对较低，但同时也起到了补充血缘、提高本场生产性能的作用，与有实力的育种公司的种猪性能同步。

2. 300 头母猪场的引种方案

人工授精：公母比例为 1∶60，杜洛克猪的存栏为 5 头；自然交配为 1∶20，杜洛克猪的存栏数为 15 头。

(1) 引种方案一。

杜洛克公猪：人工授精：5×50%≈3（头），自然交配：15×50%≈8（头）（备注：公猪的年淘汰率为 50%）。

长大母猪：300×30%=90（头），180÷90%=200（头）（备注：长大母猪的年淘汰率为 30%，引种的后备猪的利用率为 90%）。

(2) 引种方案二。

人工授精：公母比例为 1∶60，杜洛克猪的存栏数为 5 头；自然交配为 1∶20，杜洛克猪的存栏为 l5 头，另外，长白公猪存栏为 1 头。

杜洛克公猪：人工授精：5×50%≈3（头）；自然交配：15×50%≈8（头）。

长白公猪 1×50%=0.5（头）（每两年引种 1 头）。

大约克夏母猪：20×40%=8（头），8÷90%≈9（头）[备注：300 头长大母猪每年要更新 100 头，这样 100 头长大母猪由大约克夏母猪提供，按每头大约克夏母猪提供 5 头计算，那 300 头母猪场需要 100÷5=20（头）大约克夏母猪。另外，大约克夏纯种母猪的年淘汰率为 40%]。

从以上的两种引种方案来看，建议用方案二，因为这样的引种费用相对比较低，但同时也起到了补充血缘、提高本场生产性能的作用。

3. 100 头及 100 头母猪以下猪场的引种的方案

以 100 头为例，自然交配为 1∶20，杜洛克猪的存栏为 5 头。

（1）引种方案一。

杜洛克公猪：5×50%≈3(头)；长大母猪：100×30%=30(头)，30÷90%≈33(头)(备注：长大母猪的年淘汰率为 30%，引种的后备猪的利用率为 90%)。

（2）引种方案二。

自然交配为 1∶20，杜洛克猪的存栏为 5 头，另外，长白公猪存栏为 1 头。

杜洛克公猪：5×50%≈3（头）。

长白公猪：1×50%=0.5（头）（每两年引种 1 头）。

大约克夏母猪：6×40%≈3(头)，3÷90%≈4(头)[备注：100 头长大母猪每年要更新 30 头，这样 30 头长大母猪由大约克夏母猪提供，按每头大约克夏母猪提供 5 头计算，那 100 母猪场需要 30÷5=6(头)大约克夏母猪。另外，大约克夏纯母猪的年淘汰率为 40%]。

对于 100 头以下的猪场的引种，建议用方案一。一方面，避免导致“小而全”的模式；另一方面，引种的费用不是太高。

【工作任务实施记录与评价】

1. 后备种猪的选留

师傅指导记录	后备种猪选留过程及质量评价					评价成绩
	工作任务	优	良	中	差	
	断奶阶段的选择					
	保育结束阶段的选择					评价时间
	测定结束阶段的选择					年　月　日
	配种和繁殖阶段的选择					

2. 后备种猪的引进

师傅指导记录	后备种猪引进过程及质量评价					评价成绩
	工作任务	优	良	中	差	
	品种的确定					
	引种猪场的确定					
	引种前的准备工作					评价时间
	种猪运输过程的控制					年　月　日
	引种后的工作					
	引种时各项注意事项的落实					

3. 后备母猪的培育

师傅指导记录	后备母猪培育过程及质量评价					评价成绩
	工作任务	优	良	中	差	
	引进后备母猪的饲喂					
	本场选留后备母猪的饲喂					评价时间
	后备母猪的组群和管理					年　月　日
	使用公猪刺激后备母猪的操作及效果					

4. 学徒关键职业能力及职业品质、工匠精神评价

项目	优	良	中	差
工作态度				
吃苦耐劳				
团队协作				
沟通交流				
学习钻研				
认真负责				
诚实守信				

任务 2　种公猪饲养管理

【任务目标与质量要求】

（1）采取合理的饲养管理措施，维持种公猪最佳的体况（3 分最佳）。

（2）提供适宜的饲料以满足种公猪生长发育的需要。

（3）使种公猪保持良好的活力和旺盛的性欲。

（4）保持种公猪身体健康，尤其是肢蹄的健康，最大限度地提高使用年限。

（5）确保种公猪能够稳定提供大量优质的精液。

【学习产出目标】

（1）能够准确判断种公猪的体况。

（2）能够合理安排种公猪的配种（采精）强度。

（3）能够按照种公猪的体况和配种（采精）强度及时调整种公猪的饲养管理。

（4）能够熟练完成后备种公猪的调教。

【工作程序与方法要求】

种公猪的饲养管理目标就是维持种公猪合适的膘情，保持体表卫生，肢蹄强壮，性欲旺盛，生精量大，精液品质好。因为种公猪每年要完成上百头母猪的配种，进而影响上千头商品猪的生产性能，所以优秀的种公猪将对猪场整个猪群的生产性能产生广泛的影响。俗话讲："母猪好，好一窝；公猪好，好一坡"，可见公猪在生产中的作用之大。所以，生产中应对种公猪的饲养管理给予足够的重视。

一、 种公猪的饲养

种公猪要求单栏饲养，饲养上要注意体况的控制，不可过肥也不可过瘦；提供所需的营养以使精液的品质最佳、数量最多。许多猪场参照农村配种时加鸡蛋的做法，给公猪供应高能高蛋白的饲料，在规模猪场有计划地使用公猪的前提下，这种做法没有必要。供给充足的维生素会更有利于提高精液的品质，所以建议给公猪喂专用的种公猪料以保持体况评分在 3 分左右。每餐不要喂得过饱，喂至八九成饱即可，以免猪饱食贪睡，不愿运动造成过肥。

1. 饲养方式

目前，规模化猪场均为常年均衡产仔，种公猪大都处于高强度的使用状态，所以应该加强种公猪的营养供应。种公猪的饲喂方案是以公猪的体重为基础而制定的。不同猪场的饲喂方案可能不一致，以下饲喂方案仅供参考（表 3-1-6）。

每月评估公猪的体况和体重（参照母猪体况评定，通过"触觉＋视觉"进行评估）。如果公猪体况合适，评分在 3 分，参照表 3-1-7 进行饲喂。如果公猪体况偏瘦和偏肥，可根据体重分为 200 kg 以下和 200 kg 及以上两个类型来调整饲喂量。

另外，如果环境温度低于 21 ℃，每降低 3 ℃，公猪增加饲喂量 0.15 kg/d。

表 3-1-6　推荐公猪饲喂方案

体况评分	体重	1	2	3	4	5
增减喂料量 /（kg/d）	200 kg 以下	＋0.5～0.6	＋0.25～0.3	0	－0.25～0.3	－0.25～0.3
	200 kg 及以上	＋0.75～0.8	＋0.5～0.6	0	－0.75	－0.75

2. 饲喂技术

（1）定时定量，每次不要喂太饱（八九成饱），可采用 1 次/d 或 2 次/d 投喂，喂量需要视体况和配种强度而定。一般前期自由采食，后期（体重 60 kg 以上）限制饲喂，但限制饲喂不可过早，以免影响后备公猪的生长发育。体重在 60～90 kg 阶段，饲喂 2.5 kg/d；90 kg 以后饲喂 3～3.5 kg/d，使后备公猪配种时体重和月龄同时达到配种要求。

开始配种的公猪日喂 2 次，饲喂量参照表 3-1-7。同时结合体况评分按照表 3-1-6 的推荐值及时调整饲喂量。

（2）自由饮水，保证饮水的清洁卫生。

（3）以精料为主，适当搭配青绿饲料，尽量少用碳水化合物饲料，保持中等腹部，避免造成垂腹。

（4）宜采用生干料或湿拌料。

（5）保持八九成膘情，实践中由于饲养管理不当，常发生过肥或过瘦的现象。过肥的结果导致性欲下降，配种能力差，原因大多是饲养不当造成的；过瘦也时有发生，但不太多见，若出现过瘦问题，可能的原因有：生病导致食欲下降，营养摄入不够，或长期不使用导致性情不安、食欲下降等。因此，猪场管理人员应十分重视公猪的饲养管理。

表 3-1-7　种公猪推荐饲喂量　　kg

体重	饲喂量	体重	饲喂量
＜120	2.3	200～240	2.9
120～160	2.5	240～280	3.2
160～200	2.7	280～300	3.4

二、种公猪的日常管理

1. 加强运动

运动充足可提高神经系统的兴奋性，增强体质，避免肥胖，提高配种能力和抗病力，同时对提高肢蹄结实度有极大的好处。运动不足会使公猪贪睡、肥胖、性欲低、四肢软弱、易患肢蹄病。

有条件时每周安排 2～3 次驱赶运动。种公猪除在栏内运动外，应驱赶至栏舍外运动，上、下午各 1 次，每天 0.5～1 h 以保持足够的运动量。夏季气温高于 30 ℃时，应在早、晚凉爽时进行；冬季气温低，可在中午运动 1 次，下雨天及气温低于 5 ℃时应在走道内运动。适当运动有利于保持公猪健康体质和良好配种能力，增加使用年限，已为大多数猪场所采用。

2. 刷拭和修蹄

每天定时用刷子刷拭猪体，夏天结合淋浴冲洗，可保持皮肤清洁卫生，促进血液循环，少患皮肤病和外寄生虫病。这时也是饲养员调教公猪的机会，使种公猪温驯听从管教，便于采精和辅助配种。同时要注意保护猪的肢蹄，对不良的蹄形进行修理，蹄不正常会影响公猪的运动和配种。

3. 单圈饲养

种公猪必须单圈饲养，否则与其他公猪合养易相互争咬，造成伤害。与母猪混养要么易性情温顺，失去雄威；要么过早爬跨，无序配种受胎。种公猪尽量避免限位栏饲养，这对种公猪肢蹄强度的维持非常不利。

4. 定期检查精液品质

实行人工授精的公猪，每次采精都要检查精液品质。如果采用本交，每月也要检查 1～2 次，特别是后备公猪开始使用前和由非配种期转入配种期之前，都要检查精液 2～3 次。产劣质精液的公猪不能配种。

5. 定期称重、评估体况

根据体重变化情况检查饲料是否适当，以便及时调整日粮，以防过肥或过瘦。成年公猪体重应无太大变化，但需经常保持中上等膘情。

6. 防寒防暑

种公猪适宜的温度为 18～20 ℃。冬季猪舍要防寒保温，以减少饲料的消耗和疾病的发生。夏季高温时要防暑降温，防暑降温的措施有通风、洒水、洗澡、遮阴等方法，各地可因地制宜进行操作，短暂的高温可导致长时间的不育；刚配过种的公母猪严禁用凉水冲洗身体。

7. 防止公猪咬架

公猪好斗，如偶尔相遇就会咬架。公猪咬架时应迅速放出发情母猪将公猪引走，或者用木板将公猪隔离开，也可用水猛冲公猪眼部将其撵走。

8. 本交猪场的辅助配种

做好配种辅助工作，从公母猪放入配种栏的那一刻起，配种员必须自始至终守在旁边，一旦开始爬跨立即给予辅助，用脚顶住母猪，以防止在交配的过程中公猪抽动过猛母猪承受不住而中止交配。对阴茎不能顺利进入阴户的公猪，应拉开母猪的尾巴，右手托住阴茎鞘，顺势把阴茎导入阴户，对公母猪体格悬殊的，可选择有斜坡的地方，让体格大的公猪站在斜坡的下面，母猪站在上面，或者在母猪背上放一条麻袋，当公猪爬上母猪时，由两人提麻袋的两角，以减轻公猪前躯对母猪的压力。控制交配时间，当公猪配种任务不大时，不控制其射精，任其配完下来。当配种任务大时，当公猪两次射精后，可赶动母猪，终止交配。

9. 做好疫病防治和日常的管理工作

（1）驱虫。每年 2 次用阿维菌素驱虫，每次驱虫分 2 次进行，第 1 次用药后 10 d

再用1次药。同时每月用常规的药物进行1次猪体表及环境驱虫。

（2）防疫。每年分别进行2次猪瘟、猪肺疫、猪丹毒、蓝耳病等疫苗的免疫。10月底和3月份各进行1次口蹄疫疫苗的免疫。4月份进行1次乙脑疫苗的免疫。公猪圈应设严格的防疫屏障，并进行经常性的消毒工作。

（3）建立良好的生活制度。饲喂、采精或配种、运动、刷拭等各项作业都应在大体固定的时间内进行，利用条件反射养成规律性的生活制度，便于管理操作。

三、 公猪的利用

瘦肉型后备公猪8～9月龄开始使用，使用前先进行配种调教和精液质量检查，使用时体重要求达135 kg以上。

1. 初配年龄和体重

公猪性成熟通常比母猪迟，一般在4～8月龄时身体尚在生长发育，不宜配种使用。一般在性成熟后2个月左右可开始配种使用。要求开始配种时，种公猪的体重达到成年体重的70%～80%。

在生产中常有过早配种的情况，由于刚性成熟，交配能力不好，精液质量差，母猪受胎率低，且对自身性器官发育产生不良影响，缩短使用寿命。若过迟配种，则延长非生产时间，增加成本。另外，会造成公猪性情不安，影响正常发育，甚至造成恶癖。

2. 配种强度

开始配种的1～5周内，每周可使用1～2次，相隔3～4 d；1～2岁的青年公猪每周可使用2～3次；2岁以上的公猪，在饲养管理水平较高的情况下，每日可配2～3次，若配2次，2次间隔8～10 h，连配5～6 d应休息1 d。健康公猪休息时间不得超过2周，以免发生配种障碍。公猪如果使用过度，精液品质下降，母猪受胎率下降，减少使用寿命；使用过少则增加成本，公猪性欲不旺，附睾内精子衰老，受胎率下降。公猪精子生成、成熟需要42 d，如频繁使用会造成大量未成熟精子的产生，增加母猪空怀率。所以，公猪必须合理休养使用。

3. 配种比例

本交时公母性别比为1∶（20～50）；人工授精理论上公母性别比可达1∶300，实际上按照1∶100配备。

4. 利用年限

公猪繁殖停止期为10～15岁，一般使用6～8年，以青壮年2～4岁最佳。在实际生产中公猪的使用年限，一般控制在2年左右。

四、 后备公猪的调教

后备公猪在配种妊娠舍适应饲养的时间为45 d，配种员要经常进栏，使后备公猪熟悉环境。训练后备公猪进出猪圈及在道路上行走，在训练过程中可抓住公猪尾巴进行引导。

1. 开始调教的年龄

后备公猪从 8 月龄开始进行采精调教。

2. 调教持续时间

每次调教时间不超过 15 min；如果公猪不爬跨假母猪，就应将公猪赶回圈内，第 2 天再进行调教。

3. 基本调教方法

将发情旺盛的母猪的尿液或分泌物涂在假母猪后部，公猪进入采精室后，让其先熟悉环境，公猪很快会去嗅闻、啃咬假母猪或在假母猪上蹭痒，然后就会爬跨假母猪。如果公猪比较胆小，可将发情旺盛母猪的分泌物或尿液涂在麻布上，使公猪嗅闻，并逐步引导其靠近和爬跨假母猪。同时可轻轻敲击假母猪以引起公猪的注意。必要时可录制发情母猪求偶时的叫声在采精室播放，以刺激公猪的性欲。

4. 调教时的采精

当公猪爬跨上假母猪后，采精员应立即从公猪左后侧接近，并按摩其包皮，排出包皮液，当公猪阴茎伸出时，应立即用右手握成空头拳，使阴茎进入空拳中，将阴茎的龟头锁定不让其转动，并将其牵出，开始采精。

【业务知识】

一、 种公猪的生理特点

（1）射精量大：平均 250 mL/次（150～500 mL/次），总精子数目多（1.5 亿个/mL）。

（2）交配时间长：5～10 min，有的长达 20 min 以上。

（3）精液组成：精子占 2%～5%，附睾分泌物占 2%，精囊腺分泌物占 15%～20%，前列腺分泌物占 55%～70%，尿道球腺分泌物占 10%～25%。

（4）精液化学成分：H_2O 占 97%，CP 占 1.2%～2%，EE 占 0.2%，Ca^{2+} 占 0.916%，NFE 占 1%，其中 CP 占有机化学成分的 60%以上。

二、 种公猪的营养需要

为了使种公猪经常保持种用体况，体质结实，精力充沛，性欲旺盛，精液品质好，就必须实行合理的饲养。适宜的营养水平是发挥种公猪正常生产水平的基础。营养水平过高，造成公猪体内脂肪沉积过多，公猪过肥，从而导致种公猪性欲降低，配种能力差；相反，营养水平过低，为了满足生产的需要，会造成公猪体内脂肪和蛋白质的消耗，公猪过瘦，也会导致种公猪配种能力降低。因此，种公猪的日粮中的消化能水平以12.6～13.0 MJ/kg为宜，蛋白质水平14%。

种公猪精液中的干物质占5%，其中蛋白质占3.7%。因此种公猪日粮中必须给以优质适量的蛋白质饲料，在配种高峰期可适当补充鸡蛋、矿物质、多维维生素等，配种频繁时，每次加喂1～2枚鸡蛋或日粮中提高鱼粉等动物性饲料原料的含量，用量2%～4%。需要说明的是，种公猪日粮中蛋白质的补充以优质适量为原则，日粮中蛋白质不足会对精液品质有不良影响。相反，对种公猪长期饲喂蛋白质过高的日粮，同样会使精子活力降低，精子浓度减少，畸形精子数增多。

公猪日粮中钙、磷等不足会促使精子发育不全，降低精子活力，死精增加。新疆饲料中磷含量较高，不易缺乏，要注意补充钙和食盐，种公猪的日粮中钙磷的比例为1.5∶1最好，即日喂15 g钙、10 g磷、10 g食盐。

维生素A、维生素D、维生素E对精液品质也有很大影响。如果缺乏，种公猪的性反射降低，精液品质下降。如果长期缺乏，会使睾丸发生肿胀或干枯萎缩，丧失繁殖力。维生素D缺乏时，还会影响机体对钙的利用，间接影响精液品质。在公猪配种前或配种期间的日粮中，应在每千克日粮中供给4 100 IU维生素A、275 IU维生素D、11 mg维生素E。在大规模饲养条件下，饲喂锌、碘、钴、锰对精液品质有明显提高作用。

饲养种公猪必须从其营养需要的特点出发，一般种公猪的日粮中除了玉米、麸皮、米糠、高粱等以外，还应当配合蛋白质饲料，如豆粕、鱼粉等。按照营养要求，种公猪的配合饲料与哺乳母猪饲料接近。种公猪饲料的体积不宜过大，以防种公猪的腹部过大。其日粮中也可以适当搭配少量的青绿优质豆科牧草，如苜蓿等。

配种期加强饲养的方式：实行批次化生产的猪场，种公猪的饲养管理分为配种期和非配种期，配种期饲料的营养水平和饲料喂量均高于非配种期。配种前20～30 d增加20%～30%的饲料量，配种期保持高营养水平，配种期过后逐渐降低营养水平。

三、 种猪对水的需求

1. 水的重要性

（1）水是猪身体各种器官、组织和体液的重要组成成分，约占猪体重的70%。

（2）水是猪进行新陈代谢、体温调节不可缺少的物质，尤其是在夏季高温时，猪会通过大量饮水缓解热应激。

（3）水可以提高采食量，避免尿路感染等疾病的发生。

2. 种猪对水的要求

影响种猪对水需求量的因素主要是温度和湿度。温度越高，湿度越大，饮水的次数也越多。成年种猪的饮水量冬季为5～6 L/d，夏季温度高饮水量也随之增加1.5～2

倍，相当于7.5～12 L/d。如果是用饮水器供水，饮水器的流速最低要保证1.5 L/min才能满足公猪和母猪的饮水需求。

【岗位工作检查清单】

(1) 种公猪的饲喂量是否合适，饲料营养成分能否满足不同配种强度种公猪的营养需求。

(2) 种公猪的体况是否适中，或者存在偏瘦和偏肥的情况。

(3) 是否给种公猪提供了足量、清洁的饮水。

(4) 每天是否严格按照固定的程序完成种公猪的各项饲养管理工作。

(5) 冬季和夏季极端气温情况下，种公猪舍内的温度是否控制在合理的范围内。

(6) 种公猪是否单圈饲养，栏位面积是否足够，每天的运动量是否适中，肢蹄结实度能否适应高强度的配种（采精）。

(7) 种公猪的使用频率是否适中，是否存在使用频率过高或者过低的问题，或者某些种公猪过度使用的问题（一般是性情较温顺、容易管理和采精、精液量大的公猪比较容易出现过度使用的情况）。

(8) 种公猪的健康是否有保障，常规疫苗是否按时接种，疫苗抗体水平是否达标，是否感染猪蓝耳病、猪伪狂犬病等传染病。

【业务经验】

一、种公猪进行外貌评分

要将该头种公猪和该品种与品系的种公猪标准进行对照，看是否符合该品种的特征，如果符合，进一步分部位评分。体型要求四肢结实，头颈胸腰部结合良好，胸廓开阔，腹部不下垂。两侧睾丸发育良好，无阴囊疝，性欲旺盛。采精检查时，精液品质良好。这样分部位评分，满意度达到九成及以上成方可留作种用。

二、种公猪运动不足的危害

种公猪运动量不足在多数集约化猪场是常见的。运动不足的种公猪容易过肥，畸形精子增多，精子活力低下，且品质不良，使母猪受胎率不高，造成了大的经济损失；另外，种公猪运动不足使其使用寿命也大大降低，增加了种公猪的淘汰率，进而也增加了生产成本。

三、种公猪适宜的配种或者采精强度的确定

开始使用的1～5周内每周可使用1～2次，相隔3～4 d，1～2岁的青年公猪每周可使用2～3次。2岁以上的公猪，在饲养管理水平较高的情况下，每日可配2～3次，

若配2次，需要间隔8～10 h，连配5～6 d应休息1 d。健康公猪休息时间不得超过2周，以免发生配种障碍。公猪如果使用过度，精液品质下降，母猪受胎率下降，减少使用寿命；使用过少则增加成本，公猪性欲不旺，附睾内精子衰老，受胎率下降。公猪精子生成、成熟需要42 d，如频繁使用造成幼稚型精子配种，增加母猪空怀率，公猪必须合理休养使用。若公猪患病，1个月内不准使用。

四、 热应激对种公猪生产性能的影响

作为猪场精华的种公猪应该生活在清洁、干燥、舒适、温度和空气质量能控制在合理范围的圈舍内。成年种公猪需要的适宜温度为18～20 ℃，该温度可以确保种公猪具有很强的生精能力。

当环境温度高于27～30 ℃时公猪通常会发生热应激。热应激有滞后效应，种公猪受到热应激以后的2～6周配种，会造成种公猪的配种成功率和母猪的产仔数降低（表3-1-8）。因此，公猪舍的设计要便于高温季节的降温散热。在低等或中等湿度条件下采用蒸发冷却手段（喷水、喷雾），也可以将蒸发冷却后的凉爽空气通入公猪舍，给公猪和舍内结构降温。在炎热的夏季公猪食欲降低，也会造成精液品质差，可在饲料中添加1 000～2 000 g/t的赖氨酸锌、400～800 g/t的维生素C和维生素E及0.5%的碳酸氢钠，可以缓冲热应激，提高公猪性欲及精液品质。

表3-1-8　高温对种公猪生殖机能的影响

在40 ℃下饲养4 h	种公猪睾丸组织中的精母细胞基本丧失活力，至少需2个月才能使精液品质恢复正常
在持续高温的6～9月	约有70%的种公猪不能采精或完全丧失交配能力
在12～20 ℃下饲养	种公猪配种受胎率可达85%～90%
在34 ℃下饲养2 d	其与正常温度下饲养的母猪交配，配种受胎率下降到50%～60%

五、 猪群耗水量的分析

每栋猪舍均应安装水表，以便准确掌握舍内猪群每日的耗水量，及时发现饮水量的波动，并针对性地进行处理。

如果猪群耗水量低于耗水量标准值，检查记录耗水量的时间是否每天都是同一时间，并彻底核查一天中供水的时间是否足够。如果供水时间和供水量都没有问题，则说明猪群可能存在健康问题。

如果猪群饮水量高于耗水量标准值，也需要检查记录耗水量的时间每天是否一致，是否延长了供水时间，导致耗水量偏大。如果供水时间没有问题，就说明供水存在浪费或者供水管道出现破损的情况。

六、 青年种公猪开始调教采精时间的确定

种公猪性成熟后就可以进行调教，由于不同品种猪性成熟的年龄差异较大，引进品种7～8月龄性成熟，8～9月龄开始调教训练，国内品种4～6月龄性成熟，7～8月龄开始采精训练。

七、 不易调教的后备种公猪的调教

如果常用方法都不能使种公猪爬跨假母猪，可将1头2～3胎的发情旺盛的母猪赶至采精室，当种公猪爬跨发情母猪时，在公猪阴茎伸出之前，两人分别抓住其左右耳拉下，当公猪第2次爬跨发情母猪时，用同样的方法将其拉下。这时种公猪的性欲已经达到高潮，立即将发情母猪赶走，然后诱导种公猪爬跨假母猪，一般都能调教成功。

八、 种公猪的营养水平

种公猪配种任务繁重，每次射精量大，需要适量而全价的营养供给，才能满足其正常的生产需要（表3-1-9）。营养水平过高或过低均会影响其正常生产性能的发挥。营养水平过高，造成种公猪体内脂肪沉积过多，公猪过肥，从而导致公猪性欲降低，配种能力差。相反，营养水平过低，为了满足生产的需要，会造成种公猪体内脂肪和蛋白质的消耗，公猪过瘦，也会导致公猪配种能力降低。

公猪日粮中钙、磷等不足，会使精液品质显著降低，新疆饲料中磷含量较高，不易缺乏，要注意补充钙和食盐，公猪的日粮中钙磷的比例为1.5：1最好，即日喂15 g钙、10 g磷、10 g食盐。

维生素A、维生素D、维生素E对精液品质也有很大影响，如果缺乏，公猪的性反射降低，精液品质下降。如果长期缺乏，会使睾丸发生肿胀或干枯萎缩，丧失繁殖力。维生素D缺乏时，还会影响机体对钙的利用，间接影响精液品质。即公猪在配种前或配种期间的日粮中，应在每千克日粮中供给4 100 IU维生素A、275 IU维生素D，11 mg维生素E。在大规模饲养条件下，饲喂锌、碘、钴、锰对精液品质有明显提高作用。

表3-1-9 种公猪日粮主要营养成分需求推荐值

饲料种类	参照标准	净能/(kcal/kg)	消化能/(kcal/kg)	粗蛋白/%	可消化赖氨酸/%	可消化蛋氨酸和胱氨酸/%	钙/%	总磷/%	有效磷/%
营养标准	推荐	≥2 300	≥3 000	≥16.5	≥0.51	≥0.25	≥0.7	≥0.75	≥0.33
	NRC标准	≥2 475	≥3 402	—	≥0.51	≥0.25	≥0.75	≥0.75	≥0.33

九、 种公猪发挥正常生产性能需要保持的体况

参加配种的种公猪需要保持八九成膘情（体况评分 3 分为佳），实践中由于饲养管理不当，常发生过肥或过瘦的现象。过肥的结果导致性欲下降，配种能力差，原因大多是饲养不当造成；过瘦也时有发生，可能的原因有：生病导致食欲下降，营养摄入不够，或长期不使用导致性情不安，食欲下降等，应及时对症采取措施，改善种公猪的体况。

十、 引起睾丸变性的因素及睾丸发生早期变性的临床治疗

睾丸在发育完成后由于各种外界因素的影响，而发生退行性变化。睾丸变性可能由于高温、发热、寄生虫、布氏杆菌病等引起，一般营养上不会造成睾丸变性。但近年来调查发现，环境污染、电磁辐射都会造成睾丸变性。睾丸变性早期精子数量下降，畸形精子数量增多，及时用中药治疗效果较好。临床经验用：熟地 30 g，枸杞子 36 g，太子参 30 g，巴戟天 30 g，山药 30 g，菟丝子 30 g，韭菜子 20 g，炙仙灵脾 30 g，草杜仲 30 g，鹿角胶 20 g，阳起石 20 g，煎成浓汁，用胃管灌服 3～5 剂。一般在早期可以治好，否则应及时淘汰该公猪。

【工作任务实施记录与评价】

1. 种公猪的饲养管理

师傅指导记录	种公猪饲养过程及质量评价					评价成绩
	工作任务	优	良	中	差	
	种公猪饲养方式的确定					
	种公猪的饲喂					
	种公猪刷拭、修蹄、称重等日常管理					评价时间
	种公猪配种管理					年　月　日
	种公猪健康管理					

2. 种公猪的科学利用

师傅指导记录	种公猪的科学利用及质量评价					评价成绩
	工作任务	优	良	中	差	
	种公猪初配年龄和体重的选择					
	种公猪配种强度的确定					评价时间
	种公猪配种比例的确定					年　月　日
	种公猪利用年限控制					

3. 后备公猪的调教

<table>
<tr><td rowspan="2">师傅指导记录</td><td colspan="5">种公猪的调教及质量评价</td><td>评价成绩</td></tr>
<tr><td>工作任务</td><td>优</td><td>良</td><td>中</td><td>差</td><td rowspan="2"></td></tr>
<tr><td rowspan="4"></td><td>后备公猪调教年龄的确定</td><td></td><td></td><td></td><td></td></tr>
<tr><td>后备公猪调教持续时间的合理控制</td><td></td><td></td><td></td><td></td><td>评价时间</td></tr>
<tr><td>后备公猪调教过程控制</td><td></td><td></td><td></td><td></td><td rowspan="2">年 月 日</td></tr>
<tr><td>后备公猪调教时的采精操作</td><td></td><td></td><td></td><td></td></tr>
</table>

4. 学徒关键职业能力及职业品质、工匠精神评价

项目	优	良	中	差
工作态度				
吃苦耐劳				
团队协作				
沟通交流				
学习钻研				
认真负责				
诚实守信				

任务3　种公猪采精及精液处理

【任务目标与质量要求】

1. 精液量平均 250 mL 以上，精子活力 0.7 以上，畸形率 18%以下。

2. 采集的精液颜色、气味均无异常。

3. 准确采集精子密度高的精液，使精子密度达到 2 亿～3 亿个/mL 以上。

4. 严格按照操作要求完成精液的稀释，精液稀释后精子活力应在 0.7 以上，17 ℃保存 72 h 精子活力不应出现明显下降。

【学习产出目标】

1. 完成人工授精实验室的科学管理。

2. 熟练采用手握法完成公猪精液的采集，且采集精液的精液量、精子活力、精子密度等指标均符合要求。

3. 熟练掌握精液品质各项指标的检查和评定。

4. 熟练配制精液稀释液。

5. 熟练计算精液的稀释比例，并严格按照操作要求完成精液的稀释。

6. 准确完成稀释精液的分装，并按照要求完成精液的标记。

7. 熟练完成精液常温的保存，确保精液质量在保存有效期内不出现明显的降低。

【工作程序与方法要求】

一、 人工授精实验室

人工授精实验室是精液检查、处理、贮存的场所。为了生产出优质的、符合输精要求的精液，一定要把好质量关，保证出站的每一瓶精液的活力不低于0.7，72 h之内保存活力不受影响，特对实验室日常运作做如下规定：

（1）实验室要求整洁、干净、卫生，每周彻底清洁一次。

（2）非实验室工作人员在正常情况下不准进入实验室，采精员也不准进入实验室。

（3）所有仪器设备应在仔细阅读说明书后由专人按操作规程使用和维护保养，特别是高压蒸气灭菌器、超声波洗涤器，双蒸水器使用时更应注意人身安全。

（4）各种电器设备应按其要求选择适合的插座，除冰箱、精液保存箱、恒温培养箱等外，一般电器要求人走断电，干燥箱无人时设定温度不应高于100 ℃。

（5）所有器皿应以洗洁精或洗衣粉清洗干净，再以蒸馏水漂洗，60 ℃干燥（玻璃用品干燥温度可高于100 ℃）后，以锡纸包扎器皿开口，玻璃器皿在180 ℃进行干热灭菌1 h，非耐热器皿、用具以高压灭菌器于121 ℃湿热灭菌20 min。

（6）稀释液的配制，精液检查、稀释、分装一定按照人工授精操作规程进行。

（7）实验室内使用的仪器设备，如显微镜、干燥箱、水浴锅、17 ℃精液保存箱、冰箱、37 ℃恒温板、电子天平等，必须保持清洁卫生，显微镜镜头（目镜和物镜）应每两周用二甲苯浸泡一次，保持清洁。

（8）采精室与实验室之间的传递窗只有在传递物品时才能按先后顺序开启使用。

（9）实验室地板、实验台保持干净清洁。

（10）离开实验室前一定检查电源、水龙头、门、窗是否关闭好，做到万无一失方可离开实验室，确保安全。

（11）注意防火防盗。

二、 采精的操作

（1）采精员一只手戴双层手套（外层PE手套，内层乳胶手套），另一只手持37 ℃保温杯（内装一次性食品袋）用于收集精液。

（2）饲养员将待采精的公猪赶至采精栏，用0.1%高锰酸钾溶液清洗其腹部和包皮，再用温水（夏天用自来水）清洗干净，避免药物残留对精子的伤害。

（3）采精员挤出公猪包皮积尿，按摩公猪包皮部，刺激其爬跨假台畜。

（4）当公猪爬跨假台畜并逐步伸出阴茎时，采精员脱去外层手套，将公猪阴茎龟头导入空拳。

(5) 用手（大拇指与龟头相反方向）紧握伸出的公猪阴茎螺旋状龟头，顺其向前冲力将阴茎的“S”状弯曲拉直，握紧阴茎龟头防止其旋转，公猪即可射精。

(6) 用四层沙布过滤收集浓分精液于保温杯内的一次性食品袋内，最初射出的少量精液含精子很少，可以不接取。有些公猪分 2～3 个阶段将浓分精液射出，射精过程历时 5～7 min，要保证公猪射精过程完整，不能提前终止。

(7) 采精结束后轻柔地将公猪赶回栏舍，给公猪进行口头表扬，抚摸公猪的头部，对公猪配合采精表示认可，同时给公猪少许饲料进行奖励。这样做可以加深公猪对采精的印象，提高公猪采精的积极性。

(8) 采精员应注意安全，一旦公猪出现攻击行为，应立刻逃至安全角。

(9) 下班之前彻底清洗采精栏。

(10) 采精期间不准殴打公猪，防止出现性抑制。

(11) 采精频率，成年公猪每周 4 次，青年公猪（1 岁左右）每周 2 次。最好固定每头公猪的采精频率。

三、 精液稀释液的配制操作

(1) 根据精液拟保存的时间，选择合适的稀释粉（中长效、长效稀释粉）。

(2) 稀释粉一般按照配制 1 000 mL 稀释液的量分装，最好是按照标准体积一次配制。

(3) 将稀释粉溶于定量的双蒸水或去离子水中，可用磁力搅拌器助其溶解。

(4) 用滤纸过滤，以尽可能除去杂质。

(5) 稀释液应该在使用前 1 h 配制好，并置于 37 ℃水浴锅中，以使稀释液的 pH 达到稳定状态。

(6) 没有用完的稀释液可置于 4 ℃冰箱保存，但不可超过 24 h。超过有效贮存期的变质稀释液应废弃。

四、 精液品质的检查操作

(1) 精液量：精液的比重为 1.03，接近于 1，所以可以用电子天平称量精液，按 1 mL/g 计。使用电子秤来称取重量相比使用量筒量取体积更为方便快捷，而且不容易造成精液污染，所以生产中避免以量筒等转移精液盛放容器的方法测量精液体积。

(2) 颜色：正常的精液是乳白色或浅灰白色，精子密度越高，色泽越浓，其透明度越低。若带有绿色或黄色，则混有脓液或尿液；若带有淡红色或红褐色，则是含有血液。这样的精液应舍弃不用，会同兽医寻找原因。

(3) 气味：猪精液略带腥味，如有异常气味，应废弃。

（4）pH（酸碱度）：以 pH 计测量（pH 计使用见说明书）。

（5）精子活力检查：活力是指呈直线运动精子占全部精子的百分比，在显微镜下观察精子活力，一般按 0.1～1.0 的十级评分法进行，鲜精活力要求不低于 0.7。

（6）精子密度：指每毫升精液中所含的精子数，是确定稀释倍数的重要指标。要求用血细胞计数板进行计数或精液密度仪测定。精子密度仪可以直接测出精子密度。

血细胞计数板计数方法如下：

①以微量加样品取具有代表性原精液 100 μL，3%NaCl 900 μL，混匀，使之稀释 10 倍。

②在血细胞计数板上放一盖玻片，取 1 滴上述精液放入计数板的槽中，靠虹吸将精液吸入计数板内。

③在显微镜下计数 5 个中方格内的精子总数，将该数乘以 50 万，即得原精液每毫升的精子数（即精液密度）。

（7）精子畸形率：畸形率是指异常精子的百分率，一般要求畸形率不超过 18%～20%。其测定可用普通显微镜，但需伊红或吉姆萨染色，相差显微镜可直接观察活精子的畸形率。畸形精子种类很多，如巨型精子、短小精子、双头或双尾精子，顶体膨胀或脱落、精子头部残缺或与尾部分离、尾部弯曲。要求每头公猪每 2 周检查一次精子畸形率。畸形率产生的原因有：公猪使用过度或饲养管理不良，长期未配种，采精或精液处理操作不当，睾丸和附睾疾病等。

（8）按要求做好精液品质检查登记表。

（9）实事求是地填写种公猪健康状况登记表，从而真实地反映种公猪健康状况。

五、 精液的稀释操作

（1）精液采集后应尽快稀释，原精液贮存不超过 30 min。

（2）未经品质检查或检查不合格（活力 0.7 以下）的精液不能稀释。

（3）稀释液要在采精前 1 h 提前配置好。稀释液与精液要求等温稀释，两者温差不超过 1 ℃，即稀释液应加热至 33～37 ℃，以精液温度为标准来调节稀释液的温度，绝不能反过来操作。

（4）稀释时，将稀释液沿盛精液的杯（瓶）壁缓慢加入精液中，然后轻轻摇动或用消毒玻璃棒搅拌，使之混合均匀；注意不可将精液加入稀释液中。

（5）如做高倍稀释时，应先进行低倍稀释（1∶1），稍待片刻后再将余下的稀释液沿壁缓慢加入，以防造成“稀释打击”。

（6）稀释倍数的确定：活率不低于 0.7 的精液，一般按每个输精剂量含 40 亿个总精子，输精量为 40～80 mL 确定稀释倍数。例如，某头公猪一次采精量是 200 mL，活力为 0.8，密度为 2 亿个/mL，要求每个输精剂量含 40 亿个精子，输精量为 40 mL，则总精子数为200 mL×2亿个/mL＝400亿个，输精头份为400亿个÷40亿个＝10份，加入稀释液的量为10×40 mL－200 mL＝200 mL。

（7）稀释后要求静置5～10 min再做精子活力检查，如果稀释前后活力无明显变化，即可进行分装与保存。如果活力下降，说明稀释液的配制或稀释操作有问题，不宜使用，应查明原因并加以改进。

（8）不准随便更改各种稀释液配方的成分及其相互比例，也不准几种不同配方稀释液随意混合使用。

六、 精液的常温保存操作

（1）精液稀释后，检查精子活力，若无明显下降，则按每头份30亿～40亿个有效精子分装。输精瓶或输精袋要事先预热至分装精液的温度。

（2）将输精瓶或输精袋加盖密封，并在输精瓶或输精袋上写清楚公猪的品种、耳号，采精日期（月、日、时）。

（3）放置在22～25 ℃的室温1 h后（或用几层毛巾包被好后）直接放置于17 ℃冰箱中。

（4）保存过程中要求每12 h将精液混匀（缓慢摇匀）一次，防止精子沉淀而引起死亡。

（5）每天检查精液保存箱温度并进行记录，若出现停电应全面检查贮存精液的品质。

（6）尽量减少精液保存箱关开次数，以免造成对精子的打击而死亡。

【业务知识】

一、 相关名词

1. 人工授精

所谓人工授精就是以人工的方法利用器械采集雄性动物的精液，再利用器械把经过检查和处理的精液输送到发情母畜生殖道的适当部位，从而使其受孕，以代替公母畜自然交配的一种科学配种方法。

2. 假台猪

所谓假台猪是指用钢筋、木料或者塑料等材料模仿母猪的外形制成的固定支架（图3-1-15）。

图3-1-15 假台猪

3. 精液稀释

精液稀释是指在精液中加入适宜于精子存活并能保持其受精能力的稀释液以达到扩大精液的容量，提高一次射精量的可配母畜头数，并通过降低精液的能量消耗，补充适量营养和保护物质，抑制精液中有害微生物的活动以延长精子寿命，同时便于精液的保存和运输。

二、 猪人工授精相关技术原理

（一） 精液采集

一种理想的采精方法，应具备下列 4 个条件：

（1）可以全部收集公畜一次射出的精液。

（2）不影响精液品质。

（3）公畜生殖器官和性机能不会受到损伤或影响。

（4）器械用具简单，使用方便。

猪的精液采集大多采用徒手采精法。徒手采精法即手握法，是目前采集公猪精液普遍采用的一种方法，其原理是模仿母猪子宫颈对公猪龟头螺旋部的约束力而刺激射精（图 3-1-16）。该方法具有设备简单，操作方便，能采集公猪浓分精液等优点，但易使精液遭受污染和冷打击。

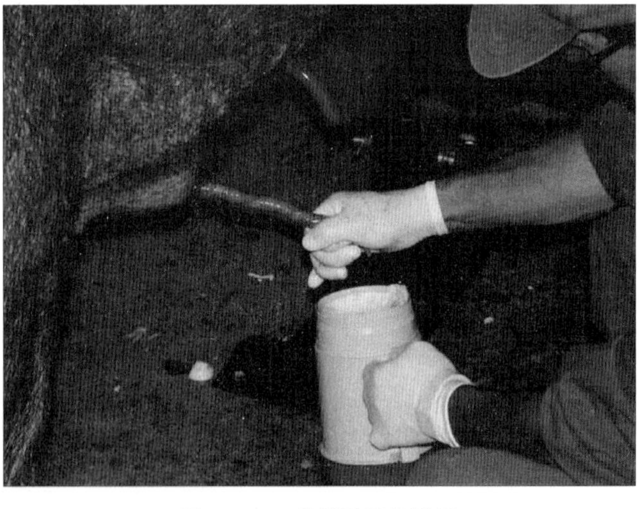

图 3-1-16 公猪手握法采精

采精前，应先用消毒液洗涤公猪包皮及其附近被毛，再用生理盐水冲洗擦干。采精时，采精员应戴好消毒乳胶（或塑料薄膜）手套，蹲在台猪的右侧或左侧，当公猪爬跨台猪并伸出阴茎时，将公猪螺旋龟头导入握成的空拳中，让阴茎自由抽动片刻，再握紧螺旋部不让龟头转动。当阴茎充分勃起后顺势向前牵拉，手指有弹性并有节奏地松压，即可引起公猪射精。另一只手持覆盖过滤纱布的保温集精杯收集富含精子的精液。公猪射精时间可持续 5～7 min，分 3～4 次射出。第 1 次射出的精液，含精子较少且污染大，可不收集。每次射精间隙不要松手，应按此法再次刺激公猪龟头，直至射精完全结束。

（二） 精液品质检查

精液品质检查是为了鉴定精液质量的优劣，以便确定其利用价值。通过精液品质检查可间接判定公猪的饲养管理水平和生殖器官机能状态，同时还能反映采精技术操作水平的高低，并以此作为检验精液稀释、保存和运输效果的依据。

精液品质检查分为常规检查和定期检查。常规检查的项目包括射精量、活力、密度、色泽、气味、pH 等。定期检查的项目包括死活精子检查、精子计数、精子形态、精子存活时间及指数、亚甲蓝还原试验、精子抗力等项目。

现行评定精液品质的方法有外观检查法、显微镜检查法、生物化学检查法和精子活力检查法等 4 种。无论哪一种检查方法，都必须以受精能力的高低为依据。

精液品质评定的原则是检查评定结果必须真实反映精液本来的品质。因此，在精液检查过程中应注意标记被检精液的来源；取样具有代表性；避免不良因素对精液的影响；检查动作迅速，评定结果准确。随着现代科学技术的进步，精液品质评定的方法不断得到改进和提高，一些现代化仪器设备的应用更加快了精液品质评定的速率和评定结果的客观准确性。如计算机辅助精液分析（computer-assisted sperm analysis，CASA）系统的应用，可以同时在一份精液样品中得到有关密度、速率、活力等多种与精液品质有关的参数，并可降低人为评定所引起的误差。

1. 外观检查法

外观检查法主要通过肉眼观察，初步评定精液的品质。

（1）精液量。采精后应立即直接观察射精量的多少。猪的精液因含有胶状物，应用 4～6 层消毒纱布过滤除去胶状物后再读数。

精液量因年龄、公猪准备状况、采精方法及技术水平、采精频率和营养状况等而有所变化。评定公猪正常的射精量，不能仅凭一次的采精记录，应以一定时间内多次射精总量的平均数为依据。

（2）色泽。精液一般为乳白色或灰白色，精子密度越大，精液的颜色越浓。精液颜色出现异常为不正常现象。若精液呈红色，可能混有血液；精液呈褐色，可能混有陈血；精液呈淡黄色，可能混有脓汁或尿液。颜色有异常的精液应予以废弃，并立即停止采精，查明原因后及时治疗。

（3）气味。正常的精液略带有腥味。如果气味异常，可能是混有尿液、脓液、粪渣或其他异物的表现。气味异常经常伴有颜色的变化，因此可将色泽和气味检查结合进行，使鉴定结果更为准确。

（4）pH。家畜新鲜精液 pH 一般为 7.0 左右，但因畜种、个体、采精方法不同以及精清的比例大小不一，而使 pH 稍有差异或变化。猪因精清比例较大精液略呈弱碱性，pH 为 7.4～7.5。

测定 pH 最简单的方法是使用 pH 试纸比色，目测即得结果。使用 pH 计测定 pH 结果更为准确，但玻璃电极球不应太大，一次测定的样品量要少。现已有一次只需 0.1～0.5mL 样品的微量 pH 计。

（5）杂质。一般指在精液内混入的异物如家畜的被毛、脱落上皮、生殖道的炎性分泌物及灰尘、纤丝、粪渣等。这些杂物在精液内会阻碍精子的运动，易使精子集聚，炎性分泌物还严重影响精液品质。因此，如发现被毛、纤丝等应及时除去，被炎症污染的精液则应废弃。

2. 显微镜检查法

（1）精子活力评定。精子活力是指精液中呈直线前进运动精子所占的百分率。精子活力可以直接反映精子自身的代谢机能，与精子受精能力密切相关，是评价精液质量的一个重要指标。精子活力一般在采精后、精液处理前后和输精前均应进行检测。

检查精子活力需借助显微镜，放大 400 倍，放在 37～38 ℃显微镜恒温载物台上或保温箱内进行观察。猪原精液或稀释后的保存精液，可以直接制片观察，但精液易干燥，检查速度应快。另外，还可应用具有恒温载物台的显微镜，通过闭路电视装置显示精子图像，或通过显微镜投影法反映在银幕上，可以在放大条件下更好地同时由几个人进行较客观的评定。

评定精子活力多采用“十级评分制”，即按直线运动精子占视野中精子的估计百分比评为十个等级。100%前进者为 1.0 分，90%前进者为 0.9，依此类推。评定精子活力的准确度与经验有关，具有主观性，检查时应多计数几个视野，取其平均值。在观察过程中凡出现旋转、倒退或在原位摆动的精子，均应与前进运动的精子严格区别。

精子活力和活率是不同的概念，应加以区分。活率是指具有运动能力的精子占总精子数的百分比。活率是精子活力的上限。测定活率可作精子活力的补充。一般可采用伊红（或刚果红）—苯胺黑（苯胺蓝）染色涂片进行检查。死精子的头部在苯胺黑作背景的面上由伊红着色，活精子因其机能性的半透膜能防止色素侵入，故不着色。由此测得的结果比活力测定的百分率高，但二者高度相关，这是因为活的但不能前进运动的精子也不着色。

新鲜精液的活力一般在 0.7～0.9。

（2）精子密度评定。精子密度是指单位体积（mL）精液内所含有精子的数目。目前测定精子密度的主要方法有估测法、血细胞计数法、光电比色法等。

①估测法。生产中常用的方法，常结合精子活力检查来进行。根据显微镜下精子的密集程度，把精子的密度大致分为稠密、中等、稀薄 3 个等级。这种方法能大致估计精子的密度，但是主观性强，误差较大。

②血细胞计数法。对公畜精液做定期检查时使用的一种方法，可以准确地测定每单位容积精液中的精子数，一般采用血细胞计数板进行。由于猪精子密度低，可使用白细胞吸管作稀释管。

③光电比色法。此法快速、准确、操作简便。光电比色法的原理是利用精液的透光性，精子密度越大，透光性就越差。测定前，将原精液稀释成不同倍数，用血细胞计算法计算精子密度，从而制成精液密度标准管，然后用光电比色计测定其透光度，根据透光度求每相差1%透光度的级差精子数，制成精子密度对照表备用。测定精液样品时，将精液稀释80～100倍，用光电比色计测定其透光值，查表即可得知精子密度。

（3）精子的形态学检查。精子的形态是否正常，与母畜的受胎率有着密切的关系。若精液中含有大量畸形精子和顶体异常精子，势必会降低其受精能力。同时精子形态的正常与否还直接反映了种公畜的生殖机能是否发生了障碍。因此，精子的形态学检查也是评定家畜精液品质的重要内容，它包括精子畸形率和精子顶体异常率的检查两项内容，是在正常精子的形态和结构基础上进行的。

①精子畸形率。在动物精液中常出现形态和结构不正常的精子，称为畸形精子。精子畸形率是精液中畸形精子数占精子总数的百分率。在正常精液中常有些畸形精子出现，一般不超过20%，对受精力影响不大。优良品质猪精液的精子畸形率不应超过18%。如果精子畸形率超过20%，则表明精液品质下降，受精力受到影响，不能用作输精。

精子畸形一般可分为4类（图3-1-17），分别为头部畸形（如头部巨大、瘦小、细长、圆形、皱缩、缺损、双头等）、颈部畸形（如颈部膨大、纤细、弯曲、屈折、双颈等）、中段畸形（如中段膨大、纤细、不全、弯曲、屈折、双体等）、主段畸形（如主段弯曲、屈折、回旋、短小、双尾等）。

在正常精液内，一般精子头部和颈部出现畸形较少，而其尾部畸形最为多见。当精液中出现大量畸形精子时，可能是由于遗传和年龄的原因；精子的生成过程受到破坏；输精管道和副性腺发生病理变化；精液处理不当，精子遭受外界不良影响的刺激等。

畸形率检查时将精液制成抹片，用染料染色，水洗干燥后镜检。一般计数200～500个精子，计算畸形精子的百分率。

②精子顶体异常率。正常精子顶体内含有多种与受精有关的酶类，在受精过程中具有重要的作用，直接关系到受配母畜的受胎率。精子顶体发生异常，一般有膨胀、缺损、部分脱落、全部脱落等情况。正常精液精子的顶体异常率不高，猪为2.3%。如果精子顶体异常率超过14%，受精能力就会明显下降。

顶体异常出现的原因可能与精子生成过程和副性腺分泌物性状不良有关，尤其是离体精子遭受低温打击和冷冻伤害等因素所造成。因此，精子顶体异常率是评定体外

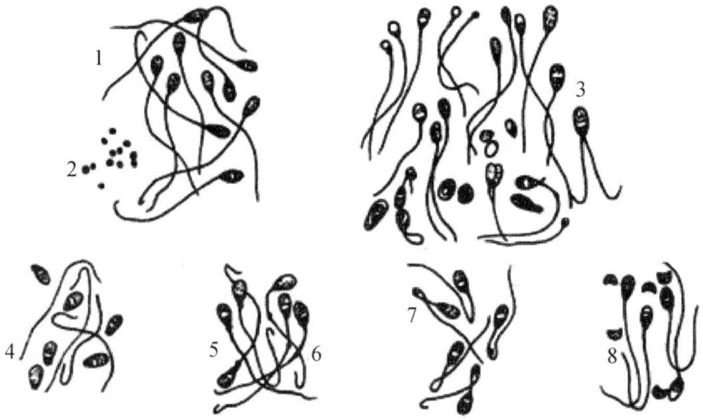

图 3-1-17　畸形精子类型

1. 正常精子　2. 脱落的原生质滴　3. 各类畸形精子　4. 头尾分离精子　5、6. 带原生质滴精子　7. 尾弯曲精子　8. 顶体脱落的精子

保存精液尤其是冷冻保存精液品质高低的重要指标之一。

检查精子顶体异常率的方法是将精液制成抹片，在固定液中固定片刻，水洗后用吉姆萨缓冲液染色 1.5～2.0 h，水洗干燥后，置油镜下观察。计数 200 个以上精子中顶体异常数，计算出精子顶体异常率。

③存活时间及存活指数检查。精子的存活时间和存活指数与受精能力密切相关，也是鉴定精液处理效果好坏的一种方法。存活时间是指精子在体外的总生存时间，而存活指数是指平均存活时间，表示精子的活率下降速度。检查时，将稀释精液置于一定的温度下（0 ℃～37 ℃），间隔一定时间检查活率，直至无活动精子为止，所需的总小时数为存活时间。相邻两次检查的平均活率与间隔时间的积相加总和即为生存指数。精子存活时间越长，生存指数越大，说明精子生活力越强，品质越好。

3. 微生物学检查

精液中如果有大量微生物存在，不仅会影响精子的寿命，降低其受精能力，而且会导致有关疾病的传播。精液中微生物的来源与公畜生殖器官疾病和人工授精操作卫生条件密切相关，因此有必要对精液进行微生物学检查。细菌数通常采用平板培养法进行，求出每毫升原精液内的细菌数。

（三）　精液稀释

精液稀释是指在精液中加入适宜于精子存活并能保持其受精能力的稀释液。精液稀释的目的是扩大精液的容量，提高一次射精量的可配母畜头数，并通过降低精液的能量消耗，补充适量营养和保护物质，抑制精液中有害微生物的活动以延长精子寿命，同时便于精液的保存和运输。因此，精液的稀释处理是充分体现和发挥人工授精优越性的重要技术环节。

1. 精液稀释液的主要成分及其作用

理想的精液稀释液，是根据精子的生理特点提出并不断改进完善的。现行的稀释液一般含有多种成分，各种成分又常常具有多重效能。

(1) 稀释剂。主要用于扩大精液容量。因此，此类物质的剂量必须保证稀释液与精液有相同或相似的渗透压。一般用来扩大精液量的物质有等渗的氯化钠、葡萄糖、蔗糖等。事实上在配制稀释液时，不会单独加入某种物质作为稀释剂，而是由稀释液中的营养剂或保护剂结合承担的。

(2) 营养剂。主要为精子体外代谢提供营养，补充精子消耗的能量。由于精子不具备贮备能源物质的条件，而代谢又只是单纯的分解作用，不能将外界物质通过同化作用转变为自身成分。因此，为了补充精子的能量消耗，只有使用最简单的能源物质，一般多采用单糖、奶类或卵黄等。这些营养物质中的一些成分能通过精子膜进入细胞内，参与精了代谢，给精子提供外源能量，减缓内源物质的消耗，从而有助于延长精子在体外的存活时间。这些营养剂也兼有稀释剂的作用。

(3) 保护剂。主要起保护作用，使精子免受外界各种不良因素的危害。其可分为以下几种：

①缓冲物质。精子在体外不断进行代谢，随着代谢产物（乳酸和二氧化碳等）的累积，精液的 pH 会逐渐下降，甚至发生酸中毒，使精子不可逆的失去活力。因此，需要在稀释液中加入适量的缓冲物质，以维持精液相对恒定的酸碱度。常用的缓冲物质有柠檬酸钠、磷酸二氢钾、三羟甲基氨基甲烷（trihydroxymethyl aminomethane，Tris）等。其中 Tris 是一种碱性缓冲物质，对精子代谢酸中毒和酶活动反应具有良好的缓冲作用，近年来较常使用。

②非电解质。具有降低精清中电解质浓度的作用。精清中的电离度很高，生理上具有激发精子活动的作用，有利于精子和卵子的受精。但精子代谢和运动的加快必然导致精子早衰，同时因精子脂蛋白膜的破坏，使精子失去电荷而凝集，不利于精液保存。因此，需要向稀释液中加入适量的非电解质或弱电解质，以降低精清中的电解浓度。一般常用的非电解质或弱电解质有各种糖类、氨基乙酸等。

③防冷刺激物质。具有防止精子冷休克的作用。在保存精液时，常常需要进行降温处理，尤其是从 30 ℃急剧降温至 10 ℃以下时，由于冷刺激，会使精子遭受冷休克而丧失活力。这是因为精子体内的缩醛磷脂融点高，低温下容易凝结，进而妨碍精子的正常代谢，造成不可逆的变性而死亡。因此，在低温保存稀释液中需要添加防冷休克的物质，其中以卵磷脂的效果最好。卵磷脂的融点低，在低温下不易冻结，进入精子体内后，可以替代缩醛磷脂保障代谢的正常进行，从而维持精子的生存。此外，脂蛋白及含磷脂的脂蛋白复合物，亦有类似卵磷脂防止冷休克的作用。以上这些物质均存在于奶类和卵黄中，是常用的精子防冷刺激物质。

④抗冻物质。具有抗冷冻危害的作用。精液在冷冻保存过程中，精子内外环境的水分必将经历由液态到固态的转化过程，这种物态转化对精子的存活极为有害，而抗冻物质有助于减轻或消除这种危害。一般常用甘油和二甲基亚砜（dimethyl sulfoxide，DMSO）作为抗冻剂。

⑤抗菌物质。在采精过程中，即便严格遵守操作规程，也很难做到不遭受某些有害微生物的污染，而精液和稀释液都是营养丰富的物质，是细菌微生物滋生的适宜环境。这些微生物的污染，不仅直接影响精子的生存，而且是引起母畜生殖道感染、不孕和早期胚胎死亡的原因之一。因此，在稀释液中有必要加入一定数量的抗菌物质。常用的有青霉素、链霉素和氨苯磺胺等。近年来，数种新的广谱抗生素和磺胺类药物如卡那霉素、林肯霉素、多黏菌素、氯霉素等应用于精液的稀释保存，取得较好的效果。

（4）其他添加剂。主要用于改善精子外在环境的理化特性，以及母畜生殖道的生殖机能，以利于提高受精机会，促进合子发育。

①酶类。如过氧化氢酶具有能分解精子代谢过程中产生的过氧化氢，消除其危害以提高精子活率的作用；β-淀粉酶具有促进精子获能的作用。

②激素类。如催产素、前列腺素 E 型等，可促进母畜生殖道蠕动，有利于精子运动。

③维生素类。如维生素 B_1、维生素 B_2、维生素 B_{12}、维生素 C、维生素 E 等，具有改进精子活率的作用。

④其他添加成分。如二氧化碳、己酸、植物汁液等可以调节稀释液的 pH，有利于常温精液的保存；乙二胺四乙酸盐、乙烯二醇、亚碲酸钾、聚乙烯吡咯烷酮等具有保护精子的作用；腺苷三磷酸、精氨酸、咖啡因、冬眠灵等具有提高精子保存后活率的作用。

2. 稀释液的配制原则及注意事项

各种家畜精液稀释液的种类繁多，采用何种稀释液应根据畜种的不同、稀释液的效果、保存方法和成分是否容易得到而定。配制时应注意以下原则：

（1）配制稀释液所使用的一切用具，必须严格洗净消毒，用稀释液冲洗后才能使用。

（2）稀释液应现用现配，保持新鲜。如条件许可，经过消毒、密封后可在冰箱中存放一周，但卵黄、抗生素、酶类、激素类等成分，须在用时添加。

（3）配制稀释液所用的蒸馏水或去离子水要求新鲜，pH 呈中性，最好现用现制。

（4）配制稀释液所用的试剂，成分要纯净，称量要准确，充分溶解、过滤、密封进行消毒后方能使用。

（5）卵黄应取自新鲜鸡蛋，外壳洗净、消毒后破壳抽取，尽量避免混入蛋清，待稀释液消毒、冷却后加入，充分混匀后使用。

（6）使用奶类要求新鲜（奶粉以脱脂奶粉为宜），尤其鲜奶须经过滤，然后在水浴中灭菌 10 min，抑制对精子有杀害作用的乳烃素，并除去奶皮后方可使用。

(7) 抗生素、酶类、激素类、维生素等添加剂，须在稀释液冷却至室温时按剂量准确加入。

3. 精液稀释的方法与稀释倍数的确定

(1) 精液的稀释方法。精液稀释应在采精后尽快进行（一般要求最多不超过30 min)，并尽量减少与空气和其他器皿的接触。所以，采精前就应将精液品质检查、稀释及保存的各项准备工作做好。

稀释前应防止精液温度发生突然变化，特别是防止遭受低于10 ℃以下的低温刺激。新采取的精液应迅速放入30 ℃保温杯中，然后在30 ℃的水浴锅内将精液和稀释液调至同温，在同温条件下进行稀释。

稀释时，将稀释液沿杯（瓶）壁缓缓加入精液中，切忌将精液迅速倒入稀释液内；然后轻轻摇动或用灭菌玻璃棒搅拌，使之混合均匀，切防剧烈振荡。如做高倍稀释，应分次进行，先做3～5倍稀释，然后再做高倍稀释，防止精子所处的环境突然改变，造成稀释打击。

精液稀释后，应立即进行镜检，如果活率下降，说明稀释或操作不当。

(2) 精液的稀释倍数。精液进行适当的稀释可以提高精子的存活力，但是稀释超过一定的限度，精子的存活力则会随着稀释倍数的提高而逐渐下降，以致影响受精效果。因此，应准确计算精液的稀释倍数。

精液的稀释倍数和家畜的种类及稀释液种类有关。精液的稀释倍数取决于原精浓度、活力和一次输精所需的最低有效精子数。实践证明，公猪精液一般稀释2～4倍或按每毫升稀释精液含有效精子0.5亿个为原则进行稀释。

4. 精液保存

(1) 液态精液的保存。稀释后的精液如果不立即输精，应经缓慢降温后保存在17 ℃的恒温箱中。

(2) 精液的冷冻保存。液态精液的保存时间有限，即使是长效稀释粉稀释的精液保存时间最长一般为10～15 d。所以，要达到精液的长期保存，则需要使用精液冷冻保存技术。猪冷冻精液是指将采集的新鲜精液，经特殊处理后冷冻于液氮等超低温环境中以长期保存精液的技术。与液态保存的精液相比，冷冻精液可以长期保存、远距离运输，所以在优良品种保种及开展跨省或跨国种猪资源交流和联合育种等方面更具优势。另外，精液冷冻后有充足的时间进行采精公猪和同批次冷冻精液病原检测，包括对处于感染潜伏期采精公猪及其冷冻精液的有效剔除，确保生产的冻精无特定病原体，所以更为安全可靠，为防控非洲猪瘟等传染病提供了保障。

【岗位工作检查清单】

一、 人工授精实验室的管理

（1）实验室是否按要求定期清洁、消毒。

（2）进入实验室的人员是否严格管控。

（3）所有仪器设备是否有专人负责并定期维护。

（4）与精液接触的物品是否严格消毒。

（5）精液稀释液是否在使用前 1 h 配好，配制用水是否满足要求，配制体积是否准确。

（6）实验室的水、电、暖是否有专人负责。

二、 公猪精液的采集

（1）是否做好采精前的各项准备工作，例如采精栏的清扫、消毒，防滑垫铺设，采精用的消毒液、生理盐水、纸巾、保温杯、纱布和一次性手套（乳胶手套和 PE 手套）等是否准备齐全。

（2）采精人员是否固定，在驱赶、诱导爬跨公猪过程中是否存在粗暴对待公猪的情况。

（3）采精前是否将包皮中的积尿清除干净，是否对腹部和包皮进行认真清洗和消毒，消毒液是否冲洗干净。

（4）采精操作是否按要求严格执行。

（5）能否根据公猪的射精情况准确采集到精子密度较高的精液。

（6）采精结束后是否对公猪进行有效的奖励，以提高公猪采精的积极性。

（7）是否按照公猪的年龄、体况等合理安排公猪的采精频率。

三、 精液稀释液的配制

（1）配制稀释液的容器是否严格清洗、灭菌。

（2）用于配制稀释液的双蒸水或去离子水是否达到要求。

（3）是否准确加入了所需体积的双蒸水或去离子水。

（4）稀释液是否在使用前 1 h 配制好，并置于 37 ℃水浴锅中进行平衡。

四、 精液的稀释及保存

（1）采集的原精液活力是否满足要求，是否及时稀释。

（2）是否做到等温稀释，即稀释液和精液的温差不超过 1 ℃。

（3）是否做到根据精液的温度调整稀释液的温度，例如若精液的温度为 35 ℃，则应将稀释液的温度调至 35 ℃，而不是相反。

（4）是否是将所需体积的稀释液加入精液中，而不是相反。

（5）在做高倍稀释时，是否进行分步稀释。

（6）在稀释前、稀释后是否进行精子活力的检查。

（7）分装的每一头份精液，是否含有符合要求的有效精子。

（8）用于保存精液的恒温箱温度是否稳定至 17 ℃，每天是否定期检查恒温箱的温度，是否存在断电的问题。

（9）放入恒温箱中的精液能否做到缓慢降温至 17 ℃。

（10）保存的精液是否定期翻动。

【业务经验】

一、 公猪精液采集注意事项

（1）采用徒手采精时，采精室的温度不可过低，尤其是在冬季采精时更应该注意这一点，否则精子很容易由于低温打击而死亡。

（2）用 0.1%高锰酸钾溶液清洗其腹部和包皮后，一定要用温水将高锰酸钾冲洗干净，否则会对精子造成损伤。

（3）猪的射精量较大，注意采集浓分精液。

（4）采精员要注意安全，一旦公猪出现攻击行为，采精员应立刻逃至安全位置。

（5）采精期间不准殴打公猪，防止出现性抑制。

（6）掌握适宜的采精频率，合理利用公猪，禁止过度采精。

（7）保持采精室的干净、整洁，以避免精液受到污染。

二、 精液稀释与保存注意事项

（1）及时原则，即采集的精液要及时稀释，否则精液品质会在短时间内迅速降低。

（2）等温原则，即稀释液的温度要与精液的温度相等，温度过高或者过低都会使精子遭受打击，降低精子活力。

（3）稀释液的配制一定要准确，pH、渗透压要与精液的一致，避免微生物污染。

（4）精液稀释时将稀释液沿盛精液的杯（瓶）壁缓慢加入精液中，然后轻轻摇动或用消毒玻璃棒搅拌，使之混合均匀，不应把精液加入稀释液中。

（5）精液稀释完后，经品质检查合格，及时分装，瓶上加盖密封，并在输精瓶上写清楚公猪的品种、耳号，采精日期（月、日、时）。

（6）保存过程中要求每 12 h 将精液混匀一次，防止精子沉淀而引起死亡。

三、 造成种公猪精液品质不良的主要原因

（1）公猪使用频率过高，造成精液中不成熟的精子增多。

（2）公猪使用时间过长或者生殖系统有疾病。

（3）种公猪受到应激因素的影响，如热应激。

（4）采精过程中精子受到损伤，如低温打击、微生物的污染。

（5）精液稀释过程中操作不当，如稀释液配制有问题，稀释时精液和稀释液的温度不相等。

（6）精液保存过程中降温速度过快或者受到微生物污染。

【工作任务实施记录与评价】

1. 猪人工授精实验室的管理

师傅指导记录	猪人工授精实验室的管理					评价成绩
	工作任务	优	良	中	差	
	实验室的清洁卫生及仪器、物品摆放					
	仪器设备的维护保养					评价时间
	物品、器皿的清洗、消毒					年　月　日
	稀释液的配制及分装					
	实验室安全管理					

2. 公猪精液的采集

师傅指导记录	公猪精液的采集					评价成绩
	工作任务	优	良	中	差	
	采精前的准备工作					
	公猪的驱赶及清洗消毒					评价时间
	公猪的诱导爬跨					年　月　日
	爬跨公猪的刺激及采精					
	采精后的各项处理工作					
	公猪采精频率的控制					

3. 精液稀释液的配制

师傅指导记录	精液稀释液的配制					评价成绩
	工作任务	优	良	中	差	
	器皿的清洗和灭菌					
	稀释粉的准确称取					评价时间
	稀释粉的溶解及定容					年　月　日
	稀释液的过滤及分装					
	稀释液的保存					

4. 精液品质的检查

师傅指导记录	精液品质的检查					评价成绩
	工作任务	优	良	中	差	
	精液量的称量					
	精液颜色和气味的检查					评价时间
	精液 pH 的测定					年　月　日
	精子活力的评定					
	精子畸形率的测定					

5. 精液的稀释及保存

师傅指导记录	精液的稀释及保存					评价成绩
	工作任务	优	良	中	差	
	精液稀释倍数的计算					
	精液的等温稀释					评价时间
	精液的高倍稀释					年　月　日
	精液稀释操作的规范性					
	稀释精液的分装及标记					
	稀释精液的常温保存					

6. 学徒关键职业能力及职业品质、工匠精神评价

项目	优	良	中	差
工作态度				
吃苦耐劳				
团队协作				
沟通交流				
学习钻研				
认真负责				
诚实守信				

任务4　空怀母猪饲养管理

【任务目标与质量要求】

（1）合理饲喂空怀母猪，配种时体况评分达到 2.5～3 分。

（2）母猪断奶至发情时间间隔控制在 7 d 以内。

（3）发情母猪每个情期输精 2 次，情期受胎率 90%以上。

【学习产出目标】

（1）熟练掌握母猪体况评分操作，熟练使用背膘测定仪测定母猪的背膘厚。

（2）能够合理饲喂空怀母猪，使其配种时的体况达到要求。

（3）能够全面分析空怀母猪或后备母猪不发情的原因，并提出有效的解决方案。

（4）熟练掌握母猪的发情鉴定技术，并确定准确的输精时间。

（5）熟练掌握母猪的常规输精和深部输精技术。

【工作程序与方法要求】

一、 空怀母猪的饲喂

经产母猪常年处于紧张的生产状态，在配种准备期要供给营养全面的日粮，保持种用体况。母猪过肥会出现不发情、排卵少、卵子活力弱和空怀等现象；母猪太瘦也会造成产后发情推迟等不良后果。

1. 短期优饲

配种前为促进发情排卵，要求适时提高饲料喂量，对提高配种受胎率和产仔数大有好处，尤其是对头胎母猪更为重要。对产仔多、泌乳力高或哺乳后体况差的经产母猪，配种前采用“短期优饲”办法，即在维持需要的基础上提高 50%～100%，喂量达 3～3.5 kg/d，可促使排卵；对后备母猪，在配种前 10～14 d 加料，可促使发情，多排卵，喂量可达 2.5～3.0 kg/d，但具体应根据猪的体况增减，配种后应逐步减少饲喂量。

2. 饲养水平

母猪断奶到再配种期间，给予适宜的日粮水平，促使母猪尽快发情，释放足够的卵子，受精并成功地着床。初产青年母猪产后不易再发情，主要是体况较弱造成的。因此，要为体况差的青年母猪提供充足的饲料，以缩短配种时间，提高受胎率。配种后，立即减少饲喂量到维持水平，对于正常体况的空怀母猪饲喂量为 1.8 kg/d。在炎热的季节，母猪的受胎率常常会下降。一些研究表明，在日粮中添加一些维生素，可以提高受胎率。仔猪断奶前后母猪的给料方法可参考图 3-1-18。

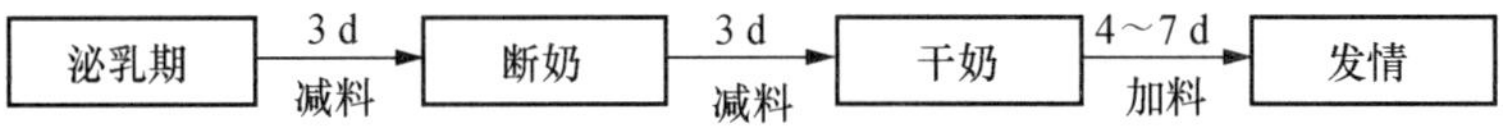

图 3-1-18　断奶前后母猪的饲喂方案（推荐）

泌乳后期膘情较差、过度消瘦的母猪，特别是那些泌乳力高、个体失重多的母猪，乳房炎发生机会不大，断奶前后可少减料或不减料，干乳后适当增加营养，使其尽快恢复体况，及时发情配种。断奶前膘情相当好，泌乳期间食欲好，带仔头数少或泌乳力差，泌乳期间掉膘少的母猪，断奶前后都要少喂配合饲料，多喂青粗饲料，加强运动，使其恢复到适度膘情及时发情配种。俗话说："空怀母猪七八成膘，容易怀胎产仔高"，说的就是这个道理。

但有人指出，早期断奶（21～23 日龄）的母猪不能通过减料的方法进行所谓的"干奶"，因为母猪奶量的下降是通过过量的乳汁压迫乳腺而使乳腺泡萎缩来实现的。因此，断奶后的母猪应该继续自由采食哺乳母猪料，并多为青绿饲料，以促进母猪发情。此种方法是否合理，是否会使母猪乳房炎的发生率增加，还需要经过实际生产的检验。

3. 母猪体况评分

目前，许多国家把沿母猪最后肋骨外切横截面，背中线两侧 6.5 cm 的 P2 点的脂肪厚度作为判定母猪标准体况的基准。高产母猪应具备的标准体况，在断奶后应为 2.5 分，妊娠中期应为 3 分，产仔期应为 3.5 分。母猪体况评分见表 3-1-10 和图 3-1-19。

表 3-1-10　母猪体况评分表

评分	体况	P2 点背膘厚/mm	髋骨突起的感触	体形
5	明显肥胖	> 22	用手触摸不到	圆形
4	略肥	19～22	用手触摸不到	近乎圆形
3	正常	15～18	用手能够摸到	长筒形
2	略瘦	10～14	手摸明显，可观察到突起	狭长形
1	瘦	< 10	能明显观察到	骨骼明显突出

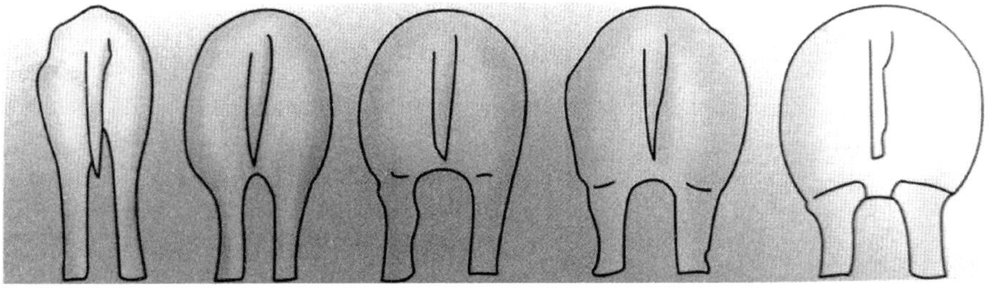

图 3-1-19　母猪体况评分图示

二、 空怀母猪的管理

空怀母猪有小群饲养和限位栏饲养两种方式。

小群饲养的母猪可以自由活动，特别是设有舍外运动场的圈舍，对母猪四肢力量的锻炼，以及体况的恢复有很大的好处。另外，小群饲养的母猪，若有一头开始发情，会通过追逐、爬跨其他空怀母猪而刺激其发情，所以一个群体的发情同步性更好。但小群饲养的空怀母猪，很难根据个体的体况调整饲喂量以达到调控其体况的目的，同群中的胆小母猪容易受到强势母猪的欺负而无法摄入足够的饲料，进而影响其体况的快速恢复。

限位栏饲养虽然具有提高圈舍利用效率，有针对性地调整母猪的饲喂量以调整其体况，以及胆小母猪不易受到强势母猪的攻击等优点，但是对母猪四肢锻炼、体况恢复及同步发情均有不利影响。

但是不论哪种饲养方式，都应给空怀母猪提供一个安静、干燥、清洁、温湿度适宜、空气新鲜的环境。空怀母猪如果得不到良好的饲养管理，将影响发情排卵和配种受胎。饲养员每天早晚两次观察记录空怀母猪的发情状况，喂食时观察其健康状况，及时发现和治疗病猪。

三、 空怀母猪的发情鉴定

母猪发情周期平均为 21 d（19～23 d），大多数经产母猪一般在仔猪断奶后的一周内（3～7 d）可再次发情排卵，配种受胎。发情鉴定每日最少要做 2 次试情（6∶30—8∶30 和 16∶00—17∶30）。

母猪的发情鉴定要在安静的环境下，且有公猪在栏外的情况下进行。用力按压母猪的背部，以观察其静立反应，若母猪出现静立不动、两耳直立、后肢紧绷等表现，则表明其正处于发情盛期。用于发情鉴定的公猪一般选用性欲好、善于交谈、唾液分泌旺盛、性格温顺、行动灵活的公猪。

发情鉴定时应做好各项记录，包括发情母猪耳号、胎次、发情时间、外阴部变化、静立反应等，尤其是后备母猪的记录。

四、 发情母猪的输精

输精是人工授精的最后一个技术环节，适时而准确地把一定量优质精液输送到发情母猪生殖道内适当部位，这是保证得到较高受胎率的重要技术关键。

（一） 输精前的准备

1. 输精用具的准备

（1）输精管的准备。目前猪场大多使用一次性输精管进行输精。输精管分后备母猪输精管和经产母猪输精管，所以输精前应根据输精母猪的头数和胎次准备好相应数量和种类的输精管。

（2）其他用具的准备。准备好润滑剂、消毒液（0.1%高锰酸钾）、温水和纸巾等。

（3）精液的准备。根据输精母猪的头数准备好相应数量的精液。从 17 ℃恒温箱中拿出的精液，要恢复至 35 ℃左右后进行精液品质的检查，符合要求的精液才可用于输精。输精前若能使精液温度维持在 35 ℃左右，将会大大改善输精的效果。冰冷的精液输入母猪的生殖道中，会对母猪产生不良刺激，容易引起子宫吸入精液速度慢、精液倒流等问题，进而对输精效果产生不利影响。

2. 母猪的准备

待配母猪一般不用保定，只在圈内就地站立即可输精。先将母猪的尾巴拉向一侧，阴门及其附近用温肥皂水擦洗干净，并用消毒液进行消毒，然后用温水或生理盐水将消毒液冲洗干净并擦干。

（二） 发情母猪的输精

1. 输精时机的选择

不同品种、不同猪场的母猪断奶至发情间隔时间、发情持续时间都会存在很大差异，即使是同一品种，在不同猪场，这些数据也会存在差异。但是同一品种在同一猪场时，这些数据是基本一致的。

以下推荐一个配种时机方案，仅供参考（每天查情 2 次的前提下，表 3-1-11）。

（1）母猪断奶后 3 d 内发情：发情后推迟 24 h 进行首次输精，间隔 18～24 h 进行第 2 次输精。

（2）母猪断奶后 4～6 d 发情：发情后推迟 12 h 进行首次输精，间隔 18～24 h 进行第 2 次输精。

（3）母猪断奶后 7 d 及以后发情：发情后立即进行首次输精，间隔 8～12 h 进行第 2 次输精。

（4）后备母猪和 1 胎母猪：发情后立即进行首次输精，间隔 8～12 h 进行第 2 次输精，再间隔 8～12 h 进行第 3 次输精。输精次数根据母猪实际发情持续时间决定。

（5）使用激素处理的母猪：输精时机与后备母猪相同。

表 3-1-11 母猪配种时间表（推荐）

发情期持续时间/h	经产母猪 断奶至发情间隔时间			后备母猪和1胎母猪	返情、空怀、流产等问题母猪
	≤3 d	4～6 d	≥7 d		
0	○	○	○◆	○◆	○◆
12		◆	◆	◆	◆
24	◆			◆	◆
36		◆			
48	◆				

注：○表示母猪出现静立反应；◆表示人工授精

2. 常规输精操作

（1）确定待配母猪。人工授精前通过发情检查确定母猪发情，再根据配种时机方案确定人工授精的时间，并进行标记，以方便配种员识别。将待配母猪集中关在定位栏，可以方便输精操作。

（2）驱赶公猪至配种区。选择性欲好、气味重、泡沫多、性格温顺的成年公猪用于刺激母猪，将 2 头公猪分别驱赶至配种区，使用公猪车或者隔栏分开，防止公猪打斗。注意：不要让公猪提前与待配母猪接触，避免待配母猪在授精前出现静立反应。

（3）按摩待配母猪。人工授精前先按摩待配母猪的腹部、乳房、背部，然后使用配种背夹夹在母猪第 2 个和第 3 个乳头之间，持续刺激母猪。

（4）清洗母猪后躯。将毛巾在清水中润湿拧干后对母猪阴户外侧、肛门、臀部、尾根进行擦拭，清除残留的粪便、粉尘等污垢。毛巾一定不能碰到阴户内侧。

（5）冲洗并擦拭母猪阴户内侧

使用双蒸水对母猪阴户外、内侧进行冲洗，将残留的粪便、粉尘等污垢冲洗干净，再使用洁净卫生纸将母猪阴户外侧擦拭干净。然后用手将母猪阴户内侧尽量分开，使用洁净卫生纸将阴户内侧残留的水分擦拭干净。如果阴户内侧仍然比较脏，再用双蒸水冲洗一次，注意擦拭过程中手指不要触碰到阴户内侧。

（6）准备输精管。输精前务必检查输精管包装，不能出现破损，以防止病原微生物污染。选择适合的输精管型号，经产母猪用大的海绵头，后备母猪用小的海绵头。

将输精管海绵头塑料包装撕开，手不能触碰海绵头，在海绵头上均匀涂抹一圈润滑剂，不能堵住顶端小孔，润滑剂瓶口也不要接触到海绵头。

（7）插入输精管。用一只手将母猪阴户尽量分开，注意手不能触碰到阴户内侧，避免污染。另一只手拿住输精管，将输精管海绵头紧紧贴住阴户下侧，以 45°角斜向上方将输精管以逆时针旋转插入母猪生殖道内，力度不用太大。输精管插入 20～30 cm，当输精管感受到一些阻力时，说明海绵头已到达子宫颈螺旋处（第 2～3 皱褶处），再稍用力将输精管送入阴道深部，直至输精管海绵头部被子宫颈锁住。

将输精管轻轻回拉，若回拉不动，说明输精管海绵头已经被母猪子宫颈锁住。若回拉时出现松动，说明输精管海绵头仍没有被子宫颈锁住，可以多尝试几次，或者更换一根新的输精管重新插入，直到输精管被锁住为止。注意：如果在插入输精管时，母猪排尿，应将这支输精管丢弃。

（8）选择精液。输精前检查待配母猪的耳号和品种，选择合适的公猪精液。然后将输精瓶轻轻晃动，使精子悬浮、混匀。

（9）接入精液。将输精瓶瓶嘴部分剪断或者用手掰断，将瓶嘴插入输精管末端。注意在接入输精瓶瓶嘴时，手不要接触输精管末端接口，防止污染。

（10）开始输精。一只手抬起输精瓶，轻轻挤压输精瓶使精液充满输精管。同时另一只手按摩母猪的阴户、臀部、背部、腹侧，刺激母猪吸收精液，直到全部吸收完为止。每头母猪吸收精液的时间控制在 3～5 min。如果使用输精背夹，可以将输精瓶挂在背夹的铁钩上进行固定。

（11）输精结束。精液被母猪完全吸收之后，输精管不要马上拔出，停留在母猪生殖道内 5～10 min 继续刺激子宫吸收精液。将输精管末端对折插入输精瓶，或者用输精瓶配套的小塞子将输精管末端堵住，防止空气进入和精液倒流。在这段时间内，避免母猪躺下，以免压迫子宫导致精液倒流。

（12）驱赶第 2 头公猪继续刺激。待与第 1 头公猪对应的待配母猪都完成输精后，让第 1 头公猪往前移动至下一批待配母猪前；将另外 1 头公猪赶至已经完成输精的母猪前，继续刺激母猪，直至下批母猪授精完毕。注意检查完成输精后的母猪是否存在倒流现象，如果倒流过多，需要考虑重新输精 1 次。

（13）记录评分和做好标记。输精结束后，按照猪场的配种标记法在完成输精的母猪背上做好配种标记，并详细、准确地记录母猪输精日期、母猪耳号、公猪耳号、精液品种、配种员等信息。

（14）拔出输精管。输精管在输精完毕 5～10 min 后可以拔出，严禁让输精管自行脱落，以免损伤母猪子宫颈和阴道，造成母猪子宫感染。

将输精管朝下 45°角轻轻从母猪阴道内拔出，同时检查海绵头是否有脓汁或者血液等异物。

（15）赶回公猪与清洁卫生。所有待配母猪都完成人工授精后，将公猪逐头赶回公猪舍，并饲喂适当饲料给予奖励，以提高公猪积极性。将使用过的输精管、输精瓶、卫生纸等物品集中存放后处理，保持配种区的洁净卫生。

3. 深部输精操作

（1）清洗母猪后躯与插入深部输精管外管。深部输精在插入内导管之前的操作与普通输精方法操作一样，确定需要进行深部输精的发情母猪后，将母猪后躯进行清洁，插入输精管锁住子宫颈口。

（2）插入内导管。海绵头被母猪子宫颈锁住后等待 1 min。然后将内导管轻轻插入，注意每次插入的长度不要超过 2 cm。如果刚开始插入时的阻力过大，插不进去时，可能是母猪紧张，子宫颈未张开，将内导管拉出 1～2 cm，稍作等待，待母猪放松后，再将内导管缓慢插入 10～15 cm。当内导管穿过子宫颈后就会感觉到空旷感，说明已经达到子宫体，回拉 1～2 cm，用锁扣固定住内导管即可。

注意：在内导管插入前，不要使用公猪或者人为刺激母猪，因为此时刺激母猪会使子宫颈处于紧张收缩状态，不利于内导管的插入。

（3）进行输精。将准备好的输精瓶或输精袋对准深部输精管内导管外接口，抬高输精瓶并轻轻按压，让精液自然被母猪子宫吸收。

（4）输精结束。输精完成后，先将内导管缓慢拔出，将输精管口用塞子堵塞，等待 5～10 min 后，再将外管拔出。同时检查内导管和外管海绵头是否有血迹和脓状物，并做好记录。

（5）刺激母猪。按照常规输精操作中刺激母猪的方法，对完成配种的母猪进行持续刺激，以促进母猪子宫角的收缩，加速精子向输卵管授精部位运动，进而提高受胎率和产仔数。

【业务知识】

1. 母猪的发情周期

母猪发情周期可分为发情前期、发情期、发情后期和间情期。母猪只有在发情期才允许公猪爬跨或表现静立反应，此性行为表现可作为母猪适时输精的指标。各期特征略述如下：

（1）发情前期。母猪举动不安，外阴肿胀，并由淡黄色变为红色。这种变化在后备母猪较为明显。阴道有黏液分泌，其黏度渐渐增加。此期母猪不允许人骑在背上，平均约 1 d，不宜输精配种。

（2）发情期。时间平均约为 2.5 d，特征为母猪阴部肿胀及红色开始减退，分泌物也变浓厚，黏度增加。此时母猪允许压背而不动，压背时母猪双耳竖起向后，后肢紧绷。

（3）发情后期。时间为 1～2 d，发情母猪的阴部完全恢复正常，不允许公猪爬跨。

（4）间情期。时间为 17～18 d，母猪完全恢复正常状态。

2. 母猪发情周期的调控

母猪发情是指母猪达到性成熟后，在“下丘脑—垂体—性腺轴”神经内分泌系统的调控下（图 3-1-20），卵巢上的卵泡会逐渐生长发育，形成成熟的卵子并排卵；同时卵巢分泌雌激素，使母猪表现出愿意接受公猪爬跨或者人工授精的一系列生理现象。卵巢上卵子排出的位置会形成黄体，若交配或人工授精成功，黄体会发育为妊娠黄体。黄体可分泌孕激素，抑制卵泡的发育和雌激素的分泌，进而使母猪进入妊娠状态。若交配或人工授精失败，卵子没有受精，未受精的卵子会被吸收，卵巢上的黄体也会很快被溶解，孕激素的分泌迅速下降，对卵巢上卵泡发育的抑制作用解除，卵泡重新开始发育，母猪又会进入下一个发情周期。

3. 后备母猪的配种要求

为了使后备母猪的生产性能及使用寿命最大化，必须达到下列 5 点要求：

（1）隔离驯化期不低于 8 周。后备母猪只有经过充足时间的隔离驯化，才能使后备母猪得到良好的免疫力，更好地适应本场的环境和病原，保障后备母猪健康。

（2）240 日龄首配。后备母猪的配种日龄会影响产仔成绩，同时影响体重和背膘厚度。实际生产证明，后备母猪 240 日龄配种产仔性能最好。

（3）首配体重 135～140 kg。后备母猪初配体重大于 135～140 kg，可以使机体得到充分的发育，并储备足够多的脂肪来满足分娩和哺乳的需要。

（4）背膘厚度达到 16～18 mm。背膘厚度可以反映后备母猪生长发育情况及脂肪储备。

（5）配种时发情次数达到 3 次。后备母猪在第 3 次发情时进行配种可以提高产仔

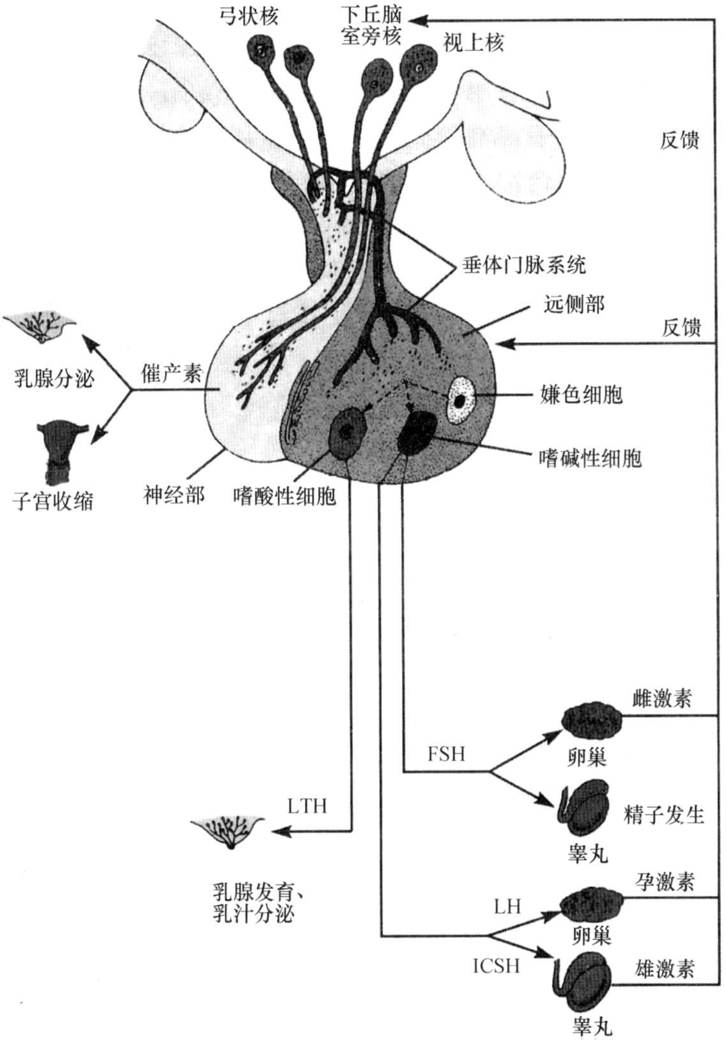

图 3-1-20 下丘脑—垂体—性腺轴示意图

成绩。后备母猪通过 3 次发情后，其生殖系统得到充分发育，子宫容积得到扩大，卵巢发育更充分，排卵数会增加，因此后备母猪在第 3 次发情时进行配种，其产仔数比第 1 次和第 2 次发情时配种要高。

4. 母猪配种时机

配种时机是由母猪的排卵时间、卵子的成活时间及精子进入母猪体内的存活时间共同决定的。如果配种过早，精子可能在排卵之前死亡而无法与卵子结合；如果配种过迟，卵子在精子到达之前就会衰亡而失去受精能力。无论配种过早还是过晚，都会导致配种失败，降低受孕率和产仔数。

确定配种时机的关键是要确定母猪的发情排卵时间。正常情况下，母猪排卵时间主要在发情期的 2/3 时间点处，通常母猪会在发情期结束前 12～24 h 开始排卵，同时排出的卵子从卵巢进入输卵管，在与精子结合前会存活 8～10 h。而精子在母猪子宫内存活的时间比卵子要长，可以达到 24 h。在给母猪进行人工授精时要保证精子在排卵前 6～8 h 到达受精位置，等待卵子排出从而与卵子结合完成受精。

5. 查情频率

确定母猪发情期的持续时间是判断母猪排卵时间的关键，主要是通过母猪发情检查进行判断。母猪每天查情两次比查情一次的效果要好，因为每天查情两次可以更准确地判定母猪发情开始的时间，从而更准确地判定母猪首次配种的时间。正常情况下，一天查情两次的猪场通常在确定母猪发情后 12～24 h 进行第 1 次配种，而一天查情一次的猪场，配种时间需要提前以免错过母猪排卵时间。

6. 常规输精管和深部输精管及输精操作

（1）常规输精管。常规输精管由圆柱形的海绵头和透明的塑料管组成，长度为 50 cm［图 3-1-21（a）］。输精时将海绵头直接插入母猪生殖道内，海绵头会被母猪子宫颈锁定，塑料管用于输送精液。输精管是直接与母猪生殖道接触的用具，要保证干净卫生。

（2）深部输精管。深部输精管在常规输精管内还含有一个细长的内套管［图 3-1-21（b）］。内套管穿出海绵头后可以深入并穿过子宫颈到达子宫体内，缩短了精液到达子宫角的距离，从而有效提高受精效率。通常情况下，深部输精管的海绵头被母猪子宫颈锁住后，内套管可以继续深入的距离是 10～15 cm；随着母猪胎龄的增长，插入的距离可以适当延长，但是注意不能用力过大，避免损伤子宫。

7. 后备母猪在 8 月龄体重 135 kg 配种的原因

（1）初配年龄对受胎率和产仔数的影响。根据 JSR 种猪育种公司的统计数据（图 3-1-22），开配日龄为 240 日龄左右的青年母猪产活仔数最高，260 日龄配种的青年母猪与之相近。虽然 260 日龄配种，即在建议的 240 日龄上推迟 3 周可以产生同样的结果，但会导致母猪在其生产后体重较大，对饲料的需求量较大，以及青年母猪阶段会额外多出 3 周的饲料成本和其他费用。

（2）初配年龄与后备母猪的免疫力。实践表明，240 日龄配种的后备母猪可以有充足的时间构筑起可靠的免疫力，以减少进入基础群后由于感染细小病毒、蓝耳病毒、伪狂犬病毒等引起繁殖障碍而造成的被动淘汰。尤其是从外场引进后备母猪的猪场，若引进 170～180 日龄，体重 100 kg 左右的后备母猪，至 240 日龄，体重 135 kg 初配，中间会有 2 个月左右的时间对后备母猪进行充分地隔离饲养，使其能够逐步与本场的病原微生物进行充分地接触，结合疫苗的免疫接种，可以构筑起对猪场常见病原微生物的可靠免疫力。

同时，在这两个月的时间内，还可以对后备母猪进行针对性的培育，通过营养调控及加强运动等措施控制其体重过快的增长，锻炼其肢蹄结实度；通过公猪刺激等措

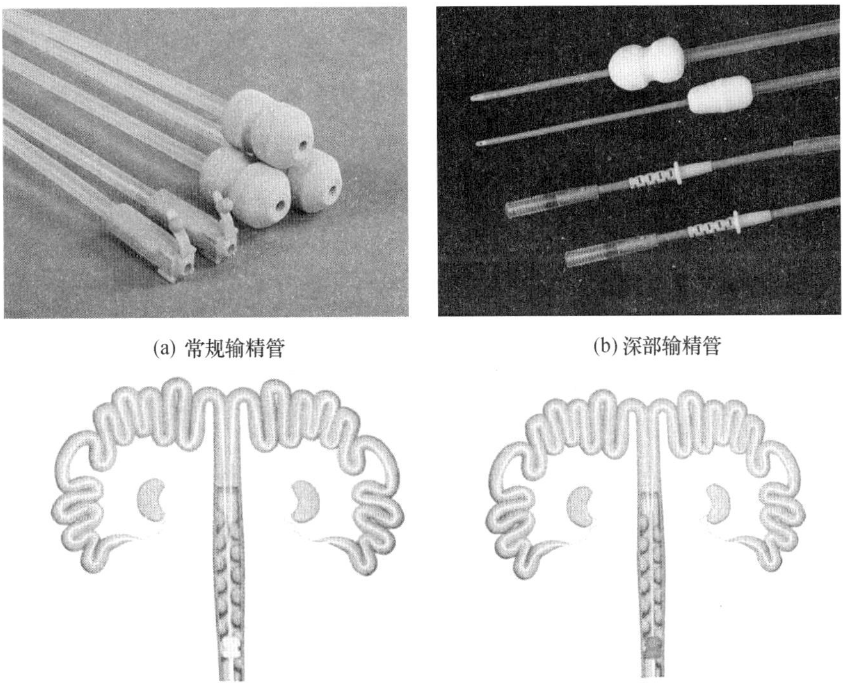

(a) 常规输精管　(b) 深部输精管

(c) 常规输精　(d) 深部输精

图 3-1-21　常规输精管、深部输精管及输精示意图

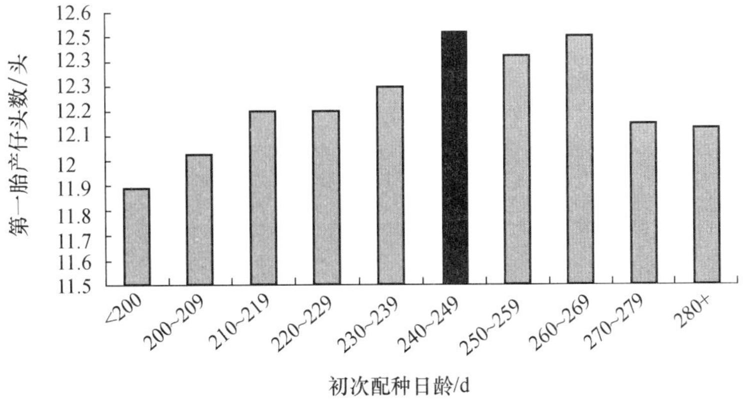

图 3-1-22　青年母猪初次配种日龄与产仔数之间的关系

施促进生殖系统的发育，至初配日龄时，后备母猪不论是免疫力、体况还是生殖系统的发育都达到最佳状态，才能做到发情规律，排卵数量多、质量高，为后期繁殖性能的充分发挥奠定良好的基础。

8. 后备母猪生长性能与繁殖性能

经过多年的持续育种，现代瘦肉型猪品种已到达了非常优良的生长性能。但对于后备种猪而言，在保证其具有良好生长性能的遗传背景下，猪场更应该关注其是否由于过快的生长而导致其生殖系统发育受阻的情况，也就是后备母猪到了配种日龄时不表现发情症状的问题。

有一位养猪专家曾做过一个形象的比喻——“现在的很多青年母猪看起来已经像一个非常可爱的19岁的姑娘，但其生殖系统的发育却只达到一个10岁学龄女孩的水平。”所以后备母猪在培育后期必须通过营养调控及加强运动等措施，适当控制其增重速度，促进其生殖系统的正常发育，至240日龄初配时应该出现3次以上的发情。

9. 建立后备母猪群的好处

对比实验表明，与使用时临时采购后备母猪的做法相比，建立猪场高质量的后备母猪群可显著提高猪场母猪群的健康状态（表3-1-12）。

该实验选择3个猪场，其中2个为父母代种猪场，1个为其核心种猪场。从对比结果可以看出，在采用储备后备母猪群的方案1年后，每头母猪使用的药物费用显著降低，说明猪群的健康状况得到了明显的改善。但是，实验中未观察到母猪更新率和非生产天数的显著下降，断奶仔猪数也未见显著提高，可能是猪场本身的生产成绩已达到较高的水平，提升空间有限。

表3-1-12　采用储备后备母猪做法前后1年猪场生产成绩对比

项目	调整前			调整后		
	A	B	C	A	B	C
平均存栏母猪数/头	370	120	800	368	126	830
母猪更新率/%	38	37	42	39	36	43
每头母猪每年非生产天数/d	37	41	35	34	37	34
周断奶仔猪数/头	164	48	336	163	50	349
每头母猪药物费用/（元/头）	164	111	212	112	86	129

10. 重新认识猪群的免疫力

免疫保护是猪体对抗传染病的重要屏障，但将免疫保护力保持在一个什么样的水平，却需要根据具体情况具体对待。

对生长育肥猪而言，若要建立高水平的免疫保护，需要免疫系统保持高水平的工作状态（因为猪会受到大量病原微生物的持续侵袭）。在这种情况下猪会自发地将用于生长的饲料营养转移到建立高水平免疫防御屏障上来，消耗大量的蛋白质供免疫系统工作，以便继续保持机体的健康，但用于合成肌肉的蛋白质减少，饲料转化率将会降低，育肥成本将会升高。这种情况有两个解决方案：一是提高饲料的蛋白质，使饲料中的蛋白质既能维持机体正常的生长发育，又可以满足免疫系统高强度工作的需求，但这会使饲料成本增加；二是做好猪舍的清扫和消毒，降低环境中病原微生物的载量，使猪的免疫系统只需维持在一个较低水平的保护状态即可保证机体的健康。两个方案相比较，后者显然更为经济，所以生长育肥猪应该采取“降低应激和加强生物安全”

的养殖策略。

对于母猪而言，情况却并非如此。不像育肥猪6月龄左右就被屠宰了，母猪需要在猪场饲养3年多的时间，需要在空怀、妊娠和分娩哺乳状态连续切换，母猪的健康程度将直接影响仔猪的健康状态。所以，母猪需要尽快建立一个强大而且高水平的免疫屏障。母猪在全期都要提供充足的营养物质，尤其是蛋白质供应，以保障其既能够维持高水平的生产，又可保持高水平的免疫防护。这虽然会增加饲养成本，但与其在整个生命周期能够提供约500 kg优质的断奶仔猪相比，这样的投入是非常值得的。

所以，简而言之，对于生长育肥猪，低水平的免疫保护比较好；对于母猪而言，高水平的免疫保护比较好；对于以上二者来说，良好的生物安全措施及降低应激都非常有利于降低生产成本。

11. 母猪群的更新率与年龄结构

对于母猪而言，3～5胎次是繁殖性能和免疫力最好的时候，而1～2胎和6胎以后繁殖性能和免疫力均不理想。所以，一个高效的母猪群中45％～47％的母猪应处于3～5胎，或者54％的母猪处于3～6胎，青年母猪的比例应该控制在22％以下。

母猪群的年更新率应该控制在30％～40％，且尽可能靠近前者。当然，育种场为了加快育种进展需采取高选择强度，猪群的更新率远高于这一指标。这是另外一种情况，在此不再讨论。

很多猪场猪群结构不合理，青年母猪的比例过高，猪群整体的繁殖效率较低，与母猪的被动淘汰率过高有直接关系。所以，做好后备母猪的培育，以及空怀、妊娠和分娩哺乳阶段的饲养管理，最大限度地避免母猪的被动淘汰，延长母猪使用寿命，进而降低母猪更新比例，使母猪群的年龄结构保持在最佳状态，以建立高效繁殖母猪群，是猪场提高生产效率的重要保障。

【岗位工作检查清单】

（1）空怀母猪饲料的营养成分能否满足其短期内恢复体况的营养需要，饲喂量是否合适。

（2）空怀母猪每天是否采食了规定数量的饲料。

（3）小群饲养的空怀母猪是否有足够的活动空间、料位，能否饮用到充足、清洁的饮水。

（4）小群饲养的空怀母猪群体大小是否合适，体重差异是否在合理范围内，是否存在强势母猪欺负胆小母猪的情况。

（5）空怀母猪猪舍的光照是否充足，是否为空怀母猪提供了一个安静、空气清新的环境。

（6）空怀母猪和后备母猪配种时的体况是否达到要求。

(7) 发情鉴定的时间、次数安排是否合理，是否存在漏检母猪的情况。

(8) 发情母猪是否进行了相应的标记，是否按要求详细记录了发情母猪耳号、胎次、发情时间、外阴部变化、静立反应等。

(9) 输精管质量是否可靠，包装是否存在破损。

(10) 输精前，精液温度是否恢复至 35 ℃左右，精液品质及有效精子数是否达到要求。

(11) 是否按要求对待配母猪的后躯进行清洗和消毒。

(12) 输精前、中、后是否按要求对母猪进行了刺激。

(13) 精液是否存在倒流的情况，对精液倒流严重的母猪是否进行了复配。

(14) 输精后是否检查了输精管的海绵头，是否存在脓汁或者血液等异物。

【业务经验】

一、 母猪群不发情的原因分析

若大量或整群母猪断奶后不发情，应及时调查分析其原因，可以将断奶至交配间隔的数据与过去记录做比较。一般断奶至交配间隔时间应该少于 10 d，理想的时间是 7 d 或者更少。断奶至交配间隔期过长，延长了母猪非生产天数，导致全年每头母猪窝数降低。

常见的原因是母猪体况太差，通常是由于年轻母猪在泌乳时营养不良而造成的。我们应该检查胎次分布，以确定问题是否存在于年轻母猪群。不能简单认为母猪繁殖效率差是传染病造成的，希望通过使用抗生素解决问题。断奶后不发情经常是猪场管理的问题，而不仅仅是由传染病引起的。

观察母猪阴户红肿有黏液流出就可以找出发情的母猪。但是，往往由于技术员不熟练，有些母猪发情现象不明显而错失了配种的良机。发情鉴定工作最好在早晨和黄昏凉爽时进行，以公猪试情来协助发情的观察及时间确定，可提高受胎率。高温天气可以延长断奶至发情的间距。在热应激的威胁下，哺乳母猪的食欲不良，导致母猪摄取营养的不足，这造成了常见的瘦母猪症候群。

二、 部分母猪配后仍然出现发情现象的原因分析

少部分母猪配种后发情，属于异常发情现象。另外，母猪配种后未受孕，该母猪将在下一个发情周期再次发情。猪场重配率正常为 15%以下，重配率过高，将延长分娩间隔，降低全年每头母猪窝数。

猪场的生产力主要由母猪每年所生产的活仔猪来评定。高效率的母猪应该花大多数时间妊娠、分娩和哺乳。断奶至再配种的时间间隔应越短越好。但是由于母猪在发

情后 24～36 h 排卵，想找出准确的配种时间比较难。在大型现代化的养猪场是没有办法准确确定每只母猪何时排卵的。

受胎率低下的重要因素是配种时间的延误。如果母猪发情鉴定每天只有一次，许多母猪何时发情很难确知。

另一个影响受胎率的因素是公猪的使用。长期不配种或采精的公猪，以及使用频率过高的公猪，精液质量会严重下降，若使用这样的精液配种，必然会影响受胎率。

另外，以下传染病也会引起母猪不发情或者返情率高，例如猪呼吸与繁殖障碍综合征、猪细小病毒病和布鲁氏菌病等。

三、 人工授精过程中公猪刺激母猪时间的合理控制

虽然公猪的刺激对于母猪发情有很大作用，但不是公猪与母猪的接触时间越长越好，尤其是对于已经出现静立反应的母猪而言。因为母猪进入发情期后表现出稳定的静立反应有时间限制。发情母猪每次静立反应持续时间约为 1 h，其中静立反应最明显的时期是与公猪接触后的 5～15 min，之后就会进入“发情不应期”，母猪表现为不再静立。因此，公猪要与母猪分开饲养，在进行发情检查前 1 h 不得与母猪接触，这样可以保证在发情检查时母猪没有处在“发情不应期”，从而刺激母猪表现出更明显的发情症状。掌握这点在给母猪进行人工授精时非常重要。

四、 刺激后备母猪发情的措施

首先后备母猪刺激发情日龄不要过迟，160 日龄就可以进行；其次必须让性欲好的公猪与后备母猪充分接触，2 次/d，每次 20 min 左右，持续刺激；再次是后备母猪小群饲养，有足够空间，密度大于 2 m^2；最后还可以和成年母猪一起饲养，后备母猪的第 1 次发情时间明显提前。

五、 不发情后备母猪的处理

后备母猪经过刺激发情后，可能仍然会有 5%的后备母猪到 7 月龄仍不发情。对于这一部分不发情的后备母猪，可以通过运动、混群、饥饿、转运处理等常规方法刺激后备母猪发情。如果所有常规方法都无效，可以肌注 PG600 进行诱导发情，还可以执行限饲 10 d 与自由采食 10 d 交替饲喂的办法刺激后备母猪发情。

六、 输精前配种员可以模拟公猪的哪些求爱行为来刺激母猪

在给母猪进行按摩刺激时，配种员需要模拟公猪在自然交配中的求爱行为来刺激母猪。例如，通过按摩母猪的侧腹和乳房来模拟公猪的拱鼻行为。通过按压母猪的臀部模拟公猪爬跨前的拱鼻行为。通过使用双手按压母猪背部或者坐在母猪背上来模拟

公猪身体的重量。

七、 输精过程中预防产道感染应采取的措施

1. 保持母猪后躯卫生

在母猪发情期，注意保持母猪后躯卫生，保持栏舍内清洁干燥，及时清走粪便和尿液，防止母猪躺卧时压在粪尿上，导致子宫感染。

2. 正确清洗后躯和阴户

输精前，首先要用清水对母猪后躯进行清洗，注意不要碰到阴户内侧造成污染；阴户内侧使用双蒸水或者纯净水进行冲洗后，再用干净的卫生纸擦拭干净，注意不能有纸屑残留。

3. 使用一次性输精管

每头母猪每次人工授精时使用一次性的输精管，并在使用之前仔细检查包装是否有破损，如果出现破损则不要使用。

【工作任务实施记录与评价】

1. 空怀母猪的饲养管理

师傅指导记录	空怀母猪的饲养管理					评价成绩
	工作任务	优	良	中	差	
	空怀母猪的体况评定					
	使用背膘测定仪测定母猪的背膘厚					评价时间
	空怀母猪饲喂量的确定					年　月　日
	小群饲养母猪的组群					
	空怀母猪舍内环境的评估					

2. 空怀母猪的发情鉴定

师傅指导记录	空怀母猪的发情鉴定					评价成绩
	工作任务	优	良	中	差	
	发情鉴定时间、次数确定					
	用于发情鉴定公猪的选择及使用					评价时间
	按压母猪背部，观察静立反应					年　月　日
	配种时间的确定					
	发情鉴定记录表格的填写					

3. 发情母猪的人工授精

<table>
<tr><td rowspan="2">师傅指导记录</td><td colspan="5">发情母猪的人工授精</td><td>评价成绩</td></tr>
<tr><td>工作任务</td><td>优</td><td>良</td><td>中</td><td>差</td><td rowspan="2"></td></tr>
<tr><td rowspan="6"></td><td>输精管的准备</td><td></td><td></td><td></td><td></td></tr>
<tr><td>精液的准备</td><td></td><td></td><td></td><td></td><td>评价时间</td></tr>
<tr><td>其他输精用具的准备</td><td></td><td></td><td></td><td></td><td rowspan="4">年　月　日</td></tr>
<tr><td>待配母猪的准备</td><td></td><td></td><td></td><td></td></tr>
<tr><td>常规输精操作</td><td></td><td></td><td></td><td></td></tr>
<tr><td>深部输精操作</td><td></td><td></td><td></td><td></td></tr>
</table>

4. 精液品质的检查

<table>
<tr><td rowspan="2">师傅指导记录</td><td colspan="5">精液品质的检查</td><td>评价成绩</td></tr>
<tr><td>工作任务</td><td>优</td><td>良</td><td>中</td><td>差</td><td rowspan="2"></td></tr>
<tr><td rowspan="5"></td><td>精液量的称量</td><td></td><td></td><td></td><td></td></tr>
<tr><td>精液颜色和气味的检查</td><td></td><td></td><td></td><td></td><td>评价时间</td></tr>
<tr><td>精液 pH 的测定</td><td></td><td></td><td></td><td></td><td rowspan="3">年　月　日</td></tr>
<tr><td>精子活力的评定</td><td></td><td></td><td></td><td></td></tr>
<tr><td>精子畸形率的测定</td><td></td><td></td><td></td><td></td></tr>
</table>

5. 学徒关键职业能力及职业品质、工匠精神评价

项目	优	良	中	差
工作态度				
吃苦耐劳				
团队协作				
沟通交流				
学习钻研				
认真负责				
诚实守信				

任务5　妊娠母猪饲养管理

【任务目标与质量要求】

（1）合理饲喂妊娠母猪，使其体况在妊娠前中期维持在 2.5～3.0 分，分娩前维持在 3.0～3.5 分。

（2）加强饲养管理，妊娠前期最大限度地降低早期胚胎死亡，提高胚胎着床率，增加产仔数。

（3）妊娠中期注重母猪乳腺的发育，为哺乳期能分泌充足的乳汁奠定基础。

（4）妊娠后期通过调整母猪饲喂量和营养浓度，提高仔猪初生重和产活仔猪数。窝内10％的仔猪初生重低于1.3 kg，40％的仔猪初生重在1.3～1.5 kg，50％的仔猪初生重在1.5 kg以上。

（5）做好分娩前母猪的饲养管理，防止无奶症和乳房炎的发生。

【学习产出目标】

（1）能够熟练使用外部观察结合B超检查对妊娠母猪做出鉴定，及时发现“假孕母猪”，并给出解决方案。

（2）明确妊娠母猪体况管理要求，能够准确评定妊娠母猪体况，并针对性地做出调整，以使妊娠母猪体况达到标准。

（3）熟悉妊娠母猪不同妊娠阶段的生理特点，并能够针对性地制订和调整饲养方案。

（4）能够准确推算妊娠母猪的预产期，并做好相关记录。

（5）掌握妊娠母猪的科学饲养管理，最大限度地提高产活仔数、健仔数和仔猪初生重，并为母猪哺乳期的泌乳打下良好的基础。

【工作程序与方法要求】

一、 母猪的妊娠诊断

为了缩短母猪的繁殖周期，增加年产仔窝数，需要对配种后的母猪进行早期妊娠诊断。目前生产中常用的妊娠诊断方法主要有外部观察和B超妊娠检查两种。

1. 外部观察

猪的早期妊娠检查较困难，一般是根据发情周期（母猪的发情周期平均为21 d）的表现来判断。母猪配种之后不再接受公猪爬跨，并表现贪食、贪睡、容易上膘、皮毛光亮、性情温顺、外阴部较干燥、阴户收缩明显并微上弯，便可初步鉴定已孕（第1次妊娠诊断）；在母猪配种结束后18～24 d未表现发情症状，可鉴定为已妊娠（第2次妊娠诊断）；配种后36～48 d母猪不表现发情症状，可判定为已妊娠（第3次妊娠诊断）。

配种后不再发情的母猪并不能绝对肯定已妊娠，个别母猪由于生殖系统有病变或者受到某些传染病的影响，虽然没有妊娠，但也不表现发情症状，称为“假孕母猪”，在生产中要注意区分。

外部观察法不需要任何仪器，简单易行，在养猪生产中广泛应用。

2. B 超妊娠检查

（1）B 超仪的使用方法。B 超检查的原理是利用孕体对超声波的反射来探知孕囊或胎儿的存在来进行早期妊娠诊断。实践证明，配种后 20～29 d 的诊断准确率为 80%，40 d 以后的准确率为 100%。目前用于妊娠诊断的超声波诊断仪主要是 B 型。B 超检查的位置在母猪下腹部［乳房外侧，图 3-1-23（a）］，距离倒数第 2 至第 3 个乳头上方 10～20 cm 处的区域，左右两边的腹侧都可以进行探测。随着妊娠时间的推移，探测位置可逐步前移，最远可达肋骨后端处。

使用 B 超探测时，需要将涂抹耦合剂的探头呈 45°角紧贴母猪腹部皮肤。为了获得较好的成像效果，探头可以进行前后或者上下定点扇形扫查［图 3-1-23（b）］。由于妊娠早期胚胎很小，要细心、慢扫才能观察到。注意一旦探头接触皮肤后，切勿再滑动探头。

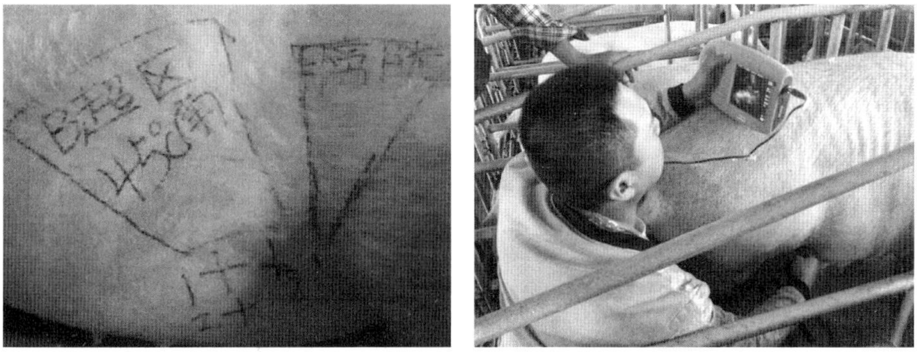

(a) B超妊娠检查位置　　(b) 母猪B超妊娠检查

图 3-1-23　使用 B 超进行妊娠检查

（2）B 超图形分析及处理方法。

阳性：显示不规则黑色椭圆形图像［图 3-1-24（a）］；

阴性：显示灰白没有任何图像［图 3-1-24（b）］；

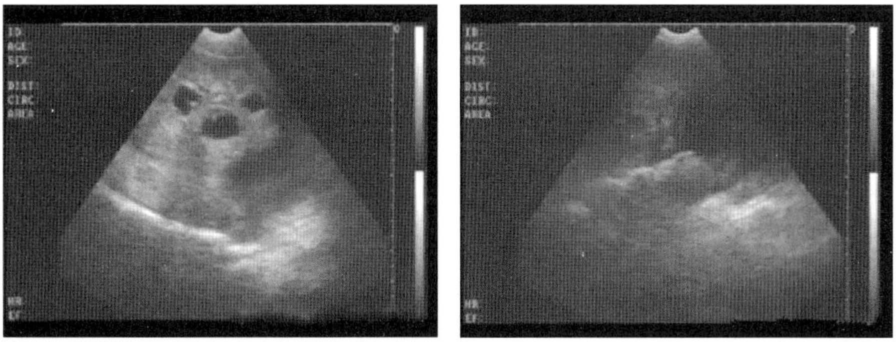

(a) 妊娠24 d B超检查图像　　(b) 空怀母猪B超检查图像

图 3-1-24　B 超妊娠检查图像

膀胱：大面积的褐色阴影图像。

发现孕检阴性或者可疑的母猪立即在另一侧腹部复查 1 次。如果复查结果仍是阴性，则要在其他母猪检查完之后再对这些母猪进行第 3 次检查；若第 3 次检查结果仍是阴性，间隔 2～3 d 再检查 1 次才能最终确定为孕检阴性母猪，并在背上做好标记。

积满尿液的膀胱会干扰 B 超检查，显示出一个较大的黑色椭圆形图案，挡住了胚胎，遇到这种情况需要在第 2 天进行复查（在 B 超孕检前 2 h 内不要饲喂母猪，可以减少母猪膀胱积尿）。

二、 妊娠母猪的饲喂

妊娠母猪饲养成功的关键是在妊娠期要给予精确的配合日粮，以保证胎儿良好的生长发育，并使母猪产后有良好的体况和泌乳性能。

妊娠母猪的饲喂要根据胎儿生长发育的不同阶段进行灵活调整，保证胎儿生长发育的营养需要，最大限度地减少胚胎死亡率。另外，及时调整母猪体况，使母猪储存足够的脂肪进入哺乳期。妊娠母猪的饲喂需要与体况评分和背膘测定相结合，调整体况主要在妊娠中期进行，使母猪体况在妊娠前中期维持在 2.5～3.0 分，分娩前维持在 3.0～3.5 分。

具体饲喂方案推荐如下。

1. 配种至怀孕 70 d 妊娠母猪的饲养方案

饲养目的：控制喂料量，一方面能节省饲料，另一方面防止由于妊娠期过量采食而影响泌乳期母猪的采食量。同时可提高妊娠期间母猪的受胎率，减少胚胎的死亡率，以便提高母猪的活产仔数。

饲料：妊娠母猪预混料配制成的全价料。

喂食方式：供给充足、干净的饮水，同时采用以下饲喂程序。

配种 1～3 d 内，饲喂量控制在 1.5～1.8 kg/d 为宜。配种后 48～72 h 是关键期，这段时间是受精卵的高速分化时期，采食量过高或温度过高会增加受精卵的死亡，因受精卵未着床前无保护膜，只要温度一升高，受精卵便无法着床。

配种后 3～30 d，饲喂量控制在 1.8～2.0 kg/d，以提高受精卵着床率，减少胚胎的死亡率。

配种后 30～75 d，饲喂量控制在 2.0～2.5 kg/d，但应根据母猪体况做适当调整。此阶段只提供维持所需营养。

2. 妊娠期 75～100 d 妊娠母猪的饲养方案

该阶段是母猪乳腺发育的重要时期，饲喂量增加会使母猪摄入过多的能量，从而促使乳腺的脂肪沉积，乳腺细胞数量减少，导致哺乳期泌乳量下降。因此本期应避免饲喂过多的饲料，建议喂料量为 2.0～2.3 kg/d。

3. 妊娠期 100～112 d 妊娠母猪的饲养方案

在母猪妊娠 100～112 d 后，由于胎儿生长发育迅速，会使母猪体重和体脂肪沉积减少。为保证母猪良好体况和胎儿初生重增加，本阶段必须加大喂料量，建议饲喂量调整至 3.0～3.5 kg/d。同时，在营养方面要注意使钙、磷保持平衡（钙的需要量占日粮的 0.75%左右，磷的需要量占 0.50%左右）及维生素 A、维生素 D、维生素 E、B 族维生素等的添加。

4. 妊娠期 112～114 d 妊娠母猪的饲养方案

关于母猪妊娠 112～114 d（产前 2 d）的喂料量有两种观点：一种是为了防止母猪的损耗太大而增加喂料量；另一种是为了减轻分娩母猪的负担而减少喂料量。具体情况应视母猪体况与食欲而定。

三、 妊娠母猪的管理

1. 小群饲养和单栏饲养

小群饲养就是将配种期相近、体重大小和性情强弱相近的 3～5 头母猪在一圈饲养，到妊娠后期每圈饲养 2～3 头。小群饲养的优点是妊娠母猪可以自由运动，食欲旺盛，死胎比例降低，难产率低，使用年限延长。缺点是无法控制每头猪的采食量，从而出现肥瘦不均，饲料浪费量增加，饲料成本增加。如果分群不当，胆小的母猪吃食少，影响胎儿的生长发育。由于拥挤、争食及返情猪爬跨等，易出现后期猪流产率增高。

单栏饲养也称定位栏饲养。优点是能够根据猪的体况、阶段合理供给日粮，能够有效地保证胎儿生长发育，又尽可能地节约饲料，降低成本。另外，可以避免母猪之间打斗而造成的流产。缺点是母猪缺乏运动，出现死胎比例增大，难产率高，使用年限缩短等。

2. 耐心的管理

对妊娠母猪态度要温和，不要打骂惊吓，经常触摸腹部，有利于将来接产管理。每天都要观察母猪吃食、饮水、粪尿和精神状态，做到防病治病，定期驱虫。

3. 注意观察

注意巡查母猪是否返情（尤其是配种后 18～24 d 和 36～48 d）。若有，应及时再配，防止空养；对屡配不孕，药物处理无效者及时淘汰。

4. 良好的环境条件

保持猪舍的清洁卫生和栏舍的干燥，有良好的通风换气设备，注意防寒防暑。保持猪舍安静，除喂料及清理卫生外，不应过多干扰母猪休息。

【业务知识】

一、 妊娠母猪的营养需要

了解和掌握妊娠母猪营养需要及其饲喂技术，对促进胎儿正常的生长发育，提高其初生重和成活率意义重大。妊娠母猪的营养需要包括：维持自身需要＋体组织增重需要＋子宫内容物增重需要（羊水＋胎儿＋胎衣）。

在妊娠期内，饲喂不足或过量都会产生明显的不良效果。在极端情况下，饲喂不足的母猪可能会流产，不过很罕见，有时能够看到分娩出小而弱的仔猪。其原因较为简单，母猪摄入能量的一部分用于维持自身需要，剩余部分用于子宫内胎儿的生长等，摄入的能量被优先用于维持自身需要。如果环境温度下降，母猪会将更多的能量用于维持体温，结果可用于胎儿生长的能量减少了。据测定，在临界温度下，环境温度每降低 1℃，怀孕母猪就要多吃 56.4g 的饲料以维持体温。因此，在冬季适度提高 20％的饲喂量可缓解这个问题。常常可观测到继寒冬后数月内产出的仔猪，体重多低于夏秋季节出生的仔猪。

如果妊娠期营养水平过高，母猪体内会有大量脂肪沉积，使母猪过于肥胖。这首先是造成饲料的浪费，因饲料中营养物质经猪体消化吸收变成体脂等储存于体内的过程中会消耗一部分，而泌乳时再由体脂等转化为猪乳营养又会消耗一部分，两次的损失超过哺乳母猪将饲料中营养直接转化成猪乳的一次损失，所以造成饲料浪费。其次，妊娠期母猪能量摄入过多会导致肥胖，从而易患难产症、奶水不足，被压死仔猪数量增加，母猪断奶后受孕率下降。研究证明，肥胖的母猪对胰岛素的作用产生拮抗，结果造成葡萄糖吸收不良，从而导致泌乳早期采食量低下，母体体重损失增加，最终会产生断奶后的返情率升高和受胎率低下的问题。

母猪妊娠期的营养需要见表 3-1-13。

表 3-1-13 妊娠母猪主要营养成分需求推荐值

饲料种类	参照标准	净能/(kcal/kg)	消化能/(kcal/kg)	粗蛋白/%	可消耗赖氨酸/%	可消化蛋氨酸和胱氨酸/%	钙/%	总磷/%	有效磷/%
营养标准	推荐	≥2 300	≥2 900	≥13.5	≥0.61	≥0.4	≥0.75	≥0.6	≥0.34
	NRC 标准	≥2 518	≥3 388	—	≥0.61	≥0.4	≥0.78	≥0.58	≥0.34

注：1 kcal=4.18 kJ

二、 妊娠母猪预产期的推算

母猪配种时要详细记录配种日期和与配公猪的品种及耳号。一旦认定母猪妊娠就要推算出预产期，便于饲养管理，做好接产准备。母猪的妊娠期为 110～120 d，平均为 114 d。推算母猪预产期均按 114 d 进行。常用以下几种方法推算。

1. “三三三”法

为了便于记忆可把母猪的妊娠期记为 3 个月 3 个星期零 3 天。配种日期向后推 3 个月 3 个星期零 3 天即为母猪的预产期。

2. 配种月加 3，配种日加 20 法

此法即在母猪配种月份上加 3，在配种日期上加 20，所得日期就是母猪的预产期。例如，2 月 1 日配种，5 月 21 日分娩；3 月 20 日配种，7 月 10 日分娩。

3. 配种日期“＋4－10”法

按照 110 天采用“＋4－10”法进行预产期推算，即将配种的月份加 4，日期减 10，如果出现连续的两个大月，则相应地减去 1 d；如果遇到 2 月，则相应地加上 2 d 或 1 d（视当年是 28 d 还是 29 d 而定）。这种方法较为保险、主动，值得推广。如 6 月 9 日配种的母猪，按照“三三三”法，它的预产期是月份加上 3 等于 9，日期再加上 24（21＋3）等于 33，所以预产期应是 10 月 3 日；按照“＋4－10”法，其预产期是月份加上 4 即为 10 月，日期减去 10 即为－1 日，则为 9 月 30 日，但是这期间碰到了 7、8 连续两个大月，应减去 1 d，所以预产期应为 9 月 29 日。如果妊娠期为 114 d，则后者可以多出几天的准备期；即使母猪提前几天分娩，也不至于造成仔猪出生时无人护理的现象发生，从而提高了仔猪的成活率。

三、 胚胎生长发育与死亡

1. 胚胎的生长发育规律

胎儿 2/3 的体重是在怀孕后期的 1/3 时间内生长的。胎儿生长发育规律见表 3-1-14 和图 3-1-25，即妊娠的最后一个月是胎儿生长发育的高峰期，故应增加饲料喂量。但注意产前一周减料。

表 3-1-14　母猪妊娠期胎儿的增重量

胎龄/d	胎儿重/g	占初生重/%
30	2.0	0.15
60	110.0	8.0
80	400.0	29.0
100	1 060.0	76.0
110	1 150.0	82.0
出生	1 300～1 500	100.0

2. 胚胎死亡的规律

第 1 个胚胎死亡高峰时期：受孕后第 9～13 天内的附植初期，胚胎处于游离状态，

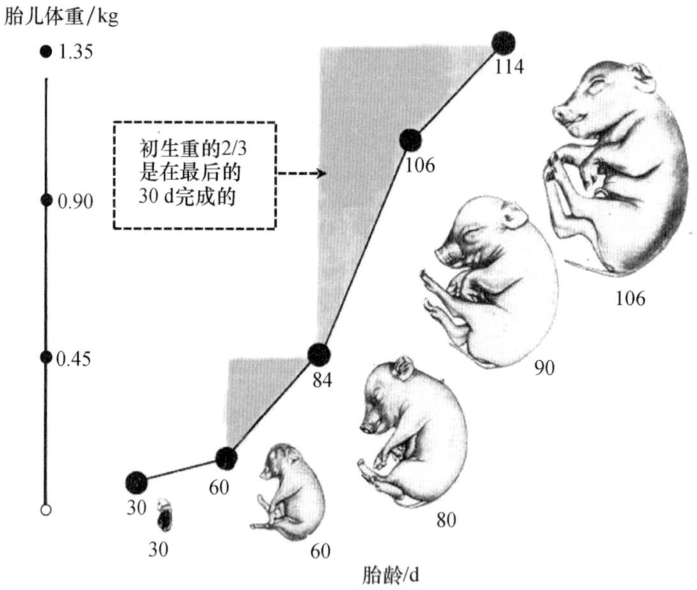

图 3-1-25 猪胎儿生长曲线

易受外界的机械刺激或饲料品质（如冰冻或霉烂的饲料等）的影响而引起流产；连续高温使母猪遭受热应激，也会导致胚胎死亡；大肠杆菌和白色葡萄球菌引起的子宫感染，也会导致胚胎死亡；妊娠母猪的饲粮中能量过高，也会引起胚胎死亡。此期胚胎的死亡占胚胎总数的 20%～25%。

第 2 个死亡高峰时期：妊娠后约第 3 周（第 15～21 天）。此期正处于胚胎器官形成阶段，胚胎争夺胎盘分泌的营养物质，强者存弱者亡。此期胚胎的死亡占胚胎总数的 10%～15%。

第 3 个死亡高峰时期：妊娠至第 60～70 天，胎盘停止生长，而胎儿迅速生长，可能由于营养不足难以支持胎儿发育而致死。此期胚胎的死亡占胚胎总数的 10%～15%。

3. 胚胎死亡的原因

（1）遗传因素。主要包括染色体畸变、排卵数与子宫内环境和近亲繁殖等。

（2）营养因素。微量营养成分不足，维生素 A、维生素 D、维生素 E、维生素 C、维生素 B_2、叶酸和矿物质中的钙、磷、铁、锌、铜、锰、碘、硒都是妊娠母猪不可或缺的微量营养成分；妊娠早期能量水平过高；日粮蛋白质不足。

（3）管理和环境因素。

①高温。当外界温度长时间超过 32 ℃时，妊娠母猪通过体温调节已维持不了自身的热平衡而产生热应激，胚胎的死亡率明显增加。从机理上看，可能是由于在高温环境下，母猪体内促肾上腺皮质素和肾上腺皮质素的分泌急剧增加，从而控制了脑垂体前叶促性腺激素的分泌和释放，造成母猪卵巢功能紊乱或减退。

同时，高温还能使母猪的子宫内环境发生许多不良改变，使早期妊娠母猪的胚泡附植受阻，胚胎成活率明显降低，产仔数减少，死胎、畸形胎增多。公猪对高温更为敏感，可使睾丸组织中的精母细胞活力降低，精子数量明显减少，死精和畸形精子增加，活力下降。此时配种，母猪受胎率和胚胎成活率显著降低。

②分娩时仔猪缺氧窒息。

(4) 疾病因素。主要有猪瘟、细小病毒病、日本乙型脑炎、伪狂犬病、繁殖与呼吸综合征、肠病毒病、布鲁氏菌病、螺旋体病等。

(5) 内分泌不足。孕酮参与控制子宫内环境，如果血浆孕酮水平显著下降，子宫内环境的变化就会与胚胎的发育阶段不相适应。在这种情况下，子宫内环境对胚胎会产生损伤作用。妊娠前期饲养水平过高，会引起血浆中的孕酮水平下降。

(6) 其他因素。母猪年龄、公猪精液质量、交配及时与否、近亲繁殖、母猪长期不运动、饲料中毒或农药中毒等因素，都会影响卵子受精和胚胎存亡。

4. 防止胚胎死亡的措施

防止胚胎死亡的具体措施如下：

(1) 尽量避免近亲繁殖，老年公母猪交配，及时做到适时配种，双重、重复配种。

(2) 搞好环境卫生与消毒，预防接种疫苗，防止传染病发生。

(3) 创造适宜环境条件，保持安静，谢绝参观，妊娠猪舍温度保持在 16～22 ℃，相对湿度为 70%～80%。

(4) 防止机械刺激及饲喂霉变有毒的饲料。

(5) 供给营养的全价饲料，前期注重质量，后期要保证数量。

四、 妊娠期母猪的变化

1. 妊娠母猪新陈代谢旺盛 (妊娠合成代谢)

妊娠前期，母猪的代谢增强，对饲料的利用率提高，蛋白质合成增强。在喂等量饲料的条件下，妊娠母猪比空怀母猪增重较多。

妊娠中、后期，胎儿发育迅速，妊娠母猪合成代谢的效率降低（仅为 7%～13%），胎儿对能量的要求日益超过母猪。由母猪组织分解以及胎儿组织合成所耗费的能量，构成了妊娠后期排热增多，增加量超过了体重增长的应增量，即为“妊娠增热”。

头胎母猪妊娠期的增重是由三个部分组成：子宫及其内容物（胎衣、胎水和胎儿）的增长；母猪正常生长发育的增重；母猪本身营养物质的贮存。

2. 妊娠母猪体重增加

妊娠母猪储积营养物质的多少，完全取决于饲养水平的高低。整个妊娠期内经产母猪增重保持 30～35 kg 为宜，初产母猪增重保持 35～45 kg 为宜。

【岗位工作检查清单】

（1）是否对母猪进行准确的妊娠诊断，以避免由于不可靠妊娠诊断而引起偏高的情期受胎率。

（2）是否准确推算了母猪的预产期，并进行了相应的记录。

（3）提供的饲料和饲喂方案能否满足妊娠母猪不同发育阶段的营养需求。

（4）尤其关注配种后前 30 d 的妊娠母猪的饲养管理，避免由于饲喂不当和环境应激引起的胚胎损失。

（5）妊娠后期是否采取了合理的饲喂方案以提高仔猪的初生重。

（6）妊娠母猪限位栏饲养还是小群饲养，是否根据猪场的实际情况选择了合理的饲养方式。

（7）限位栏饲养的妊娠母猪应关注母猪不同阶段的饲喂量，以及是否采食了相应数量的饲料。

（8）小群饲养的妊娠母猪，应关注个别母猪是否容易受到攻击而影响其采食量，尤其是在限制饲喂的情况下，受攻击的妊娠母猪容易由于采食量不足而影响胎儿的发育以及自身体况的改善。

（9）妊娠母猪舍环境是否安静，光线是否充足，温度是否合适，尤其是夏季高温季节。

（10）夏季高温季节应关注妊娠母猪每天的饮水量，由于饮水系统水量不够而导致母猪无法获得足量的清洁饮水，将加重热应激对母猪的影响，进而导致流产、死胎等问题。

【业务经验】

一、 造成母猪流产的原因分析

通常母猪的流产率是 2%，妊娠母猪发生流产往往在妊娠后期被发现，而早期妊娠母猪的流产常不容易被观察，这种早期流产仅发现重配率增加及不规律地再发情。因此，有两种流产：第一，肉眼可见的流产；第二，在分析繁殖登记时发现高重配率，重配时间的拖长。能够导致母猪流产却没有其他明显病症的传染病有猪布鲁氏菌病和钩端螺旋体病。母猪配种后一个月才发生流产经常是由钩端螺旋体病引起的。猪布鲁氏菌病可以在怀孕期的任何阶段造成流产。其他的传染病能引起流产且有其他更明显病症的包括猪繁殖与呼吸障碍综合征。此病引起母猪的怀孕率及分娩率降低，有偏高的死产及离乳前仔猪死亡率。典型猪瘟及猪伪狂犬病亦可引起母猪流产，唯有完全易感的种猪群爆发猪瘟时才有流产现象。每当猪场有流产暴发时，会认为是猪细小病毒引起的，但猪细小病毒绝对不会有流产暴发现象。霉菌毒素也经常被认为是引起流产的原因。

二、 猪场空怀率高的原因分析

空怀乃配种后的母猪由于不再发情误为怀孕，但到了分娩期却不产仔。一般空怀率只在5%以内。有些空怀是母猪早流产或胚胎死亡后再发情没有被觉察所致。空怀率增高的原因可分为两种：传染病引起或者是管理问题，最常见的是发情检查能力低所引起的。由于常用的母猪怀孕诊断法是是否再次发情，因此发情检查能力差将造成虚增的情期受胎率或过高的空怀率。如某猪场的情期受胎率是90%而分娩率只有80%，这不但是意味着高空怀率的问题，同时也可能是妊娠诊断力差引起虚增情期受胎率造成的，实际的情期受胎率可能只有约85%。

引起怀孕失败特别是不被发现的早期流产的疾病也会增高空怀率。布鲁氏菌病可造成高空怀率却不显其他病症。猪繁殖与呼吸障碍综合征的其中一个症状也是高空怀率或低的分娩率。木乃伊胎是胎儿死亡未能排出，当液体被吸收后，颜色变褐、灰或黑色，形成木乃伊胎。怀孕后期死亡胎儿在生产时通常只有部分木乃伊化，但少有造成整群母猪产下木乃伊胎。导致木乃伊胎发生的重要传染病原是猪细小病毒、猪伪狂犬病毒和猪繁殖与呼吸障碍综合征病毒等。

三、 母猪配种后不受胎的原因分析及其防治措施

母猪呈现发情、接受公猪交配，但配种后不受孕而再次发情，凡配种3次以上仍不受胎的母猪称配种后不受胎或屡配不孕，其发病率随母猪饲养规模的增大而升高。引起母猪屡配不受胎的原因，根据母猪交配后再发情的时间不同可分为两种类型。

1. 配种（交配）后21 d前后再发情的母猪

这属于正常性周期天数范围内的再发情，说明其卵巢功能正常。在这种情况下发生配种后不受胎的原因有3种：

（1）受精发生障碍。即因子宫炎症或子宫内分泌物阻碍精子的运动和生存，精子不能到达受精部位；输卵管炎或水肿，蓄脓症以及卵巢粘连等，均可引起输卵管闭锁，不能受精。

（2）受精卵死亡。即因发情早期或晚期受精，以及使用保存时间长的精液；或因公猪配种过少、热应激、体温升高以后配种或采精，可由于精液质量差而导致受精卵早期死亡。

（3）胚胎在交配后12 d内死亡。即在子宫内游浮的胚胎着床前，常因子宫乳组成的异常或遭受高温、咬架、转栏、运输和给予过量高浓度饲料等应激作用影响其着床而迅速死亡。

2. 配种（交配）后25 d以后再发情的母猪

交配后14～40 d内，胚胎发生死亡可全部被吸收，子宫内胚胎全部消失。由于交

配时或产后生殖器官被感染之故，母猪可再发情。若是胎儿骨骼形成后死亡，可引起干尸化，长期停滞在子宫内，会导致母猪不发情。

四、 初产母猪断奶后不发情的综合防治措施

初产母猪断奶后不发情一直是困扰养猪户的难题。有 60％以上初产母猪断奶后不能正常自然发情，降低了母猪年产仔数，从而成为生产者所关注的重要议题。以下是缩短初产母猪断奶至配种之间的间隔时间，使之尽快发情配种的一些措施，仅供参考。

（1）对初产母猪而言，母猪断奶时体重是断奶后出现发情的关键。生产表明，随着母猪断奶时体重的增加，断奶后正常发情（7 d 之内）率不断提高。当断奶时体重大于 155 kg 时，正常发情率可达 80％以上。

（2）对哺乳仔猪实行早期断奶。仔猪断奶窝重大，将会延长母猪断奶至配种间隔时间。产生这种现象的主要原因是仔猪断奶窝重越大，母猪断奶时体重损失越大。在生产中，若能在提高仔猪断奶窝重的同时，母猪断奶时又维持一定的体重，将会使母猪断奶后及时发情配种，这是两全齐美的办法。

（3）分娩时年龄较大的初产母猪，即使它们泌乳的失重和体脂失重较大，其断奶后发情仍比体重较小的青年母猪早。因此初产母猪分娩时的体重是非常重要的。要保持初产母猪在分娩时有较大的体重，必须要提高母猪初配时的体重。为提高生产能力，母猪初配时体重应在 135～140 kg 为宜。

（4）断奶后继续饲喂哺乳母猪料，采取少量多餐或自由采食的饲喂方法，大部分母猪 3～5 d 后即出现发情症状。

（5）在母猪日粮中，每天补给 400 mg 维生素 E，饲喂 1 周后给母猪肌注 5 mL 己烯雌酚，一般注射 2～3 d 即可发情配种。

五、 引起母猪产死胎的原因分析

母猪产死胎分为分娩前、分娩过程中、分娩后胎儿的死亡。母猪生产过程中仔猪死亡便是死产。由于许多夜间分娩时看护不周引起死产，死产也包括产后才死去的仔猪，但死产率不应超过 6％。年老母猪的产道收缩无力或胎儿过多，拖长分娩时间而导致胎儿在分娩过程中缺氧死亡。死产往往是最迟产下的几头仔猪。死产率的增加可能与胎次过高的母猪群有关，若存在明显关系，则必须有计划地淘汰和引进新母猪。

没有任何传染病以死产为特征。虽然钩端螺旋体会造成死产，但常见的病症是流产。由猪细小病毒感染造成的死胎往往是木乃伊胎。伪狂犬病亦可造成死产，然而它不是唯一的病因。其他可能造成死产的传染病原有猪繁殖与呼吸障碍综合征（猪蓝耳病）病毒、乙型脑炎病毒、弓形虫和霉菌毒素等。

六、 妊娠母猪限制饲养的好处

对妊娠母猪实行限制饲养可以增加胚胎的存活率、减轻母猪的分娩困难、减少母猪压死初生仔猪、减少母猪哺乳期间的体况消耗、降低饲养成本、减少乳房炎的发生率和增加使用年限。

研究表明，母猪妊娠期的饲料消耗量与哺乳期饲料消耗量呈反比关系。这意味着当妊娠期饲料摄入量增加，哺乳期饲料摄入量就减少。这个发现很重要，因为哺乳期的采食量与奶产量高低有直接关系，即母猪进食多，奶量就大，有利于提高仔猪的生长速度和断奶窝重。

七、 控制母猪采食量的方法

控制母猪采食量的方法包括单独饲喂法、日粮稀释法、隔日饲喂法和母猪电子饲喂系统 4 种。

1. 单独饲喂法

利用妊娠母猪栏单独饲喂，最大限度地控制母猪饲料摄入。这种方法节省饲养成本，可以避免母猪之间相互抢食与咬斗，减少仔猪出生前的死亡率。

2. 日粮稀释法

添加高纤维饲料（如苜蓿干草、苜蓿草粉、米糠等）配成大体积日粮，可使母猪经常自由采食。这种方法能减少劳动力，但母猪的维持费用相对较高，同时也很难避免母猪偏肥。

3. 隔日饲喂法

隔日饲喂法是限制妊娠母猪采食的一种替代方法。在这个饲喂系统中，妊娠母猪按照预先制定的计划表，在自由采食器进行自由采食。每周中采食 3 d（星期一、三、五），每天采食 8 h，剩余的 4 d 中，母猪可通过一个入口去饮水，但不给饲料。若饲料消耗量过大（饲喂计划为 1 d 平均给料 2.3～2.7 kg，1 周合计 16.1～18.9 kg），则可限制妊娠母猪每天的采食时间少于 8 h，或者每周只采食 2 d。实施此法，要求仔细且稳定的管理，要提供充足的饲喂空间，使每头妊娠母猪有一个饲槽位置，群的规模限制在 30～40 头为宜。

4. 母猪电子饲喂系统

使用电子饲喂站，自动供给每个母猪预定的料量。计算机控制饲喂站，通过母猪的磁性耳标或颈圈上的传感器来识别个体。当母猪来到饲喂站要采食时，计算机就分给它日料量的一小部分。该系统适合任何一种料型，如颗粒料、湿粉料、干粉料、稠拌料或稀料。

八、 妊娠母猪夏季饲养管理中应注意的若干问题

夏季气温高、湿度大，若不采取防范措施，会造成妊娠母猪食欲减退、采食量减

少、体温升高、呼吸次数增加，并由此引发妊娠母猪机体营养不良、乳腺发育受阻，严重时还会出现死胎。因此，做好夏季饲养管理，可有效提高妊娠母猪的生产性能，增加猪场经济效益。

1. 防止猪舍温度过高

对夏季的妊娠母猪，猪舍应配有遮阴、通风等设备，防止中暑及其他热性应激疾病的发生。热天可向舍内喷洒凉水，但不要直接喷在母猪身上。在气温达到 30 ℃以上时，可采取安装空调、水帘等措施，迅速降温，以防造成死胎。

2. 供给充足洁净的饮水

水是猪生长发育所必需的重要物质，猪的饮水量因体重、饲料和气候条件的不同而不一样。一般体重越大，喂料越干，气温越高，则饮水量就越多。供给的饮水必须充足、洁净。

3. 饲喂采取“四定一改”

即固定饲喂的次数、时间、饲喂量、饲养标准，改干粉料为湿拌料喂猪。妊娠母猪饲喂次数一般日喂 3 次即可；每天饲喂时间要相对固定，每次饲料喂量要保持均衡。要根据猪的体重、妊娠阶段及饲养标准，调配不同的日粮配方。

4. 防机械性流产

小群饲养的妊娠母猪，夏季要注意合理安排妊娠母猪的饲养密度。例如，在 7～9 m^2 猪栏内，妊娠前期最多养 4 头，到妊娠后期最多不超过 2 头。最好单独分栏饲养，这样可以避免以强欺弱，采食不均，造成胎儿生长不整齐，也可避免因高温烦躁而相互咬架和碰撞，导致死胎或流产增多。如果妊娠舍配有运动场，可经常让母猪去活动，增强母猪的体质，到产仔时可缩短产仔时间。

5. 防止疾病传染

夏季妊娠母猪容易生虱子和疥癣，特别是生在猪耳廓内的要及时防治，彻底消除。在转入产房前对母猪进行彻底驱虫，全身用 2%高锰酸钾溶液消毒清洗，并晾干。同时提前对产房清洗和消毒，这样才能保证仔猪产后的健康成长。

6. 防止蚊蝇叮咬

妊娠母猪遭蚊子、苍蝇、毒虫等侵袭，不但影响休息，妨碍胎儿健康生长，还会传染疾病。因此，春末夏初要及早设纱网防蚊。同时应做好猪场的灭蝇、灭蚊工作，以彻底解决蚊蝇叮咬的问题。在蚊虫出现的高峰期，每 3 d 喂 1 次维生素 B_1，喂量为 30～40 mg，这样母猪会产生一种蚊虫不敢接近的气味。

7. 保持环境卫生

及时清除粪便，定期消毒，可采用消毒药物百毒杀或次氯酸钠等。如果采用湿拌料喂猪，应尽量避免剩料，剩料及时清除，以免发酵霉变。

九、 母猪妊娠期用药禁忌

母畜妊娠期间患病，使用药物治疗须特别慎重。因为在常用的西药中，有的会对胎儿造成伤害甚至引起流产。具体来说，妊娠母猪应避免使用下列药物：

（1）泻药。药性猛烈的泻药或药性一般而用量过大的泻药，如硫酸钠、硫酸镁等。

（2）拟胆碱药。如氨甲酰胆碱、硝酸毛果芸香碱、敌百虫等。

（3）兴奋药。如硝酸士的宁、盐酸士的宁等。

（4）解热镇痛药。如硫酸奎宁等。

（5）子宫收缩药。如催产素、垂体后叶素等。

（6）糖皮质激素类。如醋酸可的松、氢化可的松、地塞米松等。

（7）降血压药。如利血平等。

【工作任务实施记录与评价】

1. 母猪的妊娠诊断及预产期推算

师傅指导记录	母猪的妊娠诊断及预产期推算					评价成绩
	工作任务	优	良	中	差	
	使用外部观察法进行妊娠诊断					
	使用B超进行妊娠诊断					评价时间
	假孕母猪的识别及处理					年　月　日
	母猪预产期的推算					

2. 妊娠母猪的饲养管理

师傅指导记录	妊娠母猪的饲养管理					评价成绩
	工作任务	优	良	中	差	
	妊娠母猪各阶段体况的评定					
	母猪妊娠阶段的划分					评价时间
	不同妊娠阶段饲喂方案的科学制定					年　月　日
	妊娠母猪饲养方式的选择					
	妊娠母猪舍的环境控制及日常管理					

3. 学徒关键职业能力及职业品质、工匠精神评价

项目	优	良	中	差
工作态度				
吃苦耐劳				
团队协作				
沟通交流				
学习钻研				
认真负责				
诚实守信				

项目二
分娩舍生产管理

【任务目标与质量要求】

(1) 母猪哺乳期失重低于 5 kg，体况评分 2.5～3 分，断奶后 7 d 内 90%以上的母猪正常发情配种。

(2) 纯种母猪活产仔数 11 头/窝以上，二元母猪活产仔数 12 头/窝以上，窝均死胎 0.3 头以下，平均初生重 1.4 kg 以上。

(3) 仔猪哺乳期成活率 95%以上，PSY（每头母猪年生产断奶仔猪数）25 头以上。

(4) 哺乳仔猪 28 d 断奶体重平均 8.0 kg 以上。

(5) 母猪年产胎次 2.2 胎以上，母猪使用年限 6 胎以上。

(6) 母猪死亡率 0.5%以下，被动淘汰率 3%以下。

【专业知识准备】

一、 猪的生物学特性

猪的生物学特性和行为特性为养猪者饲养管理好猪群提供了科学依据。在整个养猪生产过程中，充分利用这些特性精心安排各类猪群的生活环境，使猪群处于最优生长状态，发挥猪的生产潜力，达到繁殖力高、产肉多、消耗少、经济效益好的目的。

1. 繁殖率高，世代间隔短

猪一般 4～5 月龄达性成熟，6～8 月龄就可以初次配种。其妊娠期短，只有 114 d。小母猪一岁时或更早可以第一次产仔，经产母猪一年能分娩两胎，若缩短仔猪哺乳期和进行激素处理，可以达到两年五胎。

经产母猪平均每胎产仔 10 头以上，比其他家畜要高产。母猪卵巢中有卵原细胞 11 万个，但在它一生的繁殖利用年限内只排卵 400 个左右。母猪一个发情期可排卵 12～

30个，而产仔一般是8～20头。公猪一次射精量达200～400 mL，其中含精子数为200亿～800亿个。由此可见，猪的繁殖效率并不算高，但繁殖潜力很大。试验证明，进行激素处理可使母猪在一个发情期内排卵30～40个，个别情况下可高达80个。生产上也曾有不少报道，个别高产母猪一胎能产仔20多头。我国浙江的太湖母猪有过一胎产仔36头的最高纪录。所以，只要采取适当措施，就有可能提高母猪的产仔数。

猪性成熟早、妊娠期短、生长发育快，因而世代间隔短，一般平均为1.5～2年。若从头胎中选优良个体作种用，则世代间隔可缩短到一年，即一年一个世代。同时，由于周转快，短期内能增殖大量后代，达到几代同堂。

要强调指出的是，我国的许多地方猪种具有卓越的繁殖能力，表现出产仔多、母性强、繁殖利用年限长、性早熟和发情症状明显，为世界上其他猪种所不及。这一独特的优良繁殖性状，不仅在18世纪对欧洲猪种改良有过很好的影响，而且在将来进一步提高养猪生产水平时更会显示其优越性。

2. 食性广，饲料转化率高

猪是杂食动物，门齿、犬齿和臼齿都很发达，胃是肉食动物的简单胃与反刍动物的复杂胃之间的中间类型，因而能充分利用各种动植物和矿物质饲料。

猪对饲料的转化效率仅次于鸡，而高于牛、羊。对饲料中的能量和蛋白质利用率高。资料表明，按采食的能量和蛋白质所产生的可食蛋白质比较，猪仅次于鸡，而大大超过牛和羊。从这个意义上讲，猪是当之无愧的节能型肉畜。猪的采食量大，但很少过饱。消化道长，消化极快，消化大量的饲料，以满足其迅速生长发育的营养需要。猪对精料有机物的消化率为76.7%，也能较好地消化青粗饲料。对青草和优质干草的有机物消化率分别达到64.6%和51.2%。但是，猪对粗饲料中粗纤维的消化较差，而且饲料中粗纤维含量越高对日粮的消化率也就越低。因为猪胃内没有分解粗纤维的微生物，几乎全靠大肠内微生物分解，既不如反刍家畜牛、羊的瘤胃，也不如马、驴发达的盲肠。

所以，在猪的饲养中注意精、粗饲料的适当比例，控制粗纤维在日粮中所占的比例，保证日粮的全价性和易消化性。当然，猪对粗纤维的消化能力随品种和年龄不同而有差异，我国地方猪种较国外培育品种具有较好的耐粗饲特性。

3. 生长期短，周转快

在肉用家畜中，猪和马、牛、羊相比，其胚胎期和生长期都是最短的。猪由于胚胎期短，同胎仔猪数又多，出生时发育不充分。例如，初生仔猪头的比例大，四肢不健壮，初生体重小（平均只有1～1.5 kg），仅占成猪体重的1%。各器官系统发育也不完善，对外界环境的适应能力弱。所以，初生仔猪需要精心护理。猪出生后为了补偿胚胎期发育不足，生后两个月内生长发育特别快，30日龄的体重为初生重的5～6倍，2月龄体重为1月龄的2～3倍，断奶后至8月龄前生长仍很迅速，尤其是瘦肉型猪生长发育快是其突出的特性。在满足其营养需要的条件下，一般 160～170 日龄体重可达到 90～100 kg，即可出栏上市，相当于初生重的 90～100 倍，而牛和马只有 5～6 倍。

生长期短、生长发育迅速、周转快等优越的生物学特性和经济学特点对养猪经营者降低成本、提高经济效益是十分有益的。

4. 嗅觉和听觉灵敏，视觉不发达

猪生有特殊的鼻子，嗅区广阔，嗅黏膜的绒毛面积很大，分布在嗅区的嗅神经非常密集。因此猪的嗅觉非常灵敏，对任何气味都能嗅到和辨别。据测定，猪对气味的识别能力高于狗 1 倍，比人高 7～8 倍。仔猪在生后几小时便能鉴别气味，依靠嗅觉寻找乳头，3 d 内就能固定乳头，在一般情况下不会弄错。因此，在生产中按强弱固定乳头或寄养时在 3 d 内进行较为顺利。猪依靠嗅觉能有效地寻找埋藏在地下很深的食物，能准确地辨别出地下一切异物。凭着灵敏的嗅觉，识别群内的个体、自己的圈舍和卧位，保持群体之间、母仔之间的密切联系，能很快认出混入本群的他群个体和仔猪，并加以驱赶，甚至咬伤或咬死。

嗅觉在公母性联系中也起很大作用。例如，当发情母猪闻到公猪特有的气味，即使公猪不在场，也会表现“静立反应”。同样，公猪能敏锐闻到发情母猪的气味，即使距离很远也能准确地辨别出母猪所在方位。

猪的听觉相当发达，猪的耳廓大，外耳腔深而广，即使很微弱的声响，都能敏锐地觉察到。另外，猪头转动灵活，可以迅速判断声源方向，能辨别声音的强度、音调和节律，容易对呼名、各种口令和声音刺激物的调教建立条件反射。仔猪生后几小时，就对声音有反应，到 3～4 月龄时就能很快地辨别出不同声音刺激物。猪对意外声响特别敏感，尤其是与吃喝有关的音响更为敏感，当它听到喂猪用具的声响时，立即起而望食，并发出饥饿叫声。在现代化养猪场，为了避免由于喂料音响所引起的猪群骚动，常采用一次全群同时给料装置。猪对危险信息特别警觉，即使睡眠中，一旦有意外响声，就立即苏醒，站立警备。因此，为了保持猪群安静，尽量避免突然的声响，尤其不要轻易抓捕小猪，以免影响其生长发育。

猪的视觉很弱，缺乏精确的辨别能力，视距、视野范围小，不靠近物体就看不见东西。一般对光刺激比声刺激出现条件反射慢得多，对光的强弱和物体形态的分辨能力也弱，辨色能力也差。人们常利用猪这一特点，用假母猪进行公猪采精训练。

5. 适应性强，分布广

猪对自然地理、气候等条件的适应性强，是世界上分布最广、数量最多的家畜之一。除宗教和社会习俗等原因而禁止养猪的地区外，凡是有人类生存的地方都可养猪，人多的地方养猪也多。从生态学适应性看，主要表现对寒暑气候的适应、对饲料多样性的适应、对饲养方法和方式上（自由采食和限制饲喂、舍饲与放牧）的适应，这些是它们饲养广泛的主要原因之一。但是，猪如果遇到极端的环境变化和极恶劣的条件，猪体会出现应激反应，如果抗衡不了这种环境变化，平衡就遭到破坏，生长发育受阻，生理出现异常，严重时出现病患和死亡。例如，温度对猪生产力的影响，当温度升高到临界温度以上时，猪的热应激开始，呼吸频率升高，呼吸量增加，采食量减少，生长猪生长速度缓慢，饲料利用率降低，公猪射精量减少、性欲变差，母猪不发情。当环境温度超出等热区上限或更高时，猪则难以生存。同样，冷应激对猪影响也很大，当环境温度低于猪的临界温度时，其采食量增加、增重减慢、饲料利用率降低，打颤、挤堆，进而造成死亡。又如噪声对猪的影响，轻者可使猪食欲不振，发生暂时性惊慌和恐惧行为，呼吸、心跳加速，重者能引起母猪的早产、流产和难产，使猪的受胎率、产仔数减少和变态等现象发生。

6. 小猪怕冷，大猪怕热

猪的汗腺不发达，皮下脂肪较厚，所以不耐热。在热天的时候，一方面不能靠出汗来散热，同时脂肪层也影响了体内热量的迅速散发，因此大猪怕热。而初生仔猪的皮下脂肪少，皮薄，并且大脑皮层发育不全，体温调节中枢不健全，因此调节体温的功能不完善，对外界温度环境适应能力差，因而仔猪怕冷。

猪只有在温度、湿度适宜的条件下，才能达到仔猪成活率高、育肥猪增重快、饲料利用率高的目的，因此在养猪生产中必须做好防暑降温和防寒抗冻工作。另外，由于胚胎生长期短，导致初生仔猪各种器官系统发育不充分。除了体温调节能力不完善外，其防护能力也相对较弱，对各种传染病的抵抗能力差，因此必须加强对仔猪的护理。

猪的这一生物学特性给产房的温度管理造成了很大的困难，因为在产房中同时饲养着泌乳母猪和哺乳仔猪，泌乳母猪的最适环境温度为 21 ℃左右，而刚出生的仔猪需要 32～34 ℃的环境温度。这一矛盾可以通过在产床上放置保温箱、保温灯和电热板等加以解决，但要注意仔猪保温设施辐射的热量不应影响泌乳母猪躺卧区域的温度。很多猪场为了保障仔猪对环境温度的要求，将分娩舍温度提至 30 ℃以上的做法将对泌乳母猪采食量的提高产生非常不利的影响，在生产中应该坚决避免。

二、 猪的行为

行为是动物对某种刺激和外界环境适应的反应。不同的动物对外界的刺激表现不同的行为反应，同一种动物内不同个体行为反应也不一样。这种行为反应，可以使它能在逆境中生存、生长发育和繁衍后代。动物的行为习性，有的取决于先天遗传的内在因素，有的取决于后天的调教、训练等外来因素，这些行为反应则是这些因素相互作用的结果。

猪和其他动物一样，对其生活环境、气候条件和饲养管理条件等的反应，在行为上都有其特殊的表现，而且有一定的规律性。随着养猪生产的变革与发展，人们越来越重视研究猪的行为活动模式及其机制，以及调教方法，并广泛应用于养猪生产。尤其是在畜牧业日趋集约化的情况下，全舍饲、高密度、机械化、专业化、流水式高效生产的同时，不同程度地妨碍了猪的正常行为习性，不断发生应激反应。这种人为环境与猪行为之间的矛盾，只能从猪适应反应着手，加强调教，发挥猪后效行为潜力，使其后天行为符合现代化生产要求。

如果我们掌握了猪的行为习性，科学地利用这些行为习性，根据猪的行为特点，制定合理的饲养工艺，设计新型的猪舍和设备，改革传统饲养技术方法，最大限度地创造适于猪习性的环境条件，提高猪的生产性能，以获得最佳的经济效益。

据近 20 年来猪行为学方面的研究结果，猪的行为概括分为以下 10 种类型。

1. 采食行为

猪的采食行为包括摄食与饮水，并具有各种年龄特征。

猪生来就具有拱土的遗传特性，拱土觅食是猪采食行为的一个突出特征。猪鼻子是高度发达的器官，在拱土觅食时，嗅觉起着决定性的作用。尽管在现代猪舍内，饲以良好的平衡日粮，猪还表现拱地觅食的特征。

喂食时猪都力图占据食槽有利的位置，有时将两前肢踏在食槽中采食。如果食槽易于接近的话，个别猪甚至钻进食槽，站立食槽的一角，就像野猪拱地觅食一样，以吻突沿着食槽拱动，将食料搅弄出来，抛撒一地。

猪采食过程中会有饲料被浪费掉，成年猪每次采食所浪费的饲料占采食总量的 2.4%，小猪为 4.4%。如果饲槽的设计不符合猪的习性，就会降低猪的采食效率并引起饲料的浪费。有人发现，在规模为 8 头一群的猪群中，如果使用了单口饲槽，则采食序列与增重显著相关；如果使用多口饲槽，则相关不显著。在使用单口饲槽的圈栏内，会导致竞争的加剧。把饲料撒在地面上或使用长条形的饲槽连续供应饲料，或把饲槽用较高的隔板分开，或将多个饲槽在空间上错落设置，会减少因竞争食物而导致的争斗行为所造成的生产损失。

猪在白天采食 6～8 次，比夜间多 1～3 次。每次采食持续时间 10～20 min，限制饲喂时少于 10 min，自由采食时间长，能表现每头猪的嗜好和个性。仔猪每昼夜吸吮次数因日龄不同而异，在 15～25 次范围，占昼夜总时间的 10%～20%，大猪的采食量和摄食频率随体重增大而增加。猪的每天采食次数对饲料的浪费也有着明显影响。有研究认为，猪白天的采食量占总采食的 70%，晚上占 30%，但 60 kg 以上的生长肥育猪夜间采食量明显下降。对群养猪采食行为的录像观察表明，猪每天去饲槽处采食的次数大大超过其必需的次数。对慢速拍摄的录像进行观察的结果表明，猪每天至少去饲槽处 30 次，有些猪甚至去 170 次之多。从录像上看到，中等采食次数的猪（60 次/d），采食行为有 70%～80%是多余的。猪在刚采食之后还有一次浪费饲料的现象。在一半以上的情况下，猪在离开饲槽之前并不能完成饲料的咀嚼，造成一部分饲料从猪的口中漏到地面上形成浪费。由此可见，设计合理的饲喂器，达到既能保证猪群 24 h 随意采食，又能减少饲料浪费，将对养猪生产产生积极影响。

猪还有一个明显的采食行为特点就是采食与饮水交替进行。猪的最佳饮水量有利于提高饲料的转化率。吃干料的猪，每昼夜需饮水 9～10 次，吃湿料的猪，平均 2～3 次。采食干料的猪一般每次采食后立即需要饮水，一天饮水量的 75%与采食次数有关。自由采食的猪，通常采食和饮水交替进行，直到满足为止。在前往饮水的过程中往往黏走一部分饲料，这部分饲料或者掉在地上，或在饮水的过程中被水冲走，也造成饲料的浪费。

猪的饮水量是相当大的，仔猪出生后就需要饮水，主要来自母乳中的水分。仔猪吃料时，饮水量约为干料的 3 倍，即水与料之比为 3∶1。成年猪的饮水量除饲料组成外，很大程度取决于环境温度。限制饲喂的猪则在吃完料后才饮水。2 月龄前的小猪就可学会使用自动饮水器饮水。

如果能通过改进饲喂器的设计，克服猪的拱地觅食习性、减少不必要的拱弄饲槽的次数以及减少因饮水而来回在饲喂器与饮水器之间的跑动次数，就可明显减少饲料浪费和提高猪的生产性能。

猪的采食具有选择性，特别喜爱甜食。研究发现未哺乳的初生仔猪就喜爱甜食。颗粒料和粉料相比，猪爱吃颗粒料；干料与湿料相比，猪爱吃湿料，且花费时间也少。由于干料饲喂方便，目前我国大多数规模化猪场均采用干料饲喂，然而干料饲喂对猪生产性能的发挥有着不良影响。猪采食干粉料，刚开始口腔消化液尚能搅和粉料，但随着采食时间延长，消化液来不及分泌，造成吞咽障碍。另外，猪每次的干料采食量要比湿料少，这样长时间采食、咀嚼，会引起厌食，同时采食时能量的消耗加大。采食干料还影响猪对饲料的消化。猪的正常胃壁布满消化液，由于食物在胃内呈层状，先进入的饲料“铺在”胃大弯处，消化液必须由适量水分稀释，才能消化后来的层层采食的饲料。干料饲喂不能使消化液充分搅和饲料，同时由于胃内一切消化酶的活性及作用均离不开水的参与，喂干料使水分减少，酶的活性降低，或酶的作用发挥不了，从而引起消化障碍。小肠内消化液的分泌及吸收代谢作用同样离不开水，缺水使小肠的吸收代谢能力弱，大量食糜被推向大肠，导致营养吸收减少。喂干料极易使粉料吸入气管引起“打呛”，某些疾病如肺炎等的发生不能排除此诱因。

湿喂是增加采食量的有效方式。有研究表明，将料水以 1∶1（质量比）的比例混合，可增加仔猪的采食速度。粉料干喂与湿喂相比，日增重和饲料利用率均偏低，采食量也有较大差异。湿喂对饲料的消化率有明显影响，同一饲料的营养价值因供水量的不同而变化颇大。湿喂可避免断奶后喂干饲料对肠壁形态学的破坏。湿喂可使因断奶应激而导致的小肠绒毛萎缩、隐窝变深降到最低。用同样的仔猪日粮，比较了湿喂与干喂对消化道绒毛高度和隐窝深度的影响，得出干喂使肠绒毛萎缩，隐窝变深，而湿喂则无此现象。

近年来，国外的大量研究和生产实践表明，采用液态饲料饲喂生长肥育猪，其适口性好，消化吸收率高，无粉尘，减少了猪的呼吸道疾病，还可充分利用各种饲料资源（如食品厂的下脚料、酒厂的酒糟等）降低成本，猪的生长速度快，饲料转化率提高 5%～12%。但由于液态饲喂系统结构较复杂，设备费用高，适用于万头猪场的液态饲喂系统其设备费用超过 100 万元，而我国经济水平较低，劳动力便宜，所以到目前为止，液态饲喂系统在我国工厂化猪场的应用还屈指可数。

猪的采食是有竞争性的，群饲的猪比单饲的猪吃得多、吃得快，增重也高。

2. 排泄行为

猪不在吃睡的地方排粪尿，这是祖先遗留下来的本性。因为野猪不在窝边拉屎撒尿，以避免敌兽发现。圈养猪的吃食、睡觉、排粪尿各在一个地方，这就是猪的三角定位，一旦固定下来就基本不变。所以猪初进圈或合栏并群时，就要注意调教。猪一般选择阴暗潮湿或污浊的角落排便。

新猪刚入栏时，只需将它首次排泄的粪便放于猪圈的某一角落，或在指定排粪尿的地方泼点水，在食槽内放些饲料，将其余场地打扫干净，稍加引导和调教，猪很快就能形成“三区定位”的生活方式，生活很有规律。猪是家畜中较爱清洁的动物，在良好的管理条件下，猪能保持其窝床干净，能在猪栏内远离窝床的一个固定地点排粪尿。猪排粪尿有一定的时间，一般多在食后饮水或起卧时，选择阴暗潮湿或污浊的角落排粪尿，且受邻近猪的影响。据观察，生长猪在采食过程中不排粪，饱食后 5 min 左右开始排粪 1～2 次，多为先排粪后排尿，在饲喂前也有排泄的，但多为先排尿后排粪，在两次饲喂的间隔时间里猪多为排尿而很少排粪，夜间一般排粪 2～3 次。猪的夜间排泄活动时间占昼夜总时间的 1.2%～1.7%。因为夜间长，所以猪早晨的排泄量最大，早晨的排粪量约占总排粪量的 27.9%。虽然猪是爱清洁的动物，但是如果饲养密度过大，天生的排泄习性就会受到干扰，无法表现其爱清洁的特性。

3. 群居行为

猪的群居行为是指猪群中个体之间发生的各种交互作用。结对是猪群体一种突出的交往活动，表现出更多的身体接触和听觉的信息传递。

在无猪舍的情况下，猪能自找固定地方居住，表现出定居漫游的习性。猪有合群性，但也有竞争习性，大欺小、强欺弱和欺生的好斗特性，猪群越大，这种现象越明显。

一个稳定的猪群，是按优势序列原则，组成有等级制的社群结构，个体之间保持熟悉，和睦相处。当重新组群时，稳定的社群结构发生变化，容易暴发激烈的争斗，直至重新组成新的社群结构。

猪具有明显的等级，这种等级刚出生后不久即形成。仔猪出生后几小时内，为争夺母猪前端乳头会出现争斗行为，常出现最先出生或体重较大的仔猪获得最优乳头位置。同窝仔猪合群性好，当它们散开时，彼此距离不远，若受到意外惊吓，会立即聚集一堆，或成群逃走。当仔猪同其母猪或同窝仔猪离散后几分钟，就出现极度不安，大声嘶叫，频频排粪尿。年龄较大的猪与伙伴分离也有类似表现。

猪群等级最初形成时，以攻击行为最为多见，等级顺序的建立受构成这个群体猪的品种、体重、性别、年龄和气质等因素的影响。一般体重大、气质强的猪占优位，年龄大的比年龄小的占优位，公比母、未去势比去势的猪占优位，小体型猪及新加入原有群中的猪则往往列于次位。同窝仔猪之间群体优势序列的确定，常取决于断奶时体重的大小。不同窝仔猪并圈喂养时，开始会激烈争斗，并按不同来源分小群躺卧，24～48 h 内明显的统治等级体系就可形成，一般是简单的线形。在年龄较大的猪群中，特别在限制饲喂时，这种等级关系更明显，优势序列既有垂直方向，也有并列和三角关系夹在其中。争斗优胜者，位次排在前列。吃食时常占据有利的采食位置，或优先采食权。在整体结构相似的猪群中，体重大的猪常常排在前列，不同品种构成的群体中不是体重大的个体而是争斗性强的品种或品系占优势。优势序列建立后，就开始和平共处的正常生活，优势猪的尖锐响亮的呼喝声形成的恐吓和用其吻突佯攻，就能代替咬斗，次位猪马上就退却，不会发生争斗。

4. 争斗行为

争斗行为包括进攻防御、躲避和守势的活动。在生产实践中能见到的争斗行为一般是为争夺饲料和争夺地盘所引起的。新合并的猪群内的相互交锋，除争夺饲料和地盘外，还有调整其群居结构的作用。

当一头陌生的猪进入一个群体中，这头猪便成为全群猪攻击的对象，攻击往往是严厉的，轻则伤皮肉，重则造成死亡。如果将两头陌生性成熟的公猪放在一起，彼此会发生激烈的争斗。它们相互打转、相互嗅闻，有时两前肢趴地，发出低沉的吼叫声，并突然用嘴撕咬。这种斗争可持续一小时之久，屈服的猪往往调转身躯，嚎叫着逃离争斗现场。虽然两猪之间的格斗很少造成伤亡，但也常使一方或双方造成较大损伤。在炎热的夏季，两头幼公猪之间的格斗，可因热极虚脱而造成一方或双方死亡。

猪的争斗行为，多受饲养密度的影响。当猪群密度过大，每猪所占空间下降时，群内咬斗次数和强度增加，会造成猪群吃料攻击行为增加（表 3-2-1），降低采食量和增重速度。这种争斗形式一是咬对方的头部，二是在舍饲猪群中咬尾争斗。

表 3-2-1　猪的争斗行为与每栏猪的头数和每头猪的栏内面积的关系

头数/栏	5	5	20	20
栏内面积/（m^2/头）	1.64	0.82	1.64	0.82
争斗行为/（次/h）	1.01	1.06	1.41	1.65

新合群的猪群，主要是争夺群居位次，并非争夺饲料。只有当群居结构形成后，才会更多地发生争食和争地盘的格斗。

5. 性行为

性行为包括发情、求偶和交配行为。母猪在发情期，可以见到特异的求偶表现，公、母猪都表现一些交配前的行为。

发情母猪主要表现卧立不安，食欲忽高忽低，发出特有的音调柔和而有节律的“哼哼”声，爬跨其他母猪，或等待其他母猪爬跨，频频排尿，尤其是公猪在场时排尿更为频繁。发情中期，性欲高度强烈的母猪，当公猪接近时，调其臀部靠近公猪，闻公猪的头、肛门和阴茎包皮，紧贴公猪不走，甚至爬跨公猪，最后站立不动，接受公猪爬跨。管理人员压母猪背部时，立即出现“静立反应”，这种“静立反应”是母猪发情的一个关键行为。

公猪一旦接触母猪，会追逐它，嗅其体侧肋部和外阴部，把嘴插到母猪两腿之间，突然往上拱动母猪的臀部，口吐白沫，往往发出连续的、柔和而有节律的喉音哼声。有人把这种特有的叫声称为“求偶歌声”。当公猪性兴奋时，还出现有节律的排尿。

有些母猪表现明显的配偶选择，对个别公猪表现强烈的厌恶，有的母猪由于内激素分泌失调，表现性行为亢进，或不发情和发情不明显。发情母猪与没有发情的母猪活动量变化趋势的差异相当明显。猪舍环境温度对断奶母猪的发情行为影响极为显著。研究结果表明，当猪舍环境温度高于 23 ℃时，母猪发情配种成功率将降低。因此，在实际生产中要采取各种降温措施，尽量降低猪舍温度。

公猪由于营养和运动的关系，常出现性欲低下或自淫现象。群养公猪常造成稳固的同性性行为的习性，群内地位低的公猪多被其他公猪爬跨。

6. 母性行为

母性行为包括分娩前后母猪的一系列行为，如絮窝、哺乳及其他抚育仔猪的活动等。

母猪临近分娩时，通常以衔草、铺垫猪床絮窝的形式表现出来，如果栏内是水泥地而无垫草，只好用蹄子抓地来表示。分娩前 24 h，母猪表现神情不安，频频排尿、磨牙、摇尾、拱地、时起时卧，不断改变姿势。分娩选择最安静的时间，一般多在下午 4 时以后，特别是在夜间产仔多见。分娩时多采用侧卧。当第 1 头小猪产出后，有时母猪还会发出尖叫声，当小猪吸吮母猪时，母猪四肢伸直露出乳头，让初生仔猪吃乳。母猪整个分娩过程中，自始至终都处在放奶状态，并不停地发出“哼哼”的声音，母猪乳头饱满，甚至奶水流出，容易使仔猪吸吮到。母猪分娩后以充分暴露乳房的姿势躺卧，形成一热源，引诱仔猪挨着母猪乳房躺下，授乳时常采取左倒卧或右倒卧姿势，一次哺乳中间不转身。母、仔双方都能主动引起哺乳行为，母猪以低而有节奏的哼叫声呼唤仔猪哺乳，有时是仔猪以它的召唤声和持续地轻触母猪乳房来发动哺乳。

一头母猪授乳时母、仔猪的叫声，常会引起同舍内其他母猪也哺乳。仔猪吮乳过程可分为 4 个阶段，开始仔猪聚集乳房处，各自占据一定位置，以鼻端拱摩乳房，吸吮。仔猪身向后，尾紧卷，前肢直向前伸，此时母猪哼叫达高峰。最后排乳完毕，仔猪又重新按摩乳房，哺乳停止。

母猪授乳过程中的哼叫行为对仔猪行为具有以下作用：第一，吸引仔猪的作用。母猪授乳前首先发出有节奏的哼叫，作为一种信号，标志着授乳行为的开始。吸引仔猪到乳房旁进行寻找，争夺乳头或吃乳。第二，母猪通过哼叫使自身行为与仔猪的吃乳行为达到同步化。母猪授乳时有节律的哼叫，部分原因是仔猪按摩乳房的结果。母猪用一种低频有节律的哼叫召唤仔猪吃奶，随着仔猪对乳房的按摩，母猪哼叫频率增加。

哼叫频率的增加与催产素释放息息相关，而催产素是调节泌乳的体液途径，我们不难判断在母猪的哼叫行为与泌乳之间存在某种联系。研究表明，仔猪的快速吃乳阶段只有在母猪发生快速哼叫时才可观察到，而泌乳要在这两种行为都存在的情况下才可发生。母猪的哼叫频率达到最大值后仔猪开始快速吃乳，持续 10～15 s。

由此可见，母猪的哼叫行为与仔猪的吃乳两者之间存在密切的关系。当母猪哼叫频率增加时，标志着泌乳的开始，对母猪和仔猪间的同步化运动起着重要的作用。成功的泌乳是两者共同作用的结果。

母、仔之间是通过嗅觉、听觉和视觉来相互识别和相互联系的，猪的叫声是一种联络信息。例如，哺乳母猪和仔猪的叫声，根据其发声的部位（喉音或鼻音）和声音的不同可分为嗯嗯声（母、仔亲热时母猪叫声）、尖叫声（仔猪的惊恐声）和鼻喉混声（母猪护仔的警告声和攻击声）3 种类型，以此不同的叫声，母、仔互相传递信息。

母猪非常注意保护自己的仔猪，在行走、躺卧时十分谨慎，不踩伤、压伤仔猪。当母猪躺卧时，选择靠栏三角地不断用嘴将其仔猪拱出卧位，慢慢地依栏躺下，以防压住仔猪。一旦仔猪被压，听到仔猪的尖叫声，马上站起，防压动作再重复一遍，直到听不到仔猪叫声为止。

带仔母猪对外来的侵犯先发出警报的吼声，仔猪闻声逃窜或伏地不动，母猪会张合上下颌对侵犯者发出威吓，甚至进行攻击。刚分娩的母猪即使对饲养人员捉拿仔猪也会表现出强烈的攻击行为。这些母性行为，地方猪种表现尤为明显，现代培育品种，尤其是高度选育的瘦肉猪种，母性行为有所减弱。

7. 活动与睡眠

猪的行为有明显的昼夜节律。活动大部在白昼，夜间也有活动和采食，遇上阴冷天气，活动时间缩短。猪昼夜活动也因年龄及生产特性不同而有差异，仔猪昼夜休息时间占比平均为 60%～70%，种猪为 70%，母猪为 80%～85%，肥猪为 70%～85%。猪休息高峰期在半夜，清晨 8∶00 左右休息最少。

哺乳母猪睡卧时间表现出随哺乳天数的增加睡卧时间逐渐减少，走动次数由少到多，时间由短到长，这是哺乳母猪特有的行为表现。

哺乳母猪睡卧休息有两种：一种属静卧，一种是熟睡。静卧休息姿势多为侧卧，少为伏卧，呼吸轻而均匀，虽闭眼但易惊醒。熟睡为侧卧，呼吸深长，有鼾声且常有皮毛抖动，不易惊醒。

仔猪出生后 3 d 内，除吮乳和排泄外，几乎全是酣睡不动。随日龄增长和体质的增强，活动量逐渐增多，睡眠相应减少。但至 40 日龄大量采食补料后，睡卧时间又有增加，饱食后一般较安静睡眠。仔猪活动与睡眠一般都尾随效仿母猪。出生后 10 d 左右便开始同窝仔猪群体活动，单独活动很少，睡眠休息主要表现为群体睡卧。

8. 探究行为

探究行为包括探查活动和体验行为。猪的一般活动大部来源于探究行为，大多数是朝地面上的物体，通过看、听、闻、尝、啃、拱等感官行为进行探究。猪对新近探究中所熟悉的许多事物，表现有好奇、亲近的两种反应，仔猪对小环境中的一切事物都很“好奇”，对同窝仔猪表示亲近。探究行为在仔猪中表现明显，仔猪出生后 2 min 左右即能站立，开始搜寻母猪的乳头，用鼻子拱掘是探查的主要方法。仔猪的探究行为的另一明显特点是用鼻拱、口咬周围环境中所有新的东西。用鼻突来摆弄周围环境物体是猪探究行为的主要形式，其持续时间比群体玩闹时间还要长。

猪在觅食时，首先是拱掘动作，用鼻闻、拱，用嘴舔、啃，当食料合乎口味时，便开始采食，这种摄食过程也是探究行为。同样，仔猪吸吮母猪乳头的序位，母、仔之间彼此能准确识别也是通过嗅觉、味觉探查而建立的。

猪在猪栏内能明显地区划睡卧、采食、排泄不同地带，也是用鼻的嗅觉区分不同气味探究而形成的。

9. 异常行为

异常行为是指超出正常范围的行为。恶癖就是对人、畜造成危害或带来经济损失的异常行为，它的产生多与动物所处环境中的有害刺激有关。猪的异常行为主要表现为咬尾、咬耳、咬肋、吸吮肚脐、食粪和猪只间的打斗等，其中以咬尾最为常见。多发生于集约化养猪场处于各种应激状态下的生长幼猪，生长育肥猪也偶尔发生。母猪的异常行为主要表现为食胎衣、胎儿、仔猪，该病也被称为“反不适综合征”。因为任何引起猪不适的环境因素都有可能引发猪的异常行为，如长期圈禁的母猪会持久而顽固地咬嚼自动饮水器的铁质乳头。母猪生活在单调无聊的栅栏内或笼内，常狂躁地在栏笼前不停地啃咬栏柱。一般随其活动范围受限制程度增加，咬栏柱的频率和强度也增加，攻击行为也增加。口舌多动的猪，常将舌尖卷起，不停地在嘴里做伸缩动作，有的还会出现拱癖和空嚼癖。同类相残是另一种有害恶癖，如神经质的母猪在产后出现食仔现象。在拥挤的圈养条件下或营养缺乏的情况下可发生咬尾行为，给生产带来极大危害。

猪群的咬尾、咬耳或打斗严重影响猪只的健康。伤口不及时治疗会引起感染，严重的可能波及身体其他部位，不但降低胴体品质，严重的可致死亡。猪只发生急性咬尾或攻击行为，如果没有被及时发现和制止，将很快导致猪受伤甚至死亡。猪群发生异常行为还将严重影响猪的生产性能。据研究，发生咬尾的猪群，其生长速度和饲料转化率均下降20%以上，严重影响猪场的经济效益。

猪异常行为一旦发生，制止十分困难，因此必须了解其发生原因，做到以防为主。猪发生异常行为与饲养管理、疾病、环境、营养和猪的心理行为特性等多方面因素有关，这些因素可单独或共同起作用。

饲养管理因素有：饲养密度大，栏舍面积小，太拥挤，饲槽、饮水器不够或安装位置不当，供料或供水不足，造成猪只采食或饮水困难，猪只之间互相接触和冲突行为就会增加；同栏猪体重大小差异太大也会增加异常行为的发生。研究表明，同栏中体重小于3个离均差的猪受攻击的机会明显增加；若舍内粪便堆积，通风不良，则有害气体浓度增加，会诱发猪争斗行为；湿度过大，光照太强，气温过高或过低，贼风等因素均可诱发猪异常行为的发生；另外，猪尾部或耳朵损伤流血会诱发其他猪前去啃咬，因为有的猪喜欢血腥味。

疾病因素也是导致异常行为的主要原因。咬尾、食粪等是异嗜癖的一种，异嗜癖一般是消化不良、代谢功能紊乱所引起的。临床上病猪舔食墙壁、砖瓦或有咸味的异物，啃咬食槽和被粪便污染的垫草、杂物等，食欲下降、生长不良，病猪逐渐消瘦，对外界刺激敏感，便秘下痢交替出现，母猪常引起流产、吞食胎衣或胎儿，其他猪则表现相互啃咬尾、耳等。体外寄生虫造成皮肤出现油性渗出物，会吸引别的猪前来“玩弄”或啃咬。

营养因素引起猪异常行为多见于矿物质和微量元素的缺乏。如Na、Co、Zn、Fe、S、Ca、P等含量不足可诱发异嗜现象。某些维生素的缺乏，特别是B族维生素的缺乏可导致体内的代谢功能紊乱，从而诱发猪异常行为。因为这些微量物质是体内许多与代谢关系密切的酶和辅酶的组成成分。蛋白质和某些氨基酸的缺乏或蛋白质质量差也可引起猪的异常行为。

最后，猪的心理行为因素也可引起猪的一些异常行为。猪有探究行为，在自然状态下采食时，首先是拱掘动作，用鼻闻、拱、啃，然后开始采食。当饲养场地为水泥地面，场地又无可玩之物，这种探究行为长期受到限制时，猪的攻击行为会增加，有的猪就会相互咬尾。猪还有群居行为、争斗行为和领域行为，当其住地受到侵占和威胁时，群内咬斗次数和强度增加，攻击行为增加。特别在猪群分窝并栏时，由于气味不同或强弱顺序被打乱，多会引起打斗。长期圈养，猪产生厌倦情绪，于是相互“玩弄”耳朵或尾巴，最终导致严重的食肉癖。有些打斗是由猪群中个别特别凶恶好斗的猪挑起的。

那么如何防止猪的异常行为呢？从引起猪异常行为的原因分析来看，为了减少猪的异常行为，我们就要保证合理的饲养密度，充足的食槽、饮水器及放于适当位置。每头猪所占的食槽、饮水器的面积因个体、重量有所不同，应予以保证。具体为平均4头猪一个食位，10头猪一个饮水器是最低要求。平均每头适宜占地面积（局部为漏缝地板）为：体重为7～20 kg的猪约占0.35 m^2，20～45 kg的约占0.5 m^2，45～90 kg的约占0.8 m^2，当然再大些更好。同时一栏最多不要超过20头，否则猪群异常行为的发生将明显增多。同栏猪体重差异尽可能小；尽量不要将不同日龄的猪饲养在同一栏；避免不同品种的猪饲养在同一栏。同时，可使用防咬喷剂以防猪只合群时互相咬斗。

另外，也有研究表明，猪的攻击性是具有遗传性的，因此可通过选育来改善猪群内的相互打斗。

10. 后效行为

猪的行为有的生来就有，如觅食、母猪哺乳和性的行为，有的则是后天发生的，如学会识别某些事物和听从人类指挥的行为等。后天获得的行为称为条件反射行为，或称为后效行为。后效行为是猪出生后对新鲜事物的熟悉过程中逐渐建立起来的。猪对吃、喝的记忆力强，它对与饲喂有关的工具、食槽、饮水槽及其方位等最易建立起条件反射。例如，小猪在人工哺乳时每天定时饲喂，只要按时给以笛声、铃声或饲喂用具的敲打声，训练几次，即可听从信号指挥，到指定地点吃食。由此说明，猪有后效行为。猪通过各种训练，均可建立起后效行为的反应，听从人的指挥，达到提高生产效率的目的。

以上猪的10个行为特性为养猪者饲养管理好猪群提供了科学依据。在整个养猪生产工艺流程中，充分利用这些行为特性精心安排各类猪群的生活环境，使猪群处于最优生长状态，发挥猪的生产潜力，达到繁殖力高、多产肉、少消耗，获取最佳经济效益的目的。

【典型人物案例】

中国规模化养猪技术的先驱之一——李炳坦先生

李炳坦，男，1919年3月生，山西寿阳人，中共党员，研究员。1943年毕业于铭贤农工专科学校畜牧兽医专业，是我国著名的畜牧学家、养猪专家、规模化养猪技术的先驱之一，曾任中国畜牧兽医学会养猪学分会名誉理事长。

1944年参加农林部高级畜牧人员训练班，在中央畜牧所任技佐，后到四川金堂铭贤学院任助教及牧场管理员。1949—1957年在华北农业科学研究所畜牧系工作。1957—1998年在中国农科院畜牧研究所工作，任养猪研究室主任。多次主持国家“攻关”课题，曾任中国畜牧兽医学会养猪分会名誉理事长，中国养猪行业协会名誉理事长，《养猪》《养猪业》《养猪在线》杂志的顾问。1988 年 7 月 27 日，中国农业科学院一批长期坚持参加黄淮海平原综合治理农业开发并做出优异成绩的 28 名科技人员受到国务院的表彰、奖励。获得一级奖励的贾大林、张雄伟、何荣汾、李炳坦 4 位同志在北戴河受到国家领导人的亲切接见。1989 年被选载入《中国人物年鉴》，同年获全国劳动模范光荣称号。1991 年获国家级有特殊贡献的专家并享受政府特殊津贴，同年被选载入《中国当代名人录》。1999 年被载入《世界文化名人大辞典（华人卷）》，2001 年被载入《中国专家大辞典》。

发表具有科学价值的论文 60 余篇，他率领同行专家主编《猪的育种经验》《中国猪种》一集和二集、《养猪生产技术手册》《中国培育猪种》《中国猪品种志》（第二主编）等科技书籍，多次获得科技奖励；主持的《猪的快速肥育技术研究》于 1978 年获全国科技大会科技成果奖和先进集体奖；获农牧渔业部技术改进一等奖 3 项、二等奖 1 项，国家技术进步二等奖 1 项。

李炳坦在中国农科院北京畜牧兽医研究所工作期间，对北京顺义区的养猪事业做了巨大贡献。李炳坦从 1963 年开始，常年在顺义区木林公社陈各庄蹲点，普及养猪技术，培养一线科技人员，几十年如一日奋力拼搏，已把顺义区建设成为全国良种猪供应基地、北京市优质猪的生产基地、集约化养猪配套技术的先进典范和北方养猪种猪测验中心。

1992 年 7 月，顺义区政府对他多年指导农民科学养猪并发展集约化养猪所做出的突出贡献给予重奖，奖励一辆桑塔纳轿车和奖金两万元。李先生退休后，对顺义区的种猪事业仍然十分关心，作为顺义区唯一的国家级种猪场——顺鑫农业小店种猪场，他每年都要来场进行指导，特别是在他病逝前的半年前还亲自来场指导养猪技术。在他的关心指导下，小店种猪场一直走在全国种猪选育工作的前列，向全国二十几个省市提供优良种猪 15 万头，取得了良好的经济效益和社会效益。

“励志求真、勤学务实、开拓进取、协作创新”是李炳坦先生一生的真实写照，北京顺义区人民政府为表达对顺义区有突出贡献专家的重视和敬意，特为李炳坦先生树立铜像，缅怀先驱，激励后人。

任务 1　分娩舍的准备

【任务目标与质量要求】

（1）计划好分娩舍的使用，分娩舍进猪前要彻底完成洗消，并空圈一周。

（2）彻底冲洗圈舍，地面、产床、粪尿沟、墙壁和顶棚等表面不应有肉眼可见的附着物。

（3）选择可靠的消毒剂和消毒方法，严格按照要求完成消毒操作，确保消毒好的圈舍表面总活菌数不超过1 000个/cm^2。

（4）确保分娩舍进猪前温度调整至18～22 ℃，湿度为75％～85％。

【学习产出目标】

（1）熟练掌握分娩舍清洗消毒的程序、方法和要求，并严格执行。

（2）熟悉常用消毒药的种类、特性、使用范围和方法。

（3）能够根据猪场的实际情况选择合适的消毒剂和消毒方法。

（4）熟练掌握水线消毒的程序、方法和要求，并严格执行。

（5）了解熏蒸消毒的原理和优点，熟悉其操作程序、方法和要求，并严格执行。

【工作程序与方法要求】

一、 分娩舍的清洗消毒

一个清洁、舒适的环境有利于仔猪的生存，仔猪出生前就为它准备一个微生物载量很低的环境会大大降低出生后疾病的感染。因此在上一批猪转出后，将分娩舍彻底地清理、冲洗和消毒，清理走原猪舍的脏物，消灭原猪舍的病原，将舍内的水蒸发干。

进猪前分娩舍的清洗和消毒分清、冲、消、熏和空5步。

1. 清

切断分娩舍内的电路，将分娩舍内可移动的设备移至舍外，如保温箱、保温灯、仔猪料槽、其他生产工具和杂物。将产床上下和过道中的粪便、脏物全部清理出去。

2. 冲

使用高压水枪进一步将舍内脏物冲洗掉，并冲出猪舍。这里需要重点冲洗以下几个地方：一是网床下面；二是大小猪的饮水器，三是保温箱与网床的接触处；四是母猪的料槽。这些地方与仔猪接触机会比较多，又容易被人忽视。

粪尿中的一些脂类有机物很难被彻底冲洗干净，残留的有机物会影响后续消毒剂发挥作用。建议使用温水进行冲洗，同时配合使用重垢型清洁剂，即可达到很好的清洗效果。

3. 消

（1）舍内环境消毒。母猪上产床前彻底消毒已被所有猪场接受。根据猪场的实际情况，应选择消毒效果好、对环境影响小的消毒剂，如过氧乙酸、氧化类消毒剂及基于戊二醛的消毒剂。

屋顶、墙壁、地面、产床、粪尿沟等都要进行彻底清洗消毒。有两个地方还需要重点注意：一是仔猪饮水器；二是保温箱垫板。饮水器经小猪多次啃咬后，上面一些脏物很难清理掉，一般的水冲并不一定能清除干净，如果能把饮水器卸下，泡在消毒水中，消毒效果会更好。保温箱垫板一般都是木板拼凑而成的，木板之间的缝隙会有许多难以清理出去的脏物，将冲洗后的木板放在3%烧碱水中浸泡2 h以上，可以将所有的病原杀死。猪舍的地面和粪尿沟可以使用3%烧碱水浸泡，效果很好。

冬季消毒的时候，需要注意消毒药的温度，尽量使用热水配制消毒药，并保持舍内有较高的温度。

(2) 水线消毒。提到消毒，很多人仅局限在对环境、设备和用具的消毒，而忽略了对于水线内部的消毒。尤其是一些老旧的猪场，经过常年的使用，水线内壁已积累了厚厚的一层黏性污垢，其中含有大量的病原微生物，若仔猪饮用了这样的水，极易引起腹泻。所以，定期对水线消毒就显得尤为重要。

在对水线消毒前，先确保饮水管道不堵塞和漏水，然后将配制好的过氧乙酸类（0.01%）消毒剂加入水箱。为了配制正确的稀释比例，需要计算流过饮水管道的水量，其计算式如下：流过饮水管道的消毒剂水量（L）$=r^2$（cm）$\times 3.14\times L$（cm）$+10$（r 为管道半径，L 为管道长度）。

待消毒剂在管道保留0.5～1 h（最好为4～6 h）后排空管道中的消毒剂，并清洗饮水管道中的消毒剂。如果是碗式饮水器，需要在栏舍清洗消毒时用高压水枪对碗式饮水器进行彻底冲洗。

4. 熏

消毒后的猪舍需再用甲醛或百毒杀对猪舍熏蒸。因不论喷雾还是火焰都不会将舍内缝隙内病原杀死，而熏蒸时产生的蒸气可以弥补这个缺陷。熏蒸时要注意舍内有足够大的湿度和较高的温度，而且要封闭严实，否则效果会大打折扣。

5. 空

空舍的目的有两个：一是使一些没有被杀死的细菌病毒处于干燥的环境中，进一步减少病原的数量；二是将舍内冲消所产生的水汽排出，达到产房所需的干燥环境条件。

分娩舍空舍时间最好保证一周。进猪前可使用火焰消毒法，对地面、粪沟、墙壁、产床等能耐高温的部位进行一次消毒。

有条件的猪场都应保证做到以上几点，清洁、卫生、干燥的环境是哺乳仔猪多活多壮的前提。

二、分娩舍进猪前的检修

1. 检修电路

认真检查分娩舍的电路，确保生产期间供电正常。尤其是在冬季和夏季，分娩舍电路若出现故障，仔猪保温灯、水帘风机等将无法工作，进而造成严重的后果。检修时应对分娩舍内的插座、插头、线路、保险丝/漏电保护器和开关等进行全面的检查。

2. 调试设备

对通风/保温系统、加热设备、料线系统、饮水系统、照明系统等进行调试，以保证各设备正常工作。

3. 检修栏位

检查产床设备是否损坏或异常，重点检查漏粪地板是否破损、栏架是否松动、保温箱/盖是否破损、料槽是否干净、饮水器水压是否足够、防压架是否齐全、栏门及铁栓是否损坏等。

【业务知识】

一、 猪场常用消毒剂及其使用

每个猪场由于病原菌环境和种类有较大的差别，一种消毒剂很难杀死所有的病原微生物。因此在选择消毒剂的时候应该根据猪场的实际情况进行选择，最好能够通过实验室手段来验证。如果在不太确定的情况下，应尽量选择复合型的消毒剂及结合多种消毒方式，以达到较好的消毒效果（病原菌减少 80%以上）。

规模化猪场常用消毒药物及其用法见表 3-2-2。

表 3-2-2 常用消毒药物及其使用方法

类别	名称（商品名）	常用浓度	用法	消毒对象
碱类	NaOH	1%～5%	浇洒	空栏消毒、消毒池
	CaO（生石灰）	10%～20%	刷拭	空栏消毒
酚类	复合酚	1∶100	喷洒	发生疫情时栏舍环境强化消毒
		1∶300	喷洒	空栏消毒、载畜消毒、消毒池
醛类	福尔马林	40%，15 mL/m^3	熏蒸 24 h	空栏消毒后的猪舍
		2%～10%	喷洒	畜舍内外环境消毒
	戊二醛	2%	浸泡	手术器械消毒
季铵盐类	新洁尔灭	0.1%	浸泡	皮肤及创伤消毒
	百毒杀	1∶500	喷雾	畜舍内外环境消毒、载畜消毒
		1∶（100～300）	喷雾	畜舍内外环境消毒、载畜消毒
酸类	灭毒净	1∶500	喷雾	畜舍内外环境消毒、载畜消毒
卤素类	碘酊、络合碘	1%	喷雾	畜舍内外环境消毒、载畜消毒
		2%～5%	外用	皮肤及创伤消毒
		50～100 mg/L	喷雾	畜舍内外环境消毒、载畜消毒

续表 3-2-2

类别	名称（商品名）	常用浓度	用法	消毒对象
氧化剂	高锰酸钾	0.1%	浸泡	皮肤及创伤消毒
	过氧乙酸	0.5%	喷雾	畜舍内外环境消毒
		5%	熏蒸	
		0.01%	浸泡	饮水管道消毒

二、 消毒效果的评价

圈舍的清洗和消毒是为了保证环境的清洁，相关研究和一些猪场的一般经验提示了“清洁”应该达到的标准。一位专门从事此领域工作的猪兽医 Waddilove（沃迪拉夫）提出了一些指标（表 3-2-3）。

表 3-2-3　猪舍冲洗消毒前后的总活菌数（total viable counts，TVC）

猪舍内状况	TVC/（个/cm^2）
上一批猪刚转走时	50 000 000
简单冲洗后	20 000 000
热水及重垢型清洁剂冲洗后	1 000 000
消毒后的目标	1 000

三、 熏蒸消毒

悬浮在空气中的灰尘和微粒是病原体的“载体”，它们能将有害微生物直接运送至猪的口腔和肺，并可作为微生物繁殖的场所，尤其是在猪舍的上部表面，如天花板和阁楼。这些微粒可以进入最小的缝隙，并在来自内部及外界的空气压力下改变方向持续流动，并释放出病原微生物，即使在经过了细致的清洁与消毒后的圈舍内表面一样存在。

1. 传统熏蒸技术的缺陷

常规的熏蒸是按 28 m^3 的空间用 500 mL 40%的福尔马林倒入 200 g 高锰酸钾中进行的，随后需要封闭 12 h，开门窗通气 8 h 后才可使用。这一方法由家禽行业开发，效果好且成本低，但存在严重的缺点。缺点包括：操作费力；有一定的危险性；待熏蒸的表面需弄湿，密封所有的开口；需要安排另外一人作为待命者；不能带猪消毒；防护服和口罩必不可少；高锰酸钾贮存不当时会因吸收空气中水分而结块。

2. 改进的熏蒸消毒技术

当过氧化物类消毒剂出现且可以借助电动喷雾器使用时，上述大多数缺点都能被克服。例如，在正确的稀释比例下，杜邦卫可（VirkonS，过硫酸氢钾复合物粉）可以用于空气熏蒸消毒，不仅可用于终末消毒，还可用于带猪消毒。实践证明，在有呼吸道疾病的猪舍，其以雾化形式现场应用很可能是有益的，即使在每天进行一次消毒的情况下。

利用这种先进的产品，福尔马林熏蒸消毒法的所有缺点几乎都消失了。虽然这种消毒剂比较昂贵，但若计算其投入产出比，收益将非常可观。

3. 熏蒸是否作为常规消毒方法

很多病毒性疾病均可通过空气中的飞沫传播，熏蒸可有效杀灭空气中细菌和病毒，并可以杀灭猪舍内较难接近的物体表面（如缝隙）可能存在的病原。

在英国，详细记录的熏蒸费用是每头母猪每年 2.50 英镑。此费用用于购买对所有物体表面和猪舍空气空间进行终末消毒（分娩舍 11 次/年，保育舍 5 次/年，育肥舍 4 次/年）的消毒产品，还包括喷雾设备和所有参与此项工作的劳动力的成本。

一些病毒成为目前猪场利润的巨大掠夺者。据测算，一些常见传染病引起每头母猪每年的损失：猪瘟为 4 500 元、伪狂犬病为 1 500 元、传染性胃肠炎为 1 100 元、地方流行性肺炎为 900 元，繁殖障碍病为 670 元。虽然不同的猪场发病情况不尽相同，不同传染病造成的损失与该测算有差异，但从上述测算也可以看出传染病给猪场造成的损失之严重，而每头母猪每年花约 22 元的熏蒸消毒费用就可以避免这些问题的发生。

可见，与发病后投药治疗的成本相比，选择一些好的消毒剂和消毒方式认真做好猪舍的消毒，虽然成本较高，但其投入产出比仍然要优于发病后被动治疗。

四、 新型消毒剂的作用机制

1. 病毒的结构

首先简单了解一下病毒的结构。病毒具有由以下成分组成的外保护层：一层脂质的囊膜（有些病毒没有囊膜），一层蛋白质构成的衣壳。衣壳里面包裹着病毒的核酸。

消毒剂必须侵入这两个保护层并摧毁它，或造成核功能障碍，才可以起到消毒的作用。

2. 新型消毒剂的特点

（1）表面活性剂。表面活性剂能够溶解外侧的脂质囊膜，并协助攻击病毒壳微体和壳粒层中的蛋白质。

（2）有机酸。有机酸也能攻击这些蛋白质层。作为有机物，它们都没有腐蚀性。

（3）氧化剂。氧化剂能够穿透刚损坏的蛋白质结构，到达细胞核，即使是在低温条件下。

（4）缓冲剂。缓冲剂可以提高环境的酸度，进而增强杀菌效果，同时也可降低硬水和有机物质的中和作用。

病毒不仅是一种小的生物体，而且许多具有很强的抵抗力。这些新的高级消毒剂是由多种精心选择的化学物质复合而成，每一种化学物质可特异性地破坏病毒结构的一部分。

3. 新型消毒剂的工作原理

消毒剂中的表面活性剂找到病毒后打开它的外壳膜，为使其他两种成分（有机酸和氧化剂）攻击细胞核做好准备，而缓冲剂可以避开有机物等的防守（以确保消毒剂的杀菌功效）。

【岗位工作检查清单】

（1）所有可移动的设备是否都搬出舍外单独进行冲洗消毒。

（2）猪舍冲洗前是否彻底进行了清扫，尤其应关注顶棚、墙壁、产床底部和粪尿沟等部位的脏污是否清扫干净。

（3）冲洗时是否使用了清洁剂（最好是重垢型清洁剂），清洁剂的作用时间是否足够，是否用热水（最好 70 ℃以上）进行冲洗。尤其是在冬季，一定要关注冲洗的水温。

（4）漏粪地板是否彻底冲洗，尤其是自动饮水器的水嘴、板条缝隙和漏粪地板的靠近地面的一侧等较隐蔽的部位常是容易忽略的地方。

（5）是否将发泡剂和清洁剂配合使用。发泡剂可延长清洁剂与污物接触的时间，而且能让操作人员看到哪些地方使用了清洁剂。同时发泡剂可减少清洗浸泡和高压清洗阶段所需要的用水量。较少的用水量可以降低成本，并可减少处理清洗产生污水的费用。

（6）消毒时是否将两种以上的消毒剂配合使用，以确保杀死不同类型的病原微生物。消毒剂的浓度是否足够，配制消毒剂的水温是否有保障。尤其是在冬季，消毒剂应用温水配制，且应保证舍内有较高的温度。

（7）是否对水线进行定期消毒，消毒剂的选用是否合理，浓度是否能达到要求。

（8）使用甲醛熏蒸时圈舍是否密闭，舍内的温度和湿度是否达到要求，甲醛的投放量是否足够；是否有安全防护措施，例如至少有两个人，一人进入舍内操作，一人在门口待命，以防突发事故的发生；操作人员是否有防护装备。

（9）圈舍清洗消毒后的空舍时间是否足够长。

（10）分娩舍的电路是否进行了认真检查，保温灯、电热板、风机水帘等能否正常工作，饮水系统是否畅通，水量是否充足，产床是否有损坏。

【工作任务实施记录与评价】

1. 分娩舍的清洗消毒

<table>
<tr><td rowspan="2">师傅指导记录</td><td colspan="5">分娩舍的清洗消毒</td><td>评价成绩</td></tr>
<tr><td>工作任务</td><td>优</td><td>良</td><td>中</td><td>差</td><td rowspan="4"></td></tr>
<tr><td rowspan="7"></td><td>舍内物品的清出及污物的清扫</td><td></td><td></td><td></td><td></td></tr>
<tr><td>圈舍的冲洗</td><td></td><td></td><td></td><td></td></tr>
<tr><td>消毒剂和消毒方法的选择</td><td></td><td></td><td></td><td></td></tr>
<tr><td>圈舍的消毒</td><td></td><td></td><td></td><td></td><td>评价时间</td></tr>
<tr><td>水线的消毒</td><td></td><td></td><td></td><td></td><td rowspan="3">年 月 日</td></tr>
<tr><td>熏蒸消毒</td><td></td><td></td><td></td><td></td></tr>
<tr><td>空舍及消毒效果的评价</td><td></td><td></td><td></td><td></td></tr>
</table>

2. 分娩舍的检修

<table>
<tr><td rowspan="2">师傅指导记录</td><td colspan="5">分娩舍的检修</td><td>评价成绩</td></tr>
<tr><td>工作任务</td><td>优</td><td>良</td><td>中</td><td>差</td><td rowspan="2"></td></tr>
<tr><td rowspan="3"></td><td>电路检修</td><td></td><td></td><td></td><td></td></tr>
<tr><td>设备调试</td><td></td><td></td><td></td><td></td><td>评价时间</td></tr>
<tr><td>栏位检修</td><td></td><td></td><td></td><td></td><td>年 月 日</td></tr>
</table>

3. 学徒关键职业能力及职业品质、工匠精神评价

项目	优	良	中	差
工作态度				
吃苦耐劳				
团队协作				
沟通交流				
学习钻研				
认真负责				
诚实守信				

任务2　围产期及哺乳期母猪的饲养管理

【任务目标与质量要求】

（1）母猪哺乳期失重低于5 kg，体况评分2.5～3分，断奶后7 d内90%以上的母猪正常发情配种。

(2) 纯种母猪活产仔数11头/窝以上，二元母猪活产仔数12头/窝以上，窝均死胎0.3头以下。

(3) 母猪年产胎次2.2胎以上，母猪使用年限6胎以上。

(4) 母猪死亡率0.5%以下，被动淘汰率3%以下。

【学习产出目标】

(1) 做好分娩舍环境控制，避免高温、嘈杂及空气质量差等环境因素对哺乳母猪采食量和健康的影响。

(2) 能够有效与妊娠舍技术人员对接，将妊娠母猪在分娩前一周转入产房待产。

(3) 能够根据哺乳母猪的体况及哺乳仔猪的数量做好哺乳母猪的饲喂。

(4) 熟悉母猪的临产征兆并较准确地推断母猪的分娩时间。

(5) 能够按要求做好母猪接产前的各项准备工作。

(6) 熟练掌握母猪的接产及初生仔猪的护理技术。

(7) 熟练掌握难产母猪的助产及难产母猪产后的护理技术。

【工作程序与方法要求】

一、围产期及哺乳期母猪的饲喂

围产期及哺乳期母猪饲喂的目标是通过母猪的合理饲喂，使母猪能够分泌质优量多的乳汁，保证仔猪正常生长发育，提高成活率和断奶体重；同时使母猪维持良好的体况，最大限度地减少哺乳期的失重，保证其断奶后能正常发情配种。

哺乳期母猪摄入的营养除了自身的维持需要外，优先用于保障合成乳汁。一头哺乳母猪的日产奶量为8～10 kg，当母猪每天摄入的营养物质不足以支撑乳汁的合成时，母猪将靠消耗背膘来泌乳。哺乳期在一定程度上会减轻一些体重，因此要通过适宜的饲养来控制体重的减轻程度，以防止繁殖上发生问题。

1. 合理投料

饲喂专用的哺乳母猪料，并根据阶段、仔猪数量及母猪膘情合理安排饲喂量，原则是前后少，中间多。以下推荐供参考的饲喂量：产仔当天停料，给母猪饲喂麸皮汤等轻泻性的饲料以防止便秘；产后1～4 d喂1～2.5 kg/头仔猪；5～6 d喂(2+0.2) kg/头仔猪，7 d后喂(2+0.4) kg/头仔猪。

2. 少喂多餐

每天饲喂3～4次，及时清除食槽中的剩料，尤其是在夏季，以防止饲料发霉变质。若发现剩料过多，要及时分析原因并做针对性处理，以防影响泌乳和母猪体况的维持。不能采用自由采食的方式饲喂哺乳母猪，因为在自由采食的饲喂模式下，食槽中始终都有饲料，这不但会影响饲料的品质，还会影响哺乳母猪的食欲，反而不利于其采食量的提高。

3. 饮水和投喂青料

给予哺乳母猪充足、清洁的饮水，绝不能断水。最好喂湿拌料，料水比为1∶（0.5～0.7）。有条件的猪场可加喂一些优质青绿饲料。

二、围产期及哺乳期母猪的日常管理

1. 重胎母猪提前转入产房

产仔前一周将妊娠母猪赶入产房，主要目的是让母猪提前适应产房环境，避免转群应激而造成难产；另外，考虑到母猪的自然分娩时间为妊娠期第111～119天，准确分娩时间存在个体差异，提前将母猪转入产房，可以防止母猪提前产仔，避免不必要的死胎和仔猪死亡。

上产床前将母猪全身冲洗干净，驱除体外寄生虫，这样可保证产床的清洁卫生，减少初生仔猪的疾病，具体操作规程如下：

（1）转群前的准备工作。转猪前1 d安排好相关工作人员，同时与配怀舍主管沟通转群时间、转群数量和产房栏栋号。赶猪之前确保赶猪通道顺畅无缺口，移走产房栏位后面的防压架及过道的障碍物，并使产床栏门开向进猪的方向。

（2）识别和核对临产母猪。按照预产期先后顺序标记转群的重胎母猪；核对母猪个体号是否与配种卡上的记录一致；检查母猪是否临近分娩，避免空怀母猪上产床。

（3）母猪清洗。将母猪转到清洗区，对母猪体表进行清洗，特别是母猪后躯臀部、背部、蹄部等易脏部位，尽量用刷子刷洗干净，防止妊娠舍的病原带入分娩舍。

（4）妊娠舍放猪。根据标记的预产期先后顺序放猪，引导重胎母猪走出定位栏；检查妊娠舍饲料开关是否处于关闭状态。

（5）赶猪。尽量使用赶猪板进行转群，转移母猪数量为10头/批；尽可能减少应激，防止死胎，切勿棍棒抽打或踢打母猪腹部。

（6）转入产房。按预产期先后顺序安排栏位；每次进入产房通道的母猪限制在3～4头，防止母猪打架拥挤造成应激流产；循诱母猪进入产床栏位后立即关闭栏门。

（7）检查栏舍设备及母猪健康。待所有母猪转入产房后，饲养员检查栏门是否关紧，料槽是否干净，饮水器是否正常，产房温度是否合适，母猪有无健康问题等。

（8）悬挂种母猪记录卡。妊娠舍主管将“种母猪记录卡”取下，整理数据后转交给分娩舍；分娩舍主管核对母猪耳号信息后悬挂于产床栏位前。

（9）消毒与驱虫。转群结束后，饲养员及时清理转猪通道上的粪便，在产房脚踏池中加入消毒药水，并进行带猪喷雾消毒。第2天再对重胎母猪进行驱虫。

2. 临产母猪的判断及处理

分娩前母猪临床分娩征兆的判断是一项经验性很强的工作，需要结合预产期及母猪阴户、乳房、行为和采食量的变化来综合判断。对于少数母猪，更要结合猪场的实际情况来进行个体预测。母猪分娩前的征兆见表3-2-4。

表3-2-4　母猪分娩前的征兆

项目	产前7～14 d	产前12～24 h	产前2～12 h	临近分娩1～2 h	分娩开始
阴户	增大	肿胀	阴户会排出黏液和少量血液	阴户有羊水流出	—
乳房	变大	乳房饱满，有少量乳汁流出（中部乳头）	乳汁更容易挤出（前中部）	全部乳头都能挤出乳汁	—
行为	—	站立不安，有做窝行为	母猪不愿站立，频繁排尿	母猪发抖，呼吸急促，子宫收缩	尽可能抬高后腿，尾巴往后翘起
采食	—	食欲下降或不吃料	不愿采食	母猪躺卧，不愿采食	—

母猪分娩前1 d清洗母猪后躯、腹部及产床。因为在分娩前后母猪的产道是张开的，附着在母猪后躯及产床上面的病原微生物很容易感染母猪子宫，导致母猪产后子宫炎的发生。另外，初生仔猪对外界环境和病原的抵抗能力较弱，如果没有一个干净、卫生的出生环境，仔猪感染疾病的风险会增大。同时，较脏的母猪腹部（乳房）和产床也容易导致母猪乳房炎、泌乳不足（减少）的发生。

3. 接产

母猪分娩的持续时间为0.5～6 h，平均约为2.5 h，平均出生间隔时间为15～20 min。产仔间隔时间越长，仔猪就越弱，早期死亡的危险性就越大。对于有难产史的母猪，要进行特别护理。

母猪分娩时一般不需要帮助，但出现烦躁、极度紧张、产仔间隔时间超过45 min等情况时，就要考虑人工助产。

（1）接产。接产时，接产人员的手臂应洗净，并用0.1%高锰酸钾消毒。用0.1%高锰酸钾水溶液擦洗猪的乳房及外阴部。待仔猪出产道后，一手护着仔猪，一手从母猪端缓慢拉出残留脐带。

注意：不能抓住仔猪直接拉出脐带，这样容易导致脐带在脐根部断裂。

（2）新生仔猪黏液的处理。操作要领："一破二擦"，即先撕破胎衣，再用手指将仔猪口、鼻的黏液掏出并擦净，最后用抹布将全身黏液擦净。

（3）断脐。操作要领："一勒二断三消毒"，即仔猪出生10～15 min内，在5～6 cm处用大拇指将脐带血液向仔猪腹部方向挤压，用浸泡碘酒的线结扎后，用消毒剪刀剪断，并用2%碘酒涂抹断端。

注意：脐带血对仔猪来说很重要，在结扎之前将脐带血尽可能多地挤回仔猪腹部，对于提高仔猪活力很有好处。

由于此项工作较为麻烦，在许多猪场会用扯断脐带来代替，并未按上述操作要求进行结扎。考虑到链球菌病在许多猪场都存在，进行结扎是非常必要的，否则开放的脐带断端会成为链球菌入侵猪体的有效门户，许多猪场仔猪发生关节炎和脓肿与此有密切联系。

(4) 新生仔猪保温。新生仔猪无法靠自身保持体温，其体表黏液的蒸发将带走大量的热量，极易造成新生仔猪体温过低而昏迷，所以需尽快将仔猪置于保温箱内（冬季尤为重要），箱内温度控制在 32～35 ℃。

(5) 及时吃初乳。仔猪出生后 10～20 min 内，应将其抓到母猪乳房处，协助其找到乳头，吸上乳汁，以得到营养物质和增强抗病力。同时，仔猪吃奶时对乳房的吮吸和按摩，又可促进母猪催产素的分泌，进而加快母猪的产仔速度。

注意：从妊娠舍转入产房的母猪，乳头孔中有大量的杂质和病原微生物，仔猪吃初乳前必须将母猪乳头中前几把奶挤出丢弃，否则极易引起仔猪腹泻。尤其需要关注最后分娩的几头仔猪，因其在产道中滞留的时间较长，出生时活力受到很大的影响，且前面出生的仔猪已采食到一定量的初乳，体力得到了很大的恢复，争夺乳头的能力更强。所以最后分娩的几头仔猪必须辅助吃到足够的初乳，以帮助其尽快恢复体力。

(6) 及时记录产仔信息。待接产结束后，及时在仔猪记录表上详细记录产仔信息，如产仔时间、接产方式（顺产或助产）、总产仔数、活产仔数、死胎和木乃伊胎等。

(7) 胎衣清点和检查。根据产仔记录表上记录的信息及时核对仔猪和排出胎衣的数目。若胎衣全部排出，则表明产仔结束。若产后 3 h 胎衣还未排完，应使用缩宫素促进胎衣的排出。

4. 难产母猪的助产

(1) 难产原因。母猪过肥或过瘦，胎儿过大，产道狭窄，母猪长期缺乏运动，产房嘈杂使母猪神经紧张，母猪先天性发育不全等。

(2) 人工助产的方法。将指甲磨光，先用肥皂洗净手及手臂，再用 2%来苏尔或 0.1%高锰酸钾将手及手臂消毒，涂上凡士林或植物油类。将手指捏成锥形，顺着产道徐徐伸入，触及胎儿后根据胎儿进入产道部位，抓住两后肢或头部将小猪拉出；若出现胎儿横位，应将头部推回子宫，捉住两后肢缓缓拉出；若胎儿过大，母猪骨盆狭窄，拉小猪时一要与母猪努责同步，二要摇动小猪，慢慢拉动。在助产过程中，动作必须轻缓，注意不可伤及产道、子宫，待胎儿胎盘全部产出后，向子宫灌注 160 万单位青霉素生理盐水溶液 100 mL 或肌注青霉素，防止母猪感染。

5. 假死仔猪的急救

仔猪出生后不呼吸但心脏仍然在跳动的仔猪称为假死仔猪。出现假死仔猪，必须立即采取措施使其呼吸才能成活。急救的方法如下：

(1) 人工呼吸法，即将仔猪的四肢朝上，一手托着肩部，另一手托着臀部，然后一屈一伸反复进行，直到仔猪叫出声后为止。

(2) 在鼻部涂酒精等刺激物或针刺的方法。

(3) 拍胸拍背法，即用左手倒提仔猪两条后腿，用右手拍打其背部。

(4) 捋脐法，即尽快擦净胎儿口鼻内的黏液，将头部稍高置于软垫草上，在脐带20～30 cm处剪断；手术者一手捏紧脐带末端，另一手自脐带末端捋动，每秒1次，反复进行不得间断，直至救活。一般情况下，捋30次时假死仔猪出现深呼吸，40次时仔猪发出叫声，60次左右仔猪可正常呼吸。特殊情况下，要捋脐120次左右，假死仔猪方能救活。

6. 产仔异常母猪的处理

超过预产期3～5 d，仍无临产症状之母猪，须进行药物催产，即注射氯前列烯醇175 μg或前列腺素2 mL，一般20～30 h后可分娩。

在分娩过程中，母猪虽有努责，但不能顺利产出小猪或产出1～2头后，间隔时间很长，不再继续产出。对此，首先应注射催产素或垂体后叶素20～40 IU，0.5 h后仍未产仔，须进行人工助产。

【业务知识】

一、哺乳母猪的营养需要

哺乳母猪通过饲料获得的营养物质既要用于自身的维持及体况的恢复，还要用于合成乳汁，以满足仔猪生长发育的营养需求。所以，哺乳母猪饲料应含有较高浓度的营养物质（表3-2-5）。

表3-2-5 哺乳母猪日粮主要营养成分需求推荐值

饲料种类	参照标准	净能/(kcal/kg)	消化能/(kcal/kg)	粗蛋白/%	可消耗赖氨酸/%	可消化蛋氨酸和胱氨酸/%	钙/%	总磷/%	有效磷/%
营养标准	推荐	≥2 400	≥3 260	≥18	≥0.8	≥0.4	≥0.7	≥0.6	≥0.32
	NRC标准(参考2胎210 kg体重母猪标准)	≥2 518	≥3 388	—	≥0.78	≥0.41	≥0.68	≥0.6	≥0.34

注：1 kcal=4.18 kJ

二、初乳与哺乳仔猪的免疫力

人类胎儿是通过母体胎盘获得免疫球蛋白，母体血液循环系统中的抗体自由穿过胎膜进入胎儿体内，由母体的抗病能力和类型来保护未出生的胎儿。而猪的胎盘不允许抗体的传送，新生仔猪没有抵抗病原体的免疫力，仔猪是通过吃初乳来获得免疫力的。所以仔猪吃上含高水平抗体的初乳是很重要的。

1. 免疫球蛋白

免疫球蛋白是在初乳中发现的特殊化蛋白质，可以保护仔猪抵抗疾病。初乳中的免疫球蛋白以 3 种形式存在。

免疫球蛋白 G（IgG）是最主要的免疫球蛋白，对仔猪躯体起保护作用，经血液循环系统主要抵抗细菌。IgG 在初乳中的含量约为 58.7 mg/mL。

免疫球蛋白 A（IgA）能够保护仔猪的肺脏、咽喉和肠免受细菌的侵害。IgA 在初乳中的含量约为 10.7 mg/mL。

免疫球蛋白 M（IgM）在仔猪身体内的作用主要是抗病毒，启动仔猪的免疫应答系统，并能引起微生物的免疫反应。IgM 在初乳中的含量约为 3.2 mg/mL。

2. 初乳的免疫力

初乳免疫力的作用是受时间限制的，这包括获得初乳的时间和免疫力在仔猪体内的持续时间。

获得初乳的时间，对初乳免疫力作用的发挥至关重要。一方面，母猪最开始分泌的乳汁中免疫球蛋白含量最高，泌乳 4～6 h 后免疫球蛋白的含量很快下降，直到接近常乳水平；另一方面，初生仔猪吃到的初乳，免疫球蛋白可以通过肠壁直接被吸收进入血液循环，产生免疫力。出生 36 h 后，这种能力已经消失，初乳中的蛋白质将被胃中的消化酶所消化。事实上，80％的免疫球蛋白是在仔猪出生后 6 h 前从初乳中获得的。由此可见，初生仔猪尽早获得初乳是非常必要的。

所有的初生仔猪，其最初的免疫力都是从母猪那里获得的，称为被动免疫。仔猪进食初乳后免疫力提高很快，这种免疫力在仔猪体内保持 2～3 周后迅速下降，随后仔猪体内的免疫系统将产生自己的主动免疫力。

3. 初乳的获得

要尽可能使用有效的方法，让仔猪吃上初乳，并在仔猪出生前设法使母猪初乳中的抗体最大化。通常在猪群中生活时间较长的经产母猪对各种病原体的免疫力较高，初产或停留时间较短的母猪免疫力相对较低。在给仔猪获得初乳时，注意到这一点也是很有益处的。

使仔猪获得初乳的方法：

（1）如果经几轮泌乳后，对还没有吃上初乳的仔猪，要人工辅助吃到初乳。

（2）随产随哺，可以使每头仔猪都能尽快吃到初乳，获得营养与免疫力，待分娩结束时，所有的仔猪都已经吃到足够的初乳。

（3）把吃上初乳的仔猪放到有加热灯的保温箱内进行隔离（时间不超过半小时），

让剩下的仔猪都吃到初乳，然后再让所有的仔猪共同吃乳。

(4) 用分开吃乳的方法，当一半仔猪吃初乳时，把另一半仔猪隔开，然后两组轮换。轮换应持续几个小时，每一半仔猪至少要有 4～5 次比较好的进食，以保证所有仔猪吃上足够的初乳。

(5) 对于弱小挤不上乳头的仔猪，要人工辅助把乳头放入仔猪口中吮吸初乳，不能奏效时，可收集母猪初乳给仔猪口服。

(6) 同窝多仔的仔猪，要与同时分娩的母猪及时进行寄养，使所有的仔猪都能吃到初乳。

(7) 对于少乳或无乳母猪的仔猪，可以采集泌乳量较大的经产母猪的初乳，给仔猪口服或胃管饲喂。

(8) 收集分娩过程中母猪的初乳进行冷冻保存，可供以后出生的需要补充初乳的仔猪使用。要注意收集初乳时每个乳头不应超过 5 mL，因为母猪还要哺育其他仔猪；初乳解冻时要用温水，高温会使免疫球蛋白破坏。

三、 催产素及其规范使用

1. 催产素的产生

内源催产素主要来源于下丘脑，但也广泛分布于子宫、卵巢、睾丸、肾上腺、胸腺和胰腺等器官。母猪分娩过程中可通过按摩母猪乳房和仔猪吮吸来刺激催产素的产生，加速分娩。目前规模化猪场使用的缩宫素是催产素的一种类似物，母猪子宫收缩无力时可通过静脉滴注缩宫素以增加母猪的产力。

2. 催产素的功能

(1) 促进子宫发生强烈的收缩。子宫肌层具有高亲和力的催产素受体，在妊娠后期增多，分娩时进一步增加，使子宫对催产素的敏感度增加。催产素还可通过促进子宫内膜 $PGF_{2\alpha}$的合成，子宫强烈收缩。

(2) 刺激输卵管平滑肌收缩。催产素能刺激输卵管平滑肌收缩，从而对精子及卵子在输卵管里的运行起重要作用。

(3) 促进排乳。催产素能刺激乳腺腺泡上皮细胞收缩，促进泌乳。因此在使用催产素后母猪的乳汁分泌会增加，这时可以及时将仔猪放出吃初乳。

3. 催产素的应用

(1) 用于难产问题的处理。催产素在猪分娩过程中可用于产程长、难产、子宫收缩无力等情况的处理，但如果母猪产道堵塞则不能使用催产素。产后使用催产素可促进胎衣碎片和恶露的排出。

(2) 提高配种受胎率。人工授精之前向输精瓶中加入 10 IU 缩宫素，一次输精受胎率可以提高 6%～22%。

（3）治疗无乳症。利用催产素促进排乳的功能，对于乳导管堵塞或奶水分泌较少的母猪可以起到一定的治疗作用。

【岗位工作检查清单】

（1）分娩舍转入母猪前是否进行了彻底清洗、消毒和空舍，转入母猪时舍内的温度、湿度等是否合适。

（2）待产母猪从妊娠舍转入分娩舍前是否对体表进行了清洗和消毒，是否完成驱虫。

（3）母猪产前 1 d 是否对体表，尤其是腹部和后躯进行了清洗和消毒。

（4）分娩舍的温度是否在合适的范围内，仔猪保温箱是否准备好，箱内温度是否达到要求。

（5）母猪分娩前是否对腹部及后躯进行擦拭和消毒，是否按要求挤出所有乳头的前几把奶，以清除乳头孔中的污物及病原微生物。

（6）母猪分娩过程中是否全程进行监护及接产。

（7）是否按要求做好各项接产工作。

（8）是否对难产母猪进行及时处理，助产操作是否符合要求，助产结束后是否对难产母猪给予额外的护理。

（9）是否对假死的仔猪进行了急救，急救的操作是否符合要求。

（10）是否让所有仔猪都吃到了充足的初乳。

（11）仔猪保温箱中的温度是否随仔猪的日龄进行了相应的调整。

（12）哺乳母猪的饲喂量是否合适，哺乳期的失重是否在合理的范围内。

（13）是否按要求规范填写了产仔记录表中的信息。

【业务经验】

一、 提高哺乳母猪泌乳量的饲喂方法

在传统的饲喂方法中，母猪在泌乳期会损失大量体重，在随后的怀孕期内弥补体重损失。这种做法是不科学的，大大降低了母猪的繁殖性能。正确的做法是在日粮中提供必需而充足的营养，使哺乳期间母猪的体重损失降至最低。

哺乳期间母猪体重的过度损失（超过 10 kg）会产生几种后果，最明显的是母猪断奶至再发情的间隔时间延长，更有甚者母猪下一胎的产仔数会受到影响，即母猪第 2 胎产活仔数低于第 1 胎产活仔数。在首胎哺乳期间母猪的喂料量不足，再加上体重损失过度，会引起排卵数下降，最终导致第 2 胎的产仔数减少。尤其在能量缺乏时，卵巢中产出卵子的卵母细胞似乎会遭受异常损失。

1. 加大母猪的采食量

一头哺乳母猪每天奶产量大致为 7.0 kg。其干物质产量相当于妊娠母猪在妊娠 114 d 时两天的干物质产量。因而哺乳母猪的营养需求比妊娠母猪高。由于对妊娠期母猪采取限制饲养，所以哺乳期母猪应尽量喂好，使哺乳期母猪有最大的采食量而体重有最小的下降。

(1) 要确保哺乳母猪有全价日粮。从分娩后的第 1 天开始，其日粮中应含有 18%的蛋白质和 0.8%的赖氨酸。母猪一般靠消耗背膘来泌乳，泌乳期在某种程度上会减轻一些体重。这种体重减轻的程度必须通过泌乳期适当饲养来加以控制，以防止断奶后不能及时发情。如果母猪在分娩后 10 d 不能很好泌乳，就要检测日粮，特别注意钙和磷的水平，钙和磷含量也许较低或磷比钙的含量高。

(2) 对妊娠母猪采取合理地限制饲喂。妊娠期间饲料摄入量越高，母猪在分娩时有更多的体内储备，在泌乳期消耗的饲料就会减少，直接导致泌乳期母猪的食欲变差。

(3) 提高采食量。为防止母猪在泌乳期内的体况降低过多，就要增加饲料供给量。如果母猪的食欲很差，不足以使母猪维持合理的体况，则要设法增加饲料的摄入量。在炎热夏季泌乳母猪采食量不能增加的情况下，因母猪摄入的高能量日粮数量与摄入的常规饲料量是一样的，因此可以通过提供高能量日粮来增加能量的摄入（如在日粮中添加 3%～5%的豆油等）。

(4) 采用湿喂法和增加饲喂次数。每天饲喂二次与喂一次相比，母猪会消耗更多的饲料。如果饲喂次数更频繁，那么消耗的饲料就会更多。在泌乳期，采用湿喂或颗粒饲料饲喂，也可以增加母猪的采食量。

(5) 降低产仔舍温度。产房维持在 18～20 ℃是人们一般推荐的温度。超过 18 ℃，每增加 1 ℃，每天每头母猪饲料摄入将减少 100 g。若母猪在整个泌乳期内每天多吃 1 kg 饲料则可减少失重 7 kg。产房温度低和高相比较，产房维持在较低温度，母猪消耗的饲料较多，体重降低幅度小，断奶仔猪体重较大。因此，如果要母猪摄入饲料较多，就需提供低于整个猪舍的温度，以使母猪处于较凉爽的环境，尤其在炎热的夏季更应如此，而仔猪则需维持在一个较温暖的温度下。

2. 饲喂或注射抗生素

在分娩时和泌乳的早期，母猪和它的仔猪都处在高应激期内，有时在母猪分娩后的短时间内会偶发缺乳症和子宫炎，因而在母猪饲料中加入高水平的抗生素，将会减少此类病的发生。为方便起见，于产后连续 3 d 对分娩母猪注射抗生素，效果很好。

3. 供应新鲜充足的饮水

母猪对饲料摄入量增加的同时，对水的需求量也会加大。一头哺乳母猪每天消耗 30～40 L 的水，若母猪饮水不足将抑制饲料的采食量，直接导致母猪体重下降，进而会减少母猪的奶产量。若在母猪产栏中设乳头式饮水器供水，饮水器应安装在母猪容易接近的位置，要求提供水的流速为 2 L/min。

二、 提高夏季哺乳母猪采食量的措施

人们曾注意到，哺乳母猪的采食量远远低于研究中所观测到的结果。在我国某些猪场哺乳母猪在夏季的采食量不足 3 kg，甚至更低。如果哺乳母猪采食量偏低，会动用机体营养储备供维持泌乳所需，导致营养输出大于营养摄入，造成体重损失。大量研究表明，哺乳母猪（尤其是初产母猪）损失过量的体重会严重影响其泌乳量和随后的繁殖性能，包括断奶后发情时间延长，受胎率和胚胎成活率降低等。

泌乳期间的总采食量与母猪的泌乳性能及随后的繁殖性能之间呈正相关。泌乳期的饲养策略是使母猪的采食量达到最大，这在夏季尤其重要。有许多因素影响母猪在泌乳期间的采食量，如营养因素和管理因素等。在哺乳期间可采取各种饲养管理及饲喂方式来提高采食量。

1. 泌乳期饲粮设计

（1）能量水平。动物“为能而食”，即动物有根据饲料能量浓度自动调节采食量的能力。但有证据表明，在一定范围内，哺乳母猪对高能饲粮和常规饲粮的采食量差别不大。Cole（1989）报道，饲粮消化能为 2.99 Mcal/kg 和 3.23 Mcal/kg 时，哺乳母猪采食量分别为 4.92 kg/d 和 5.08 kg/d，消化能摄入量由 14.71 Mcal/d 增加到 16.41 Mcal/d。在高温季节，通过在饲粮中添加脂肪来提高哺乳母猪能量摄入量以解决低采食量的问题是一种很有效的方法，脂肪的添加量以不超过 5%为宜。脂肪的优点是能量浓度高，还能减少体增热的产生。添加脂肪可满足母猪泌乳期间的能量需要，减少母猪体重损失以及提高仔猪断奶体重和成活率。

（2）蛋白质水平。Grady 等（1995）报道，哺乳饲粮蛋白质含量从 12%提高到 18%时，母猪的采食量由 5.0 kg/d 增加到 6.3 kg/d，泌乳量显著增加。采食量对提高营养浓度的反应很可能是营养趋于平衡、适口性得到改善的缘故。

（3）饲粮纤维。哺乳期间应对母猪饲粮中粗纤维含量加以适当限制，因为高含量粗纤维会稀释饲粮中能量浓度，这在夏季采食量下降时会加剧母猪能量摄入量的不足。此外，纤维过高会增加体增热的产生，从而加剧母猪的热应激。Schoenherr 等（1989）在综合试验中将哺乳母猪舍饲于 20 ℃或 32 ℃温度下，分别喂以基础饲粮、高纤维饲粮和高脂肪饲粮。高温环境下，增加能量浓度显著提高泌乳量；相反，添加高纤维明显降低泌乳量和仔猪断奶体重。母猪消化道后段中的微生物对饲粮纤维的发酵作用能增加体热的生成量，这是导致在炎热环境下饲喂母猪高纤维饲粮引起性能较差的主要原因。但有试验结果表明，在妊娠期饲喂纤维型饲粮可提高母猪泌乳期的采食量，可能是由于纤维饲粮能控制妊娠期体增重、背膘沉积或使消化道容量增加而使母猪在泌乳期间的食欲增加。

2. 控制妊娠期采食量

妊娠期间给母猪喂以蛋白质含量低的饲料将刺激其分娩后饲料的采食。人们发现在炎热气候环境中，当喂以富含粗蛋白的饲料时，哺乳期母猪采食量降低。因此，热带国家对产房中的母猪喂利用率高的蛋白质或合成氨基酸，同时为了哺乳性能更好，应提高饲料中的矿物质和维生素的水平。

3. 增加喂料次数

许多猪场的常规做法是每天喂给哺乳母猪两次饲料，建议改为每天投喂三次或更多次的饲料。经验表明，少量多餐能刺激猪的食欲，这一方法在许多猪场对提高哺乳母猪采食量很有效。下午最后一次饲喂时可多投一些饲料，这是在夏季温度较高时母猪能改变采食模式而转为在夜间多吃料。此外，母猪对颗粒料的摄入量高于粉料，对湿拌料的摄入量高于颗粒料，饲料加入适量的水能提高采食量，但湿拌料不宜在料槽中长时间存放，以避免饲料变得不新鲜和品质下降。

4. 制定合理的饲喂方案

具体的饲喂程序如下。

上午喂料：如果料槽中有少量剩料的话，加 1 舀料（1 稻料约为 1.8 kg）；如果料槽空了则加 2 舀料。

中午喂料：第 2 次喂料在中午或午饭后进行，料量与上午相同。如果上午喂的料没有吃的话，应检查母猪是否发烧、胎衣不下或其他可能的原因。

下午喂料：下午喂料与上面相似，但可根据剩料情况做一下调整。一天中食欲良好的母猪料槽中还有一些剩料的话，可喂 2 舀料；对食欲正在增加的母猪喂 1 舀料。同样，上次喂的料未吃的话，必须调查不吃的原因。

5. 均衡的水源供应

如果想提高哺乳期母猪的采食量，就应给它们提供足够的饮水。一头哺乳期母猪每天需要 30～40 L 清洁水，其饮水器流量控制在 2 L/min，如果不延长饮水时间，而水流量忽大忽小时，母猪的饮水会受到很大限制，从而影响对干饲料的采食。

6. 减少环境应激

在产仔区内，高温和食欲降低是相伴而生的两种现象，这种影响在一定程度上能通过增加一些动物机体散热的措施来克服。喷水和滴水可有效增加哺乳期母猪的采食量和减少哺乳母猪的体重损失。与之相似，增加猪舍内空气流通，如保持最大通风率或使用换气降温设施也非常有效。值得强调的是，增加空气流通只能针对母猪进行而不能针对仔猪，为母猪提供一个适合其需要和可靠的活动区域是非常值得的。母猪有大量时间是躺在产床地板上度过的，故选择绝缘性材料有助于降低热应激。

三、 泌乳母猪异常情况的处理

1. 乳房炎

一种是乳房肿胀，体温上升，乳汁停止分泌，多出现于分娩之后。由于精料过多，缺乏青绿饲料导致便秘、难产、发高烧等疾病，引起乳房炎。另一种是部分乳房肿胀。由于哺乳期仔猪中途死亡，个别乳房没有仔猪吮乳或母猪断奶过急使个别乳房肿胀，乳头损伤，细菌侵入引起乳房炎。治疗时可用手或湿布按摩乳房，将残存乳汁挤出，每天挤 4～5 次，2～3 d 乳房出现皱褶，逐渐收缩。如乳房已变硬，挤出的乳汁呈脓状，可注射抗生素或磺胺类药物进行治疗。

2. 产褥热

母猪产后感染，体温上升到 41 ℃，全身痉挛，停止泌乳。该病多发生在炎热季节。为预防此病的发生，产前要减少饲料喂量，分娩前几天喂轻泻性饲料以减轻母猪消化道负担。若发生了产褥热，应及时治疗。

3. 产后奶少或无奶

母猪产后奶少或无奶，最常见的有以下 4 种情况：

（1）母猪妊娠期间饲养管理不当，特别是妊娠后期饲养水平太低，母猪消瘦，乳腺发育不良。

（2）母猪年老体弱，食欲不振，消化不良，营养不足。

（3）母猪妊娠期间喂给大量碳水化合物饲料，而蛋白质、维生素和矿物质供给不足，母猪过肥，内分泌失调。

（4）母猪体质差，产房消毒不彻底，分娩时发生产道和子宫感染。

对产后奶少或无奶的情况，可采取下列措施：喂给催乳饲料，如豆浆、麸皮汤、小米粥、小鱼汤等；也可用中药催乳（药方：木通 30 g，茴香 30 g，加水煎煮，拌少量稀粥，分 2 次喂食）；因母猪过肥无奶，可减少饲料喂量，适当加强运动；母猪产后感染，可用 2%温盐水灌洗子宫，同时注射抗生素治疗。

四、 在母猪饲料中加入麸皮等高纤维原料的作用

一般来讲，母猪饲料中所含粗纤维比肉猪稍高，但所排粪便仍比肉猪硬。这是因为母猪四脚着地，体内大量的水分会流向乳房，造成乳房水肿，所以会产生便秘的现象。如果不针对乳房水肿来解决问题，只在母猪饲料中加入麸皮等高纤维的原料，便秘问题往往无法得到改善，而且添加麸皮还会降低饲喂配方的营养浓度，占据母猪胃部空间，减少母猪摄取的营养；麸皮还会产生高量的食增热，不但会造成能量的浪费，使母猪的体温升高，更加重分娩后母猪厌食的程度。

所以，在调整饲料配方的同时，采取有效措施消除乳房水肿，调整体内渗透压平

衡，促进肠道蠕动增加，才能有效消除哺乳母猪便秘现象。

五、 提高母猪自身繁殖性能的措施

随着养猪业的发展，猪群的扩大，再加上农户养猪数量的增多，提高母猪的繁殖性能是获得更高经济效益的一项重要措施。

1. 保持母猪良好的体况

母猪的体况直接影响着母猪的繁殖性能，体况太肥，不但母猪不易发情，而且排卵数减少，受胎率低，也容易发生难产；体况太瘦，母体没有充足储备供胎儿生长发育，导致母猪繁殖障碍，也容易发生产后瘫痪。一般来说，母猪断奶后体况应偏瘦，髋骨稍突起，体形呈狭长形。在妊娠中期，应该是正常体况，脂肪厚度为 18 mm 左右，用手可摸到髋骨突起，体形呈长筒形。在哺乳期体况应该略肥，此时触摸髋骨突起不明显。保持上述体况，受胎、妊娠和哺乳都能达到较高水平。

2. 做好后备母猪的饲养管理

后备母猪在育成期（100 kg 以前）可自由采食，100 kg 以后进行限制饲喂，可以采取小群饲养方法，每群 8 头左右后备母猪，以便得到充分运动，减少脂肪沉积，促进肌肉成长和发情。每头后备母猪保证有 2.5 m^2 的饲养面积，2.5 kg/d 饲料，为避免后备母猪群中体重差别过大，应经常调整猪群，提高均匀度。

后备母猪配种前一周应增加饲料供给量。这不仅可以促进发情，还可以提高排卵数。后备母猪初配体重和月龄是决定母猪以后使用中能否连续高产和延长使用寿命的关键。一般认为，现代瘦肉型母猪初配日龄为 8 月龄，体重 135 kg 左右，在第 3 个发情周期配种为宜。有试验表明，在第 3 个发情周期配种，平均产子数和活子数分别为 10.4 头和 9.8 头，比第 2 个发情期分别增加 0.6 头和 0.2 头，比第 1 个发情期分别增加 2 头和 1.5 头。因此，后备母猪在 7～8 月龄，达到 180 kg 体重以后的第 3 个发情期配种是理想的。

3. 提高母猪的年产窝数

母猪 114 d 怀孕期是恒定的，那么提高母猪年产窝数的可调因素只有早期断奶和断奶后早期发情，现通常采用 28～35 d 断奶，可年产 2.2～2.3 窝，国外采用 14～21 d 断奶，可产 2.5～2.7 窝。但如何保证母猪断奶后一周内发情，是提高年产窝数的又一因素。为此，在饲养管理上应注意以下两方面：

第一，母猪哺乳期失重应控制在 10 kg 以内，由于母猪在哺乳期体能消耗不大，断奶后会尽快发情。

第二，断奶后利用公猪诱情，延长光照时间也是加快发情、增加排卵数的有力措施。

4. 增加母猪产子头数

一个发情母猪排卵数为 15～30 个，但是这些卵不是一次排出的，而是分批排出的。由于卵子和精子保持受精能力的时间有限，因此适时配种可增加精卵结合的机会。

六、 母猪淘汰的原则

1. 正常淘汰

对年龄较大、生产性能下降的母猪予以淘汰。传统栏舍饲养，母猪一般利用7～8胎，年更新比例为25%；集约化饲养，母猪一般利用6～7胎，年更新比例为30%～35%。

2. 异常淘汰

后备母猪长期不发情，经药物处理后仍无效者淘汰；后备母猪虽有发情，但正常公猪连配两期未能受孕者淘汰；能正常发情、配种，但生产性能低下，产仔数低于盈亏临界点的淘汰（一般头3胎累计产仔低于24头；2～4胎累计产仔低于26头；第3胎后连续3胎累计产仔低于27头者均应淘汰）；出现假孕现象者淘汰；母性特差，易压死或有咬、吃仔猪之恶习者淘汰；出现肢体疾病，严重影响生产者淘汰。

【工作任务实施记录与评价】

1. 围产期及哺乳期母猪的饲喂

师傅指导记录	围产期及哺乳期母猪的饲喂					评价成绩
	工作任务	优	良	中	差	
	产前产后母猪饲喂量的控制					
	哺乳母猪产后便秘的有效防控					
	哺乳母猪饲喂次数的控制					评价时间
	哺乳母猪饮水的保障					年　月　日
	哺乳母猪体况评定及哺乳期失重控制					

2. 围产期及哺乳期母猪的日常管理

师傅指导记录	围产期及哺乳期母猪的日常管理					评价成绩
	工作任务	优	良	中	差	
	重胎母猪的提前转入产房					
	临产母猪的判断及正确处理					
	分娩母猪的接产					评价时间
	难产母猪的判断及助产					年　月　日
	假死仔猪的急救					
	产仔异常母猪的处理					

3. 学徒关键职业能力及职业品质、工匠精神评价

项目	优	良	中	差
工作态度				
吃苦耐劳				
团队协作				
沟通交流				
学习钻研				
认真负责				
诚实守信				

任务3　哺乳仔猪的护理

【任务目标与质量要求】

(1) 按要求在规定的时间内完成剪牙、断尾、打耳号、补铁和补硒等操作。

(2) 2～3 日龄内开始给仔猪补水，注意水的清洁和温度。

(3) 5～7 d 开始给仔猪补料，采取合理措施，确保 7 d 内补料成功。

(4) 5～7 日龄时按要求完成仔猪的去势。

(5) 仔猪出生后 2～3 d 内完成乳头的固定。

(6) 根据哺乳阶段的生长发育，及时调整保温箱中的温度。

(7) 采取综合措施，使仔猪哺乳期成活率达到 95%以上。

(8) 哺乳仔猪 28 d 断奶体重平均 8.0 kg 以上。

【学习产出目标】

(1) 了解哺乳仔猪的生理特点，并以此为依据完成仔猪哺乳期的管理。

(2) 熟练完成仔猪的剪牙、断尾、打耳号、补铁、补硒和去势等操作。

(3) 掌握正确的补水和补料方法，确保仔猪在规定的时间内学会使用饮水器及采食固体饲料。

(4) 熟练掌握仔猪固定乳头的操作，并能按要求完成仔猪乳头的固定。

(5) 掌握仔猪寄养和并窝的原则，并能够结合实际情况完成仔猪的寄养和并窝。

(6) 了解仔猪对环境温度的要求，并以此做好保温箱温度的控制。

(7) 采取综合措施，确保仔猪哺乳期的成活率及断奶重。

【工作程序与方法要求】

一、 初生仔猪的常规处理

初生仔猪的常规处理是仔猪护理工作的重要组成部分。现代养猪生产中，生产者需要从仔猪的生长发育、将来的用途和生产管理的角度出发，对初生仔猪进行一些处理工作。以提高仔猪的生产性能和满足某些特定的生产需要。

1. 剪牙

仔猪出生时，上、下颌左右两侧都长有锋利的犬齿，容易咬伤母猪乳头和伤害别的仔猪。因此仔猪出生后要修剪犬齿，剪牙的操作很方便，有专用的剪牙钳。牙齿要剪平，不能剪得太短，以免损害齿龈和舌头（图 3-2-1）。剪牙工具在使用前要彻底消毒，使用时每头仔猪都要消毒（用消毒液泡或酒精灯灼热），以免引起感染或交叉污染。发育不好的弱小仔猪可不予剪牙，有利于竞争乳头，增加生存机会，尤其对于需要寄养的弱小仔猪。

2. 断尾

断尾是常规工作，可以避免断乳、生长、育肥阶段的咬尾（图 3-2-2）。但更多的猪场考虑仔猪的应激、福利和劳动强度，不进行断尾。断尾时注意：

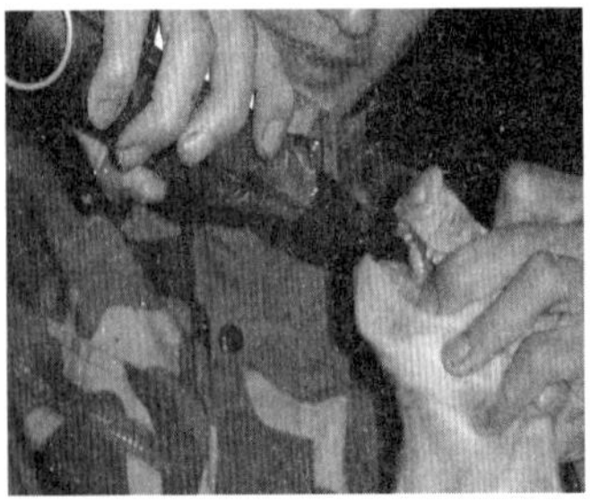

图 3-2-1　仔猪的剪牙

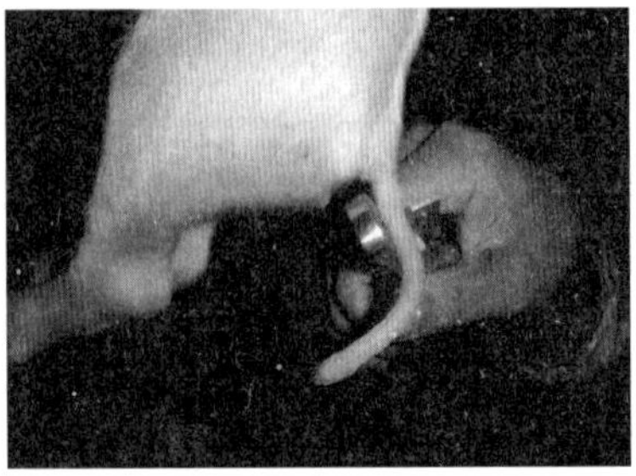

图 3-2-2　仔猪的断尾

（1）仔猪生后即进行断尾，伤口较小，出血不多，易恢复。

（2）用单刃断尾器比用双刃剪刀断尾，仔猪出血更少；现在很多猪场使用电热断尾钳进行断尾，可以最大限度地减少断尾引起的出血和感染，效果很好。

（3）避免剪得太短，阴门末端和公猪阴囊中部为断尾长度的标线。

（4）每个仔猪和每窝仔猪间使用断尾器时都要消毒。

断尾问题正在研究过程中，有人认为断尾不必要，因为许多营养、管理、环境好的猪场，很少出现猪咬尾。

3. 补铁

仔猪出生后身体中铁含量很低，母乳中铁含量也不充足。正常生长的仔猪，需要铁 7 mg/d，母乳提供的铁只有 1 mg/d。如果没有外源铁补充，显然不能满足仔猪生长发育的需要。

仔猪出生时体内铁的贮量为40～50 mg，到3周龄开始吃料时共需铁200 mg，不进行补铁的仔猪，10日龄左右即可出现因缺铁而导致的食欲不振、被毛粗糙、皮肤苍白、生长停滞等现象。所以出生仔猪要进行补铁。

补铁可以采用注射铁剂和口服补铁的方法。目前多采用注射的方法，用1.5 cm左右长的针头颈部肌肉注射（图3-2-3），给每头仔猪补铁200 mg。市售的补铁产品很多，要正确认识产品中铁的浓度和使用剂量，根据产品标签的浓度和建议量使用。

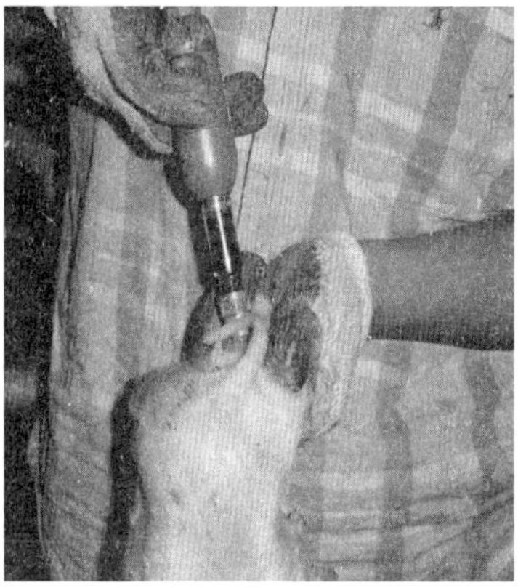

图3-2-3　仔猪注射补铁

4. 补硒

随着对硒和维生素E生物学功能研究的进展，对仔猪补充硒和维生素已经引起养猪生产者的重视。硒在动物体内有多种功能，但其基本的作用是作为谷胱甘肽过氧化物酶的组成成分，参与破坏已生成的过氧化物而起到保护细胞膜的作用。维生素E和硒在生物学作用上具有协同作用，生产中使用的补硒产品多是与维生素E的合剂。

仔猪对硒的日需要量，根据体重不同为0.03～0.23 mg。我国大部分地区饲料含硒量低于0.05 mg/kg，黑龙江、青海的全部地区以及新疆、四川、江苏、浙江的部分地区，饲料含硒量低于0.02 mg/kg，补硒显得更为重要。仔猪缺硒多发生于20日龄或断乳以后生长较快的个体中，主要表现为食欲减退、精神不振、后肢麻痹、营养不良（白肌病）、肝脏坏死（肝营养不良）、桑葚心和渗出性素质等。

仔猪补硒通常是在仔猪生后2～3 d内，肌肉注射0.1%亚硒酸钠维生素合剂1 mL。补硒和剪牙、补铁、打耳号的工作同时进行，以减少对仔猪的应激。在仔猪断乳前后再注射1 mL。对于已经开食的仔猪，饲料中要添加0.1 mg/kg的硒。硒是剧毒元素，过量易引起中毒，使用时要计量准确、混合均匀。

5. 补水

哺乳仔猪生长迅速，代谢旺盛，所需水量较大，但母猪乳汁的含脂率高，无法满足仔猪对水的需求。一般在2～3日龄内补水，水中可添加0.8%盐酸或抗生素或电解质、多维。注意水质要卫生、定温。

6. 提早开食补料

（1）补料目的。补充母乳不足；促进胃肠道发育；缓解牙床发痒（6～7日龄开始长牙）；防止下痢；提高断奶窝重。

（2）补料时间。仔猪补料应在生后5～7 d开始，因仔猪从吸食母乳到采食饲料要有一个适应过程，大约7 d。

(3) 补料依据。猪行为特点：探究行为、模仿行为、牙床发痒。生活习性：喜食香、甜、腥的食物；具有争食习性。

(4) 补料方法。仔猪提前补料具有诸多好处，但是生产上却执行的并不理想，有的是因为饲养人员重视不够，有的是方法不当。比如一个猪场规定 7 d 补料，饲养员例行差事地将补料槽放在地上，里边放些料，但过了几天，槽里的料一点没动，但质量已变。所以掌握补料的方法是很重要的。以下介绍几种比较实用的补料方法供参考：

①填鸭法。在仔猪达 7 日龄时，由饲养员将仔猪捉出，强制给仔猪嘴里填料，3～4 次/d，连续 3 d，直到仔猪对补料感兴趣为止。这样仔猪一旦对补料味道熟悉了，就会产生条件反射，闻到补料味道就会走过去，这样训练就成功了。

②日久生情法。在仔猪出入保温箱的必经之路上放个浅盘（不能高于 5 cm），仔猪每次经过时会受到补料气味的刺激，逐渐引起兴趣，时间稍长会出现采食行为。

③诱导法。在补料盘上放一些鹅卵石或圆球，上面附一些糊状料或粉料，仔猪在滚动石块或圆球时，无意中将盘中料吃到嘴里。另外一种方法是在盘的上方吊一带颜色的塑料瓶，仔猪路过时会碰头，这样也能引起仔猪的兴趣，起到引诱仔猪吃料的目的。

注意：使用高质量乳猪料进行补料；如果仔猪补料达不到要求，吃料过少或不吃，就要考虑补料方法、料槽地点、补料口味、产房是否过冷等因素的影响。

7. 打耳号

耳号（耳标）是仔猪个体的记录标志，可以使管理人员清楚仔猪个体的来源、发育和生产性能，便于记载和统计生产资料。对于育种场和种猪场，进行耳号（耳标）编号，具有重要的意义，是必须要做的工作。

常用的耳号记录方法有剪耳法、墨刺法和耳标法。其中以剪耳法最经济实用，以耳标法操作最简便。剪耳法是利用耳号钳，在耳朵的不同部位打上缺口，每个缺口代表一定的数字，把所有的数字组合起来，就构成了猪的耳号（图 3-2-4）。耳标法是要把记录的内容（个体号、窝号、出生日期等）用打号机或记号笔记在耳标牌上，然后用耳标钳把标牌钉在猪耳易观察的部位。

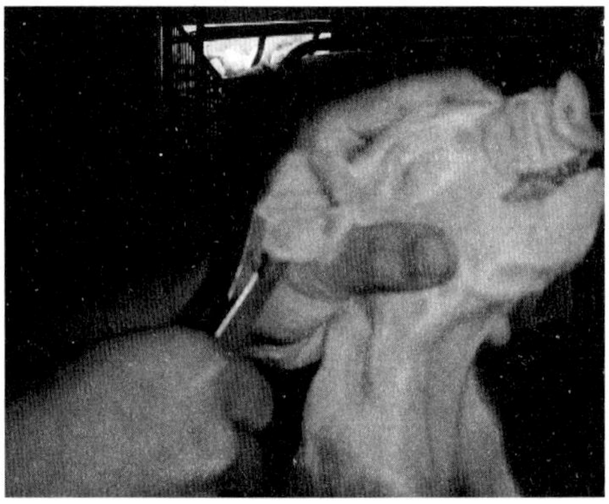

图 3-2-4　仔猪打耳号

猪的耳号编排方法目前并不统一，但较常使用的有大排列法和小排列法两种。现分别举例说明。

(1) 大排列法。这种排列是左大右小，上一下三的打法（图 3-2-5）。左耳上缘每个缺代表 10，下缘每个缺代表 30，右耳上缘每个缺代表 1，下缘每个缺代表 3；左耳尖缺代表 200，右耳尖缺代表 100；左耳洞代表 800（或 2 000），右耳洞代表 400（或 1 000）。所有洞缺之和，即为猪的个体号。为了区分公母猪，通常公猪号打成奇数，母猪号打成偶数，窝与窝间不进行区分。图 3-2-5 显示了使用大排列法标记 184 号母猪的方法。

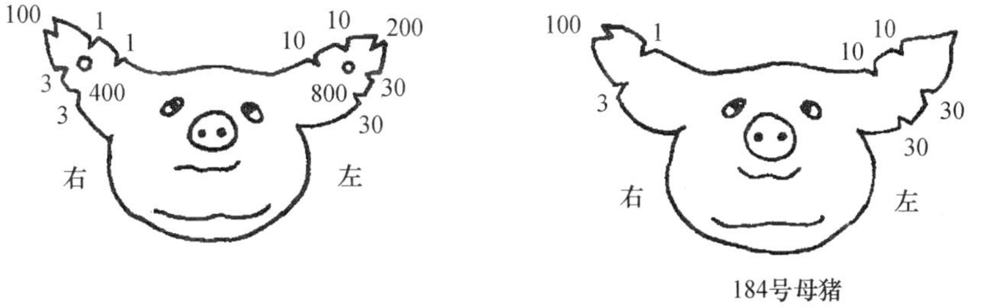

图 3-2-5 大排列法

（2）小排列法。小排列法又称窝号法（图 3-2-6），以左耳号数（包括左耳的耳尖、耳洞数）表示窝号，以右耳号数表示个体号。左、右耳上缘打大号，由耳梢到耳根的 3 个缺分别代表 10、30、50，下缘分别代表 1、3、5；左耳尖缺代表窝号 200，右耳尖缺代表窝号 100；左耳洞代表窝号 800（或 2 000），右耳洞代表窝号 400（或 1 000）；公猪号用 1、3、5 等奇数表示，母猪号用 2、4、6 等偶数表示。图 3-2-6 显示了使用小排列法标记 299-14 号母猪的方法。

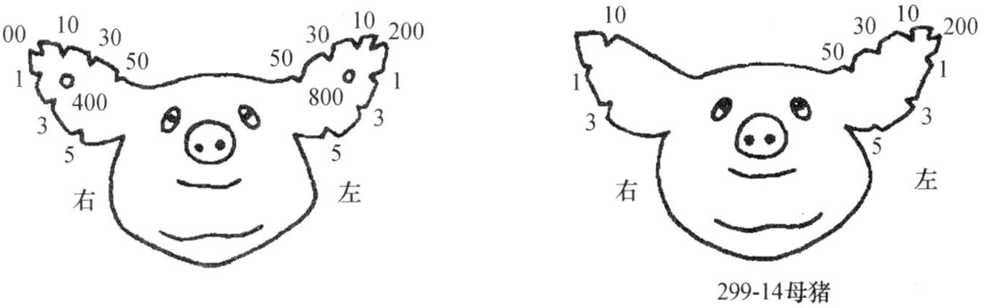

图 3-2-6 小排列法

通过剪耳法识别仔猪虽然很实用，但也存在一定问题。当耳号打得不标准时，就难以辨认或认错，有时猪耳的剐伤或打架的损伤很容易使耳号残缺不全，耳缺打得过浅也容易愈合长满，这时就很难认出是否是耳缺。鉴于上面的原因，现在很多猪场正趋向使用耳标，更好的猪场已经开始使用猪的电子耳标。

8. 去势

去势只对公猪而言，因为母猪的性成熟期较晚，作为育肥的小母猪在性未成熟时就已经出栏。

一般认为，仔猪去势时间越早，应激越小，仔猪恢复也就越快。而且小的仔猪操作起来比较容易（图 3-2-7）。有人对刚出生、10 日龄和 20 日龄去势的仔猪进行生产性能的比较，发现去势日龄对仔猪的生长没有明显影响。

更多的研究和经验显示，仔猪最适宜的去势时间是5～7日龄，因为该日龄的仔猪体内母源抗体水平较高，不易感染疾病。对于弱小和腹泻的仔猪要推迟去势，否则会使它们以后的生长发育受阻。去势操作要清洁、消毒，去势方法要选择自己认为最安全和熟练的方法。

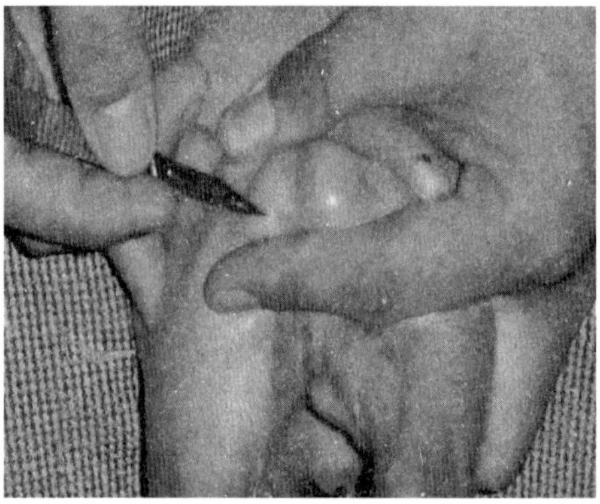

图 3-2-7 仔猪的去势

二、 哺乳仔猪的饲养管理

（一） 哺乳定位

哺乳定位就是利用人工辅助的方法为仔猪固定乳头，以使仔猪达到最佳的哺乳秩序。仔猪本身也有固定吮乳的习惯，开始几次吸吮一个乳头，认定后即到断乳不变。但仔猪自己建立的哺乳位序，对所有仔猪的生存、发育并不一定非常合理。人为地帮助仔猪固定乳头，是达到仔猪均衡生产，提高仔猪成活率的重要措施。

1. 乳头选择

母猪的乳房结构与其他家畜不同，各个乳头互不相通，自成一个功能单位，各乳房的泌乳量和乳的品质也不相同。通常靠近胸部的那些乳头泌乳量较大，而腹部的乳头泌乳量相对较少。各对乳头的泌乳量对仔猪的增重和成活率有重要影响（表3-2-6）。

表 3-2-6 各对乳头的泌乳量与仔猪生长

乳头位序	1	2	3	4	5	6	7
泌乳量分布/%	23	24	20	11	9	9	4
20日龄仔猪体重/kg	5.8	5.9	5.1	5.1	5.1	4.0	3.2
20日龄体重增长倍数	4.1	4.0	3.4	3.4	3.4	3.1	2.5

（资料来源，李炳坦等，养猪生产技术手册）

一般情况下，初生仔猪往往相互争夺乳头，体重大的和健壮的仔猪因争斗能力强，而占据前面的乳头，较弱小的仔猪争斗力差或被驱赶，而占有后面的乳头，更严重的情况是当母猪侧卧，下侧乳头埋在腹下，或者分娩栏挡住上侧的乳头时，仔猪获得乳头的竞争更激烈。弱小仔猪可能迟迟得不到乳头而错过放乳时间，导致吃乳不足或根本吃不到乳。为了使同窝仔猪发育均匀、健壮，必须在仔猪出生后2～3 d内在仔猪本身乳头位序未确立前，采用人工辅助方法，帮助仔猪建立合理的哺乳位序，使仔猪尽快固定人工分配的乳头。

2. 哺乳定位的原则

将弱小的仔猪固定在前面的几对乳头。这样就能利用母猪不同乳头泌乳量不同的规律，使弱小仔猪获得较大量的乳汁，以弥补其先天发育不足。后面的几对乳头虽然乳量相对较少，但因仔猪健壮，拱乳和吮乳的动作有力，也可弥补后面几对乳头乳汁不足的缺点，从而达到窝内仔猪生长发育快且均匀的目的。

若窝内仔猪差异不大，有效乳头足够，仔猪出生后 2～3 d 内都能自行固定乳头，且位序表现比较合理，这时则无需人工辅助固定乳头。但如果个体间争斗厉害，应人为加以管理。

若窝内仔猪间差异较大，则重点应控制体重最大和最小的仔猪，中等大小的可自由选择乳头，每次哺乳都辅助最小的仔猪在前面乳头吮乳，最大的仔猪则固定在后面的乳头。

3. 哺乳定位的方法

(1) 随着母猪的分娩进程，将所产仔猪处理后，根据仔猪体重和健壮状况，立即给仔猪进行定位，等所有仔猪产出后，定位工作已经初步完成，可进行进一步的巩固工作。

(2) 以仔猪的个体号（耳号、耳标号）为标记，进行辅助定位。或者用不易褪色的染料或记号笔，在仔猪的不同位置打上标记，这样便于为仔猪辅助定位。如能保证仔猪 5～10 次哺乳位置不变，则在生后第 1 天就可以给仔猪定位。

(3) 训练母猪一侧躺卧，可使仔猪尽快识别自己乳头的位置。在尚未定位之前，要先为仔猪固定下排乳头的位置，再固定上排乳头的位置。

(4) 将仔猪定乳隔板放在母猪乳房前面，仔猪吃乳时相互隔开，减少仔猪抢乳和乱蹿的机会，辅以人工调整仔猪位序，可以很快为仔猪固定乳头。

(5) 母猪每次泌乳时，对需要定位的仔猪都要进行辅助，这个工作可能并不现实，但掌握和运用母猪的分娩和泌乳时差，可能对不同母猪所产仔猪的定位很有帮助。

(6) 辅助定位时，不顺从的仔猪可先放其游走，但不允许其哺乳非分配的乳头，当所有仔猪都在吮乳时，再将其放在应固定的乳头上，如此几次，仔猪的位置即被固定。

(7) 对于个别争抢严重、乱拱乱蹿的个体，可以先进行人为控制，不让其先拱乳，只是在放乳前一刹那将其放到固定的位置，或干脆停止其吮乳 1～2 次，以纠正其抢乳行为。

哺乳定位好的标志，是母猪哺乳时仔猪都能固定在自己的乳头吸吮乳汁（仔猪两耳后立，嘴部运动很快），无争夺乳头和四处游走的仔猪。哺乳定位是一件耐心细致的工作，乳头固定快慢是衡量一个饲养员责任心和技术操作水平的重要目标之一。

4. 哺乳定位失败的原因

实践证明，在连续发生下列情况时，可能导致哺乳定位失败。

(1) 辅助操作失误，仔猪多次吃错乳头。

(2) 定位初步成功，未加巩固，即放弃人为干预。

(3) 母猪躺卧时，乳房多次暴露不全，仔猪找不到自己的乳头。

(4) 母猪剩余乳头封闭不全，导致仔猪移换乳头。

(5) 母猪护仔，不允许饲养员接近，操作不便。

(6) 母猪乳量少或个别乳头产后受损，仔猪饥饿。

(7) 母猪产后疾病，不能及时治愈而拒绝哺乳。

(8) 仔猪夜间哺乳，照明不好，不能很好地识别乳头。

（二） 寄养与并窝

在同期分娩的母猪中，有些母猪产仔数较多，而母猪本身的条件（泌乳力、乳头数、体况等）又不允许哺育过多仔猪；还有些母猪产仔数过少，只让母猪哺育少数几头仔猪是不经济的；更有些母猪产后少乳或无乳，甚至产后死亡，其新生仔猪如果得不到有效处理将会死亡。解决这些问题的方法就是养猪生产中常用的寄养与并窝。

1. 寄养

寄养是把仔猪从一头或几头母猪转寄给另外一头或几头母猪哺育的方法。根据寄养目的不同，又分为直接寄养和交叉寄养。

直接寄养就是将母猪分娩后患病或死亡造成的缺乳或无乳仔猪，以及超过母猪正常哺育能力的多余仔猪转给另外一头或几头母猪来哺育。这种寄养方式有时也称为紧急或保护性寄养，是生产中最常使用的寄养方式。

交叉寄养是用于降低仔猪乳房竞争的管理方法。它是将一窝中的个别仔猪放到另一窝仔猪中，使每窝仔猪的数量、体型相同。同时分娩的两窝仔猪间的交叉寄养是把所有弱小的仔猪由一头母猪哺育，而较大的仔猪由另一头母猪哺育。现已证实，这种方法对降低断乳前仔猪死亡率是有效的。

2. 并窝

并窝是把母猪产仔数较少的2～3窝仔猪合并起来，由一头泌乳性能好、母性强的母猪哺育，其余的母猪提前催情配种，并窝有两窝和多窝合并。两窝合并是把两窝数量较少的仔猪合并，给一头母猪哺育；多窝合并是把同期分娩母猪中产仔数较少的仔猪，根据日龄和大小，将仔猪合并由两头或两头以上的母猪哺育。

3. 寄养与并窝原则

对仔猪进行寄养与并窝要掌握下面的原则。

(1) 寄养与并窝的仔猪，两者日龄要相近，最好不超过3 d，日龄差别较大，可能会出现大欺小、强凌弱的现象，使体小的仔猪生长发育受到影响。

(2) 寄养与并窝的仔猪，在寄出和合并前必须吃到足够的初乳，否则不易成活。生产上多将3日龄内的仔猪寄养给刚产仔的母猪。

(3) 一般总是寄养最强的仔猪，除非一窝仔猪数量较少时，才将弱仔猪寄养过去。并窝也是把稍大的仔猪合并入较小的仔猪窝中。

(4) 承担寄养任务的母猪，要有足够的抚育能力，性情温顺，泌乳量高，有空闲乳头。

(5) 母猪主要通过嗅觉来辨认自己的仔猪，为避免母猪闻出仔猪气味不同拒绝哺乳或攻击寄养仔猪，应对母猪的嗅觉进行干扰，如在寄养仔猪的身上涂洒寄养母猪的尿液，或用有挥发气味的来苏尔、酒精同时喷洒在仔猪和母猪（尤其是鼻盘）身上，使母猪难以分辨出寄养仔猪。

(6) 要细心观察寄养与并窝仔猪的情况，直到确认它们能够正常吃上寄养母乳。

(7) 不要寄养患病的仔猪。

（三） 仔猪保温

仔猪调节体温的能力差、怕冷，糖原和脂肪等能源储备有限，一般在 24 h 之内就要消耗殆尽，对低血糖极其敏感。

仔猪的适宜温度因日龄长短而异，生后 1～3 日龄为 30～32 ℃，4～7 日龄为 28～30 ℃，15～30 日龄为 22～25 ℃，2～3 月龄为 22 ℃。同时要求温度稳定，最忌忽高忽低和骤然变化。

1. 设置保温设施

在产栏一角设置仔猪保温箱。保温箱有木制、水泥制和玻璃钢制等多种，其长 100 cm、高 60 cm、宽 60 cm，箱的上盖有 1/3～1/2 为活动的，人可随时观察仔猪，在箱的一侧靠地面处留一个高 30 cm、宽 20 cm 的小门，供仔猪自由出入。保温箱的热源有红外线灯（150～250 W，离地 40～50 cm）（表 3-2-7）、白炽灯（60～100 W）、保温板（36～38 ℃）。

表 3-2-7 红外线灯（250 W）的温度

高度/cm	灯水平距离/cm					
	0	10	20	30	40	50
50	34	30	25	20	18	17
40	38	34	21	17	17	17

2. 产房大环境的防寒保温

保持产房清洁卫生、干燥，防贼风，使产房环境温度最好保持在 22～23 ℃（哺乳母猪最适合的温度）。

（四） 哺乳仔猪的防压

1. 哺乳仔猪容易被压死的原因

初生仔猪体质较弱，行动迟缓，对复杂的环境不适应，容易被母猪压踩致伤或死亡；母猪产后疲劳，或因母猪肢蹄有病疼痛，起卧不方便，也有个别母猪母性差，不会哺育仔猪造成压踩仔猪；产房环境不良、管理不善也会造成压踩仔猪。

2. 哺乳仔猪防压措施

（1）设母猪产床，产床的后部应设防压的护栏。

（2）保持环境安静。

（3）加强管理，产房要有人日夜看管。

（五） 预防仔猪下痢

仔猪腹泻病是一个总称，其包括了多种肠道传染病，最常见的有仔猪红痢、仔猪黄痢、仔猪白痢、传染性胃肠炎和流行性腹泻等。多发于生后 1 周左右（因脱水而死）和 20 日龄前后（因消化不良）。仔猪腹泻与母猪在妊娠期和泌乳期的营养是否全价、母乳数量多少与质量的好坏、初生重的大小、环境卫生条件、气候变化等因素密切相关。

1. 常见的仔猪腹泻病

（1）红痢病。由产气荚膜梭菌引起；多发生在生后 3 d 以内的仔猪；先拉灰黄或灰绿色稀粪，后拉红色糊状粪便（最急性的病状不明显，不见腹泻即死亡）。

（2）黄痢病。由大肠杆菌引起；多发生在生后 3 日龄左右的仔猪；症状是仔猪突然腹泻，粪便稀薄如水，呈黄色或灰黄色，有气泡并带有腥臭味。

（3）白痢病。由大肠杆菌引起的胃肠炎；多发生在 30 日龄以内的仔猪，以 10～20 日龄发病最多；主要症状是下痢，粪便呈乳白色、灰白色或淡黄白色，粥状或糨糊状，有腥臭味。

（4）传染性胃肠炎和流行性腹泻。由传染性胃肠炎和流行性腹泻病毒引起，不限于仔猪，各种猪均易感染发病，只是仔猪死亡率高。症状是粪便很稀，严重时呈喷射状，伴有呕吐，脱水死亡。

2. 预防措施

（1）养好母猪。加强妊娠母猪和哺乳母猪的饲养管理，保证胎儿的正常生长发育，产出体重大、健康的仔猪，母猪产后有良好的泌乳性能。哺乳母猪饲料稳定，不吃发霉变质和有毒的饲料，保证乳汁的质量。

（2）保持猪舍清洁卫生。产房最好采取全进全出，妊娠母猪进产房时对体表要进行喷淋刷洗消毒，临产前用 0.1%高锰酸钾溶液擦洗乳房和外阴部，减少母体对仔猪的污染。产房的地面和网床上不能有粪便存留，随时清扫。

（3）保持良好的环境。产房应保持适宜的温度、湿度，控制有害气体的含量，使仔猪生活舒服，体质健康，有较强的抗病能力，可防止或减少仔猪腹泻等疾病的发生。

（4）采用药物预防和治疗。

①口服药物预防治疗。仔猪生后在第 1 次吃初乳前口腔滴服 0.5 mL 增效磺胺甲氧

嗪注射液，以后 1 次/d，连续 3 d，或口腔滴服 1 万 IU 硫酸庆大霉素，以后 1 次/d，连续 3 d。

②利用疫苗进行预防。在母猪妊娠后期注射菌毛抗原 K88、K99、K987P 等菌苗，或者传染性胃肠炎和流行性腹泻二联苗，使母猪产生抗体，这种抗体可以通过初乳或者乳汁供给仔猪。

(5) 注意补水。水中加补液盐（电解质）、抗菌药和多维；严重的要腹腔注射葡萄糖生理盐水。

(6) 按需稳定供给全价优质的哺乳仔猪料。哺乳仔猪料应添加复合酶、有机酸、乳清粉、油脂、乳香味的调味剂、促生长剂、抑菌抗菌剂、微生态制剂等添加剂。

(7) 加强对仔猪的巡视与看护。

（六） 防止僵猪的产生

1. 僵猪产生的原因

僵猪是指生长发育缓慢或者停滞的猪，以仔猪阶段较为多见。僵猪产生的主要原因包括胎僵、奶僵、病僵、开食晚、补料差（料僵）、近亲后代等。

2. 防止措施

(1) 加强母猪妊娠期和泌乳期的饲养管理，保证能量、蛋白质、维生素与矿物质等的供给，使仔猪先天发育良好，生后能吃到充足的乳汁。

(2) 做好仔猪的护理和养育，早开食，适时补料，并保证乳猪料的质量。

(3) 做好圈舍环境卫生，保持干燥、清洁，空气新鲜，阳光充足。

(4) 及时驱除体内外寄生虫和防止仔猪常发病等的发生。早发现早治疗，尽量缩短病程。

(5) 避免近亲繁殖和过早交配，以提高后代的生活力，保证仔猪质量。

(6) 产生僵猪较多的母猪应及时淘汰。对已出生的僵猪，应根据致僵原因，有针对性地采取措施，实施单独喂养、个别照顾的办法。

(7) 提高食欲，舒肠健胃。

(8) 添加抗生素（如土霉素 25～30 mg），补饲高剂量的铜制剂，必要时还可采取饥饿疗法，让僵猪停食 24 h，仅喂加点食盐的水，以达到舒肠健胃、促进蠕动、恢复食欲的目的。

【业务知识】

一、 哺乳仔猪的生理特点

1. 调节体温机能不完善，体内能源储备有限

据研究，初生仔猪如处于 13～24 ℃的环境中，体温在出生后第一小时可降低

1.7～7.2 ℃，尤其是在生后 20 min，由于羊水的蒸发，体温降低更快。体温下降的幅度与仔猪体重和环境温度有关。吃上初乳的健壮仔猪，在 18～24 ℃环境中，约 2 d 后体温可恢复正常，在 0 ℃（－4～2 ℃）左右的环境条件下，经 10 d 尚难达到正常体温。如果刚出生的仔猪裸露在 1 ℃环境中 2 h 可冻昏，甚至冻死。

哺乳仔猪抵抗低温的能力差，其主要原因如下：

（1）大脑皮层发育不全，通过神经系统调节体温的能力差。

（2）仔猪被毛稀疏、皮下脂肪少，脂肪还不到体重的 1%，体表的隔热、保温能力较差。

（3）初生仔猪体内的能源储备有限，每 100 mL 血液中血糖含量是 100 mg，血糖水平下降的强度取决于环境温度和初乳摄入量。

（4）相对单位体重来说，体表面积大，散热量多。

所以，对哺乳仔猪保温和尽可能早地吃到初乳是养好仔猪的最重要措施之一。

2. 消化器官不发达，消化机能不完善

（1）消化器官相对重量和容积较小。仔猪出生时，消化器官虽然已经形成，但是其重量和容积都比较小。如胃的重量，仔猪出生时为 4～8 g，占体重的 0.44%，容积为 30～40 mL，以后随日龄的增长而迅速扩大，到 20 日龄时，胃重增长到 35 g 左右，容积扩大 3～4 倍。小肠在哺乳期内也强烈生长，长度约增加 5 倍，容积扩大 50～60 倍，消化器官这种强烈的生长可持续到 7～8 月龄，以后才开始降低，直到 13～15 月龄才接近成年猪的水平。仔猪胃随日龄的增长而增大的情况如图 3-2-8 所示。

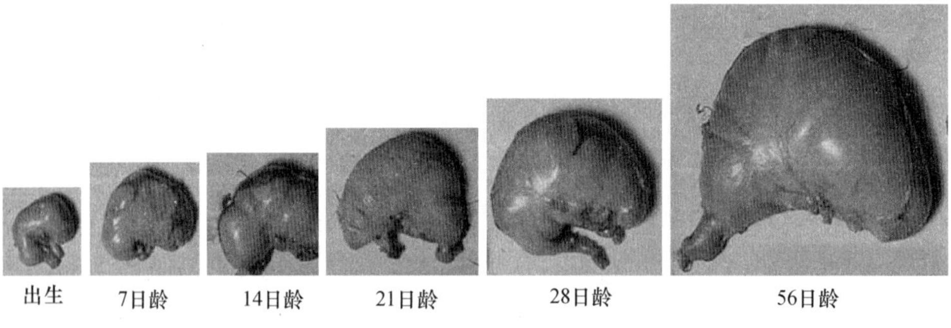

图 3-2-8 仔猪胃随日龄增长而增大

（2）食物通过消化道的速度较快。食物进入胃内排空的时间：15 日龄时约为 1.5 h，30 日龄为 3～5 h，60 日龄为 16～19 h。

（3）消化酶系统发育较差，消化机制不完善。

①对蛋白质的消化。仔猪出生 24 h 内，肠道上皮处于原始状态，对蛋白质有可渗透性，特别是乳蛋白吸收率达到 100%，使血液中 γ-球蛋白含量很快提高，免疫力迅速增加，36～72 h 后作用显著下降（肠壁闭锁现象）。

胃液中含有足够的凝乳酶，而唾液和胃蛋白酶很少。同时，初生仔猪胃底腺不发达，不能分泌盐酸，胃内缺乏游离的盐酸，胃蛋白酶原没有活性，不能消化蛋白质，特别是植物性蛋白质。非乳蛋白质直到 14 日龄后才能有限地被消化，到 40 日龄时胃蛋白酶才表现出对乳汁以外的多种饲料的消化能力。这时只有肠腺和胰腺发育比较完全，胰蛋白酶、肠淀粉酶和乳糖酶活性较高，食物主要是在小肠内消化。所以，初生小猪只能吃母乳而不能利用植物性饲料。

②对脂肪的消化。胰脂肪酶、胆汁分泌多，可充分利用母乳，但对长链脂肪酸消化能力较小。消化吸收几乎与成年猪相似，健康的仔猪对脂肪的消化没有特殊的要求。

③对碳水化合物的消化。哺乳仔猪对乳糖、半乳糖、葡萄糖消化吸收较好，乳糖酶活性在生后很快达到最高峰。对蔗糖和淀粉的分解酶发育比较缓慢，2～3 周龄后淀粉酶分泌才逐渐增多。哺乳仔猪胰蛋白酶、胰凝乳蛋白酶和淀粉酶随日龄变化情况如图 3-2-9 所示。

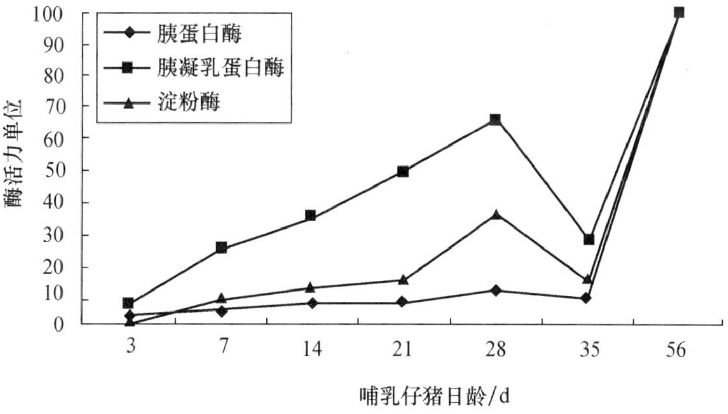

注：以 56 日龄酶活力单位为 100 计算，仔猪 28 日龄断奶（Jensen 等，2004）

图 3-2-9　仔猪消化酶随日龄变化示意图

3. 缺乏先天免疫力，抵抗疾病能力差

免疫抗体是一种大分子 γ-球蛋白，猪胚胎期由于母体血管与胎儿脐带血管之间被 6～7 层组织隔开，限制了母体抗体通过血液向胎儿转移。因而仔猪出生时没有先天免疫力，刚出生时自身也不能产生抗体。只有吃到初乳以后，靠初乳把母体的抗体传递给仔猪，以后过渡到自身产生抗体而获得免疫力。

(1) 初乳中免疫抗体的变化。母猪分娩时初乳中免疫抗体含量升高，以后随时间的延长逐渐降低。分娩开始时每 100 mL 初乳中含有免疫球蛋白 20 g，分娩后 4 h 下降到 10 g，以后还要逐渐减少。所以，分娩后立即使仔猪吃到初乳是提高成活率的关键。

(2) 初乳中含有抗蛋白分解酶。初乳中的抗蛋白分解酶可以保护免疫球蛋白不被分解，这种酶存在的时间比较短，如果没有这种酶存在，仔猪就不能原样吸收免疫抗体。

(3) 初生仔猪小肠有吸收大分子蛋白质的能力。仔猪出生后24～36 h，小肠有吸收大分子蛋白质的能力。不论是免疫球蛋白，还是细菌等大分子蛋白质，都能无保留地吸收。当小肠内通过一定的乳汁后，这种吸收能力就会减弱消失，母乳中的抗体就不会被原样吸收。

仔猪出生10日龄以后才开始自身产生抗体，直到30～35日龄前数量还很少。因此，3周龄以内是免疫球蛋白青黄不接的阶段。此时胃液内又缺乏游离盐酸，对随饲料、饮水等进入胃内的病原微生物没有消灭和抑制作用，因而造成仔猪容易患消化道疾病。

4. 生长发育迅速，新陈代谢旺盛

仔猪刚出生时体重小，不到成年体重的1%，但出生后生长发育迅速。一般初生体重为1.4 kg左右，10日龄时体重达出生重的2倍以上，30日龄达5～6倍，60日龄达10～13倍。

仔猪生后的强烈生长，是以旺盛的物质代谢为基础的。一般生后20 d的仔猪，每千克体重每天要沉积蛋白质9～14 g，相当于成年猪的30～35倍；仔猪每千克体重所需代谢净能是成年母猪的3倍，矿物质代谢也高于成年猪，每千克增重中含钙7～9 g、磷4～5 g。因此，对仔猪必须保证各种营养物质的供应。

二、 仔猪的哺乳行为

猪是早熟动物，这是自然选择的结果。仔猪出生时睁开眼睛，即具有运动能力，同时也开始了寻找哺乳的过程。仔猪从出生到最后吸吮固定乳头的经过可通过图3-2-10说明。

1. 寻找乳头

仔猪开始运动后，不断地用鼻子触弄和探索周围的环境。在探索阶段，找到乳房和乳头之前，仔猪会遇到许多麻烦，如圈栏、保育箱、母猪的背侧、后腿和同窝仔猪等。行为研究表明，初生仔猪找到乳房大约平均需要10 min。

2. 抽定乳头

仔猪一旦接触到乳房和乳头之后，即开始下一阶段“抽定乳头”。这个阶段中，仔猪从许多不同的乳头中抽定一个乳头，进行它的第一次成功吸吮。从出生到第一次成功吃乳要用近30 min。抽定乳头阶段开始比较平和，但当有别的仔猪到来时，争斗乳头的行为就开始了。

3. 保护乳头

一旦仔猪开始为乳头而争斗，“保护乳头”的阶段就开始了。这一阶段，仔猪建立乳头行为秩序时，会有很高的争斗频率。第一个出生仔猪选择了一个乳头，后出生的

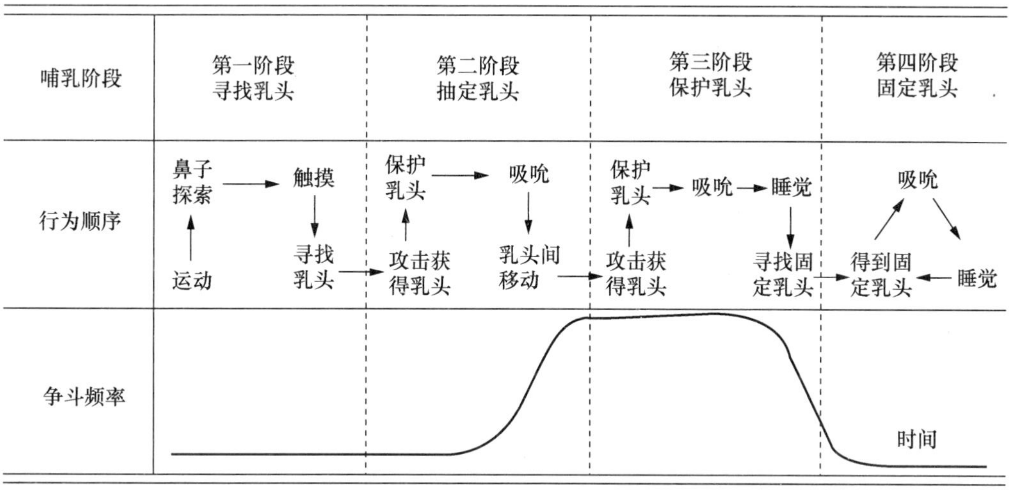

图 3-2-10 仔猪乳头确定时间

仔猪经常为这个乳头向其挑战。乳头争斗最强烈的时间是在出生后 4～6 h。在这之后，建立乳头秩序的过程进展缓慢，通常在仔猪出生几天后才能建立起来。乳头争斗可影响仔猪的成活率，特别是当争斗凶猛和持续时间较长时。

4. 固定乳头

乳头秩序建立以后，就进入了“固定乳头”阶段，这一阶段非常平静。仔猪得到自己的固定乳头，建立了睡觉和吃乳的秩序，这个秩序可能一直持续到断乳。但可能有这种情况，当母猪泌乳时，有的仔猪不靠近乳房，可能因为未感到饥饿或弱小、疾病而不能靠近乳房，强壮的仔猪可以趁机吃掉两个乳头的乳。

【岗位工作检查清单】

（1）是否在规定的时间内完成仔猪剪牙、断尾、打耳号、去势、补铁、补硒、补水和补料等常规操作。

（2）哺乳仔猪是否吃到了足够多的初乳，是否有仔猪存在吃不到初乳的情况。

（3）用于剪牙、断尾、打耳号等的工具是否做到一猪一消毒。

（4）补铁和补硒的注射器针头是否做到每头猪换一个针头，至少每窝换一个针头。

（5）仔猪饮用的水是否清洁，温度是否合适，尤其是在冬季应关注仔猪是否饮用冰凉的水。

（6）仔猪补料的料槽是否做到每天都清洗消毒，料槽中的剩料是否按时清理，料槽放的位置是否合适。

（7）固定乳头操作是否严格落实，哺乳时有无仔猪争抢乳头的情况。

（8）仔猪寄养前是否吃足初乳，寄养后是否顺利融入群体，有无母猪和同窝仔猪攻击的情况。

（9）通过检查仔猪睡卧时的姿势，判断仔猪保温箱的温度是否合适，并及时进行调整。

【业务经验】

一、 养好哺乳仔猪的3个关键时期

1. 第一个关键时期（初生关）

仔猪出生后生活环境发生了剧烈的变化，由原来在母体内部靠胎盘进行气体交换、摄取营养和排出废物，转变为自行呼吸、采食和排泄；在母体子宫内所处的环境条件稳定，出生后直接与复杂的外界环境相接触，由于调节体温的机能不健全，对寒冷的应激能力差，机体内部能源储备有限，脂肪和血糖含量少，若不采取保温措施，常会被冻僵、冻死；在母体子宫内处于无菌环境，出生后不仅处于有菌环境，而且不能从母体获得足够的抗体，因而抗病力极弱，容易得病死亡。因此，仔猪在7日龄以内是第一个关键性时期，应加强护理。

2. 第二个关键时期（补料关）

母猪泌乳量一般在分娩后21 d达到高峰，而后逐渐下降，仔猪的生长发育却随着日龄的增长而迅速上升，仔猪对营养物质的需求增加，如不及时给仔猪补料，容易造成仔猪增重缓慢、瘦弱、患病或死亡。因此，7日龄训练仔猪开食是养好仔猪的第二个关键时期。

3. 第三个关键时期（断奶关）

仔猪4～5周龄前后采食量增加，仔猪要面临断乳的严峻考验，要由母乳和饲料获得营养过渡到全部靠采食饲料独立生活，常因饲养管理做得不到位引起腹泻，影响仔猪的生长发育甚至造成仔猪死亡。因此，仔猪断乳是养好仔猪的第三个关键时期。

二、 哺乳仔猪管理的要点

母乳是哺乳仔猪的食物来源和免疫动力。通常情况下，绝大多数仔猪都可以得到母乳，但并不是每窝和每头仔猪都能很好地获得母乳，尤其是弱小和同窝多仔的个体。人工辅助哺乳技术能在很大程度上帮助仔猪解决困难。

哺乳仔猪的培育强调“抓三食”（乳食、开食、旺食）、“过三关”（出生关、补料关、断奶关）、“四防”（防冻、防饿、防压、防病）和“三察看”［看粪便（是否健康）、察看睡眠（温度）、察看行为、叫声（固定乳头情况）］。

三、 哺乳仔猪死亡原因分析

哺乳期仔猪的死亡率往往比较高，生产条件、饲养管理比较好的猪场，哺乳期仔猪的死亡率可以控制在5%以下，而生产条件较差、饲养管理比较粗放的猪场死亡率则可达到20%，甚至更高。

引起哺乳仔猪死亡的原因较多，但归纳起来可以分为两种情况：一是由下痢、肺炎和贫血等疾病因素引起的死亡；二是由压死、冻死等非疾病因素引起的死亡。两者引起仔猪死亡的数量，视不同猪场生产条件和饲养管理水平而异。

同时，通过大量的统计可以看出，哺乳仔猪的死亡率与日龄、初生重有很大的相关性。下面将结合一些猪场仔猪哺乳期死亡情况的统计分析，对死亡的原因做更为直观的分析。需要指出的是，由于不同猪场的生产条件和管理水平不同，各种因素引起的仔猪死亡率会有所不同，但总体来讲，均符合以下所总结的相关规律。

1. 由疾病因素引起的死亡

某猪场哺乳仔猪死亡原因分析见表3-2-8。统计期间，共死亡仔猪1 053头，其中因患白痢病死亡330头，占死亡总头数的31.3%，比例最大；肺炎病死亡150头，占死亡总头数的14.3%，列为第二位。由此知，因白痢和肺炎共死亡仔猪480头，占死亡总头数的45.6%。

表3-2-8 某猪场哺乳仔猪死亡原因分析

死亡原因	出生～20日龄		20～60日龄		合计	
	死亡头数	占死亡总头数的比例/%	死亡头数	占死亡总头数的比例/%	死亡头数	占死亡总头数的比例/%
压死、冻死	128	94.8	7	5.2	135	12.8
白痢死亡	315	95.5	15	4.5	330	31.3
肺炎死亡	130	86.7	20	13.3	150	14.3
其他死亡	332	75.8	106	24.2	438	41.6
合计	905		148		1 053	100

结合哺乳仔猪的生理特点进行分析不难看出，由于哺乳仔猪消化机能不完善，且胃内没有游离的盐酸，不能对随饲料和饮水进入消化道的病原微生物进行有效的抑制，加之免疫力低下，最容易因病菌侵害引起下痢而死亡。另外，哺乳仔猪体温调节的能力又比较差，怕冷，常因环境温度突变而患感冒，进而引发肺炎死亡。

所以，在哺乳仔猪的饲养管理过程中，调节好分娩舍的温度、做好消毒工作、使仔猪及时吃到初乳等一系列饲养管理措施，对于提高哺乳期仔猪的成活率具有重要意义。

2. 非病因死亡为主的死亡

非疾病原因死亡仔猪情况见表3-2-9。

表 3-2-9　哺乳仔猪非病死原因分析

死亡原因	死亡头数	占死亡总数比例/%
压死、踩死	1 013	43.6
先天发育不良	529	22.8
缺奶	175	7.5
淹死	84	3.6
冻死	87	3.7
咬死	161	6.9
其他	275	11.8
小计	2 324	100

通过对 2 324 头仔猪非疾病因素引起的死亡数据的统计分析可以看出，压死、踩死的仔猪有 1 013 头，占死亡总数的 43.6%，居第一位；先天发育不良死亡的有 529 头，占死亡总数的 22.8%，占第二位。

究其原因，是猪的胚胎期相对较短，刚出生的仔猪身体软弱、活动能力很差，如果护理不当，很容易被母猪压死、踩死。尤其是头胎母猪，由于带仔猪的经验较少、母性较差，如果护理不当，压死、踩死仔猪的情况就更容易发生。

鉴于这种情况，在实际生产中，尤其是仔猪刚出生的一段时间，要求分娩舍中要 24 h 轮流值班。同时，分娩舍中要保持安静，避免发出尖锐的声音；进入分娩舍时要轻、缓，让母猪觉察到后再缓慢地进入，避免猛然进入猪舍，引起母猪受惊，突然起身而踩死仔猪。如果听到仔猪尖叫，要尽快赶起母猪，救出仔猪。

3. 死亡时间的分析

据统计，产后第一周死亡数占死亡总数的 55.9%，第二周死亡数占 20.21%，第三周死亡数占 9.92%，第四、第五周合计占 9.44%，第六、第七、第八周 3 周合计约 3.02%。

结合仔猪的生理特点分析可以看出，因为猪的胚胎期较短，仔猪刚出生时身体软弱、调节体温的能力差、对疾病的抵抗能力差，所以由于各种因素引起的死亡率较高。但是，仔猪出生后，身体各组织器官强烈生长，活动能力逐渐增强，由于母源抗体的保护，对疾病的抵抗能力提高，所以死亡率逐渐下降。因此抓好早期的饲养管理对于提高仔猪的成活率至关重要。

4. 死亡体重的分析

仔猪初生重大小既影响增重，又影响成活率。据某猪场统计资料，初生重 0.5 kg 以下的仔猪，哺乳期间死亡率达 80%以上，初生重 0.6～1.0 kg 的仔猪，死亡占 13%，初生重 1.1 kg 以上的仔猪，死亡仅占 6%。又据美国艾奥瓦州 V. C. Spear 等对 17 613 头仔猪的分析，初生重 0.9 kg 以下的仔猪成活率为 42%，1.35 kg 以上的仔猪成活率达到 82%以上（表 3-2-10）。

表 3-2-10　仔猪初生重与成活率的关系

体重/kg	统计头数	占总头数比例/%	成活率/%
0.9 以下	1 035	6	42
0.9～1.08	2 367	13	68
1.13～1.31	4 197	24	75
1.35～1.53	5 012	28	82
1.58～1.76	3 268	19	86
1.80 以上	1 734	10	88
总计	17 613	100	77

【工作任务实施记录与评价】

1. 初生仔猪的常规处理

<table>
<tr><td rowspan="2">师傅指导记录</td><td colspan="5">初生仔猪的常规处理</td><td>评价成绩</td></tr>
<tr><td>工作任务</td><td>优</td><td>良</td><td>中</td><td>差</td><td rowspan="4"></td></tr>
<tr><td rowspan="7"></td><td>剪牙</td><td></td><td></td><td></td><td></td></tr>
<tr><td>断尾</td><td></td><td></td><td></td><td></td></tr>
<tr><td>补铁、补硒</td><td></td><td></td><td></td><td></td></tr>
<tr><td>补水</td><td></td><td></td><td></td><td></td><td>评价时间</td></tr>
<tr><td>补料</td><td></td><td></td><td></td><td></td><td rowspan="3">年　月　日</td></tr>
<tr><td>打耳号</td><td></td><td></td><td></td><td></td></tr>
<tr><td>去势</td><td></td><td></td><td></td><td></td></tr>
</table>

2. 仔猪固定乳头

<table>
<tr><td rowspan="2">师傅指导记录</td><td colspan="5">仔猪固定乳头</td><td>评价成绩</td></tr>
<tr><td>工作任务</td><td>优</td><td>良</td><td>中</td><td>差</td><td rowspan="2"></td></tr>
<tr><td rowspan="4"></td><td>固定乳头时间的把握</td><td></td><td></td><td></td><td></td></tr>
<tr><td>母猪不同乳头泌乳量的判断</td><td></td><td></td><td></td><td></td><td>评价时间</td></tr>
<tr><td>弱小仔猪和强壮仔猪的标识</td><td></td><td></td><td></td><td></td><td rowspan="2">年　月　日</td></tr>
<tr><td>固定乳头效果的评估</td><td></td><td></td><td></td><td></td></tr>
</table>

3. 寄养和并窝

师傅指导记录	寄养和并窝					评价成绩
	工作任务	优	良	中	差	
	寄养时间的选择					
	寄养仔猪的选择					
	寄养母猪的选择					
	寄养和并窝前气味的混合					评价时间
	直接寄养操作					年　月　日
	交叉寄养操作					
	并窝操作					

4. 学徒关键职业能力及职业品质、工匠精神评价

项目	优	良	中	差
工作态度				
吃苦耐劳				
团队协作				
沟通交流				
学习钻研				
认真负责				
诚实守信				

项目三
保育育肥舍生产管理

【任务目标与质量要求】

（1）保育阶段和育肥阶段成活率分别达到 98%和 99%以上。

（2）保育阶段和育肥阶段残次率分别低于 2%和 1%。

（3）保育阶段和育肥阶段料肉比分别达到 1.5∶1 和 2.6∶1。

（4）70 日龄均重 30 kg 以上，160 日龄均重 100 kg 以上。

【学习产出目标】

（1）熟悉断奶阶段仔猪的生理特点和面临的应激因素，并能用于指导相关饲养管理方案的制定。

（2）能够根据猪场的实际情况选择合适的断奶日龄和断奶方法。

（3）能够按要求做好保育舍、育肥舍进猪前的清洗和消毒。

（4）制定合理的饲养方案，确保仔猪顺利适应断奶阶段圈舍、饲料和管理等方面的变化，最大限度地降低仔猪腹泻和生长停滞。

（5）了解育肥猪生长发育规律，做好饲养管理工作，降低育肥成本，提高胴体质量和猪肉品质。

（6）能够综合考虑各个因素，灵活确定育肥猪合适的屠宰体重。

【工作程序与方法要求】

一、断奶仔猪的培育

（一）断奶日龄及方法

1. 断奶日龄

采用 21～35 d 断奶比较合适，具体断奶日龄要根据猪场的管理水平确定，切不可盲目提前断奶，否则可能会引起仔猪出现大量腹泻死亡、生长停滞等问题，反而得不偿失。目前我国大部分猪场在 28 日龄时实施仔猪的断奶。

2. 断奶方法

一次断奶法：当仔猪达到预定断奶日龄时，将母猪转出，仔猪留原圈饲养。此法由于断奶突然，易因食物及环境突然改变而引起仔猪消化不良，又易使母猪乳房胀痛，烦躁不安，或发生乳房炎，对母猪和仔猪均不利，但方法简便，适宜工厂化养猪使用。

分批断奶法：在母猪断奶前 7 d 先从窝中取走一部分个体大的仔猪，剩下个体小的仔猪数日后再行断奶。优点是便于仔猪获得更多的母乳，增加断奶体重，缺点是不利母猪再发情，目前一般不用。

逐渐断奶法：在断奶前 4～6 d 开始控制哺乳次数，第 1 天让仔猪哺乳 4～5 次，以后逐渐减少哺乳次数，使母猪和仔猪都有一个适应过程，最后到断奶日期再把母猪隔离出去。此种断奶方法较麻烦而费人力。

早期隔离断奶（segregated early weaning，SEW）法：美国养猪界在 1993 年开始试行的一种新的养猪方法。其实质内容是，母猪在分娩前按常规程序进行有关疾病的免疫注射，仔猪出生后保证吃到初乳，按常规免疫程序进行疫苗预防接种后，在 10～21 日龄断奶，然后把仔猪在隔离条件下保育饲养。保育仔猪舍要与母猪舍及生产猪舍分离开，隔离距离为 250 m 至 10 km，根据隔离条件不同而不同。

（二） 断奶仔猪的培育

工作目标："两维持"即维持原圈舍管理和原饲料饲养，"三过渡"即饲养制度、饲料类型和饲养环境的过渡。

1. 过渡期管理

（1）饲料类型的过渡。刚断奶仔猪 1～2 周内不能立即换用小猪料，用乳猪料在原栏饲养几天后，转往保育舍后换料需有一个过程，一般在一周内换完，采取逐步更换的方法（每天 20%的替换率）。

在换料过程中，一旦发现异常情况，需立即停止换料，直到好转后再继续换料。换料过程中注意提供洁净的饮水和电解质，注意添加药物，以防止腹泻的发生。

（2）饲喂方法的过渡。在断奶后 2～3 d 要适当控制给料量，不要让仔猪吃得过饱，每天可多次投料（4～5 次/d，加喂夜餐，日喂量为原来的 70%），防止消化不良而下痢，保证饮水充足、清洁，保持圈舍温暖、干燥、卫生。

日粮组成以低蛋白质水平饲料为好（控制在 19%以内），能有效地防止或减少腹泻，但要控制使用时间，否则会影响保育猪的生长；饲料中加入抗生素，并注意饲料适口性，以颗粒为好。

保证充足的饮水，断奶仔猪栏内应安装自动饮水器，保证随时供给仔猪清洁饮水。应注意调教，顶开饮水器让水自由流出 0.5～1 d，压力应小于 0.2 kg/cm^2，最低的出水率应该在 1.5 L/min。可在饮水中加入抗生素及抗应激药物，以防止仔猪腹泻及生长停滞。

(3) 生活环境的过渡。采用不调离原圈，不混群并窝的“原圈培育法”。断奶时把母猪从产栏调出，仔猪留原圈舍饲养一周左右（根据猪场分娩舍的使用情况确定），待采食及粪便正常后再转群。仔猪断奶转入仔猪培育舍后，分娩舍立即彻底清扫、消毒，空圈一周后再转入待产母猪。断奶仔猪转群时一般采取“原窝培育”，即将原窝仔猪转入培育舍同一栏内饲养。不要同时把几窝仔猪混群饲养，避免仔猪受断奶、咬架和环境变化引起的多重刺激。待仔猪适应了断奶阶段的各种应激后再进行调群。

2. 网床培育

采用网床可提高仔猪的生长速度、个体均匀度和饲料转化率，减少疾病的发生。首先是粪尿、污水能随时通过漏缝网格漏到网下，减少了仔猪接触污染的机会，床面清洁卫生、干燥，能有效地遏制仔猪腹泻病的发生和传播；其次是仔猪离开地面，减少冬季地面传导散热的损失，提高饲养温度。

3. 合理分群并窝

待仔猪适应了断奶阶段的各种应激后，根据仔猪个体大小、性别、采食快慢等分群。分群应遵循“夜并昼不并、留弱不留强、拆多不拆少”的原则，尽量减少打斗，并群后同栏仔猪体重相差不超过 1～2 kg。

4. 创造良好环境条件

(1) 保育舍内温度应控制在 22～25 ℃范围内。在刚断奶时温度要提高 2～3 ℃，甚至可达 30 ℃。

(2) 湿度控制在 65%～75%为宜。

(3) 保持舍内干燥卫生，经常打扫、消毒，预防传染病发生。

(4) 定期通风换气，保持舍内空气新鲜。

5. 三区定位调教管理

新断奶转群的仔猪吃食、睡卧、饮水、排泄区尚未形成固定位置，所以要加强调教训练，使其形成理想的睡卧和排泄区。这样既可保持栏内卫生，保障猪群健康，又便于清扫，提高生产效率。

训练的方法是：排泄区保持湿润，粪便暂不清扫，诱导仔猪来排泄。其他区的粪便及时清除干净。当仔猪活动时对不到指定地点排泄的仔猪用小棍哄赶并加以训斥。当仔猪睡卧时，可定时哄赶到固定区排泄，经过一周左右的训练，可建立起定点睡卧和排泄的条件反射。

6. 防止咬耳咬尾

断奶仔猪容易发生咬尾的原因包括：企图继续吮乳、饲料营养不合理（如高能量、粗纤维过少、动物蛋白严重不足、钙过少或过多、食盐过少或缺失、微量元素供给不当)、饲养环境不良（如密度过大、高温、空气污浊、食槽不够、供水不足等）。此外，“序列行为”和“争斗行为”也会加剧咬尾。

预防咬尾的措施有：消除使猪不适的因素；注意及时调整日粮结构，使之全价；为仔猪放置玩具，分散注意力；哺乳阶段对仔猪实施断尾。

7. 饲养效果观察

一看饲槽中剩料，即在第二餐投料时，食槽中还留有一点饲料，但量不多，说明上餐喂量适中；若槽中舔的精光，有湿唾液现象，则上餐喂量过少，要增喂；若明显存在过多剩料，下餐喂上餐量的1/2。

二看仔猪动态，喂料前簇拥食槽前，叫声不断，应多喂，过5～6 min，料已净，仍在槽前抬头张望，可再加一些饲料，有部分仔猪在喂料前虽走至食槽前，但叫声少而弱，这时少喂些饲料。

三看粪便色泽和软硬程度，初生仔猪，粪便呈黄褐色筒状，采食后，黑色粒状成串。断奶后3 d，粪便变稀，颜色变黑，属于正常现象；粪便变软，色泽正常，喂料不加不减；粪便呈黄色，粪内有饲料细粒，说明喂量过剩，应减至上餐量的80%，下餐增至原喂量；粪便呈糊状，淡灰色，并有零星粪便呈黄色，内有饲料细粒，这是全窝下痢症状，要停一餐，第二餐也只能喂第一餐定量的50%，第三餐要根据粪便状况而定，同时配合抗生素治疗。

二、 育肥猪的饲养管理

（一） 育肥方式和饲喂方法

1. 育肥方式

(1)“一条龙”育肥法。“一条龙”育肥法也叫“直线育肥法”，即按照猪在各个生长发育阶段的特点，采用不同的营养水平和饲喂技术，在整个生长育肥期间能量水平始终较高，且逐阶段上升，蛋白质水平也较高，以这种方式饲养的猪增重快，饲料转化率高，这是现代集约化养猪生产普遍采用的方式。

(2)“前高后低”的饲养方式。在育肥猪体重60 kg以前，按“一条龙”饲养方式，采用高能量、高蛋白质饲粮；在育肥猪体重达60 kg后，适当降低饲粮能量和蛋白质水平，限制其每天采食的能量总量。这种饲养方式可提高胴体品质和瘦肉率，但会延长育肥期，降低生产效率。

(3)“吊架子”育肥法。“吊架子”育肥法也叫“阶段育肥法”，其是在较低营养水平和不良的饲料条件下所采用的一种肉猪肥育方法。此法是将整个过程分为小猪、架子猪和催肥3个阶段进行饲养。这种饲养方式在小规模猪场较为常见。

具体方法为：小猪阶段饲喂较多的精料，饲粮能量和蛋白质水平相对较高；架子猪阶段利用猪骨骼发育较快的特点，让其长成骨架，采用低能量和低蛋白质的饲粮进行限制饲养（“吊架子”），一般以青粗饲料为主饲养4～5个月；催肥阶段则利用肥猪易于沉积脂肪的特点，增大饲粮中精料比例，提高能量和蛋白质的供给水平，使其快速育肥。

这种育肥方式可通过“吊架子”来充分利用当地青粗饲料等自然资源，降低生长育肥猪饲养成本，但它拖长了饲养期，生长效率低，已不适应现代集约化养猪生产的要求。

2. 饲喂方法

饲喂方法一般分为自由采食和限量饲喂两种。限量饲喂又主要有两种方法：一是对营养平衡的日粮在数量上予以控制，即每次饲喂自由采食量的70%～80%，或减少饲喂次数；二是降低日粮的能量浓度，把纤维含量高的粗饲料加到日粮中去，以限制其对养分特别是能量的采食量。

若要得到较高日增重，以自由采食为好；若只追求瘦肉多和脂肪少，则以限量饲喂为好。如果既要求增重快，又要求胴体瘦肉多，则以两种方法结合为好，即在育肥前期采取自由采食，让猪充分生长发育，而在育肥后期（55～60 kg后）采取限量饲喂，限制脂肪过多的沉积。

（二） 饲料调制

合理的饲料调制可改善饲料适口性，提高饲料转化率，还可降低或消除有毒、有害物质的危害。

1. 粉碎粒径要求

30 kg以下幼猪的饲料颗粒直径以0.5～1.0 mm为宜，30 kg以上的猪以1.5～2.5 mm为宜。配合饲料一般宜生喂，但大豆、豆饼、棉籽饼、菜籽饼等因内含胰蛋白酶抑制因子，应加热破坏其中的胰蛋白酶抑制因子再饲喂，或用于配制饲料。

2. 饲喂形态

颗粒料优于干粉料，湿拌料有利于刺激猪采食，但应现拌现喂，避免腐败变酸。

（三） 饲喂次数

从猪的食欲与时间的关系来看，猪的食欲以傍晚最盛，早晨次之，午间最弱，这种现象在夏季更趋明显。所以，对生长育肥猪可日喂3次，且早晨、午间、傍晚3次饲喂时的饲料量分别占日粮的35%、25%和40%。试验表明，在20～90 kg期间，日喂3次与日喂2次比较，前者并不能提高日增重和饲料转化率。因此，许多集约化猪场采取每天2次饲喂的方法是可行的。

（四） 饮水

养猪场必须供给猪充足、符合卫生标准的清洁饮水；如果饮水不足，会引起食欲减退，采食量减少，使猪的生长速度减慢，严重者引起疾病。猪的饮水量随生理状态、环境温度、体重、饲料性质和采食量等而变化，一般在春秋季节其正常饮水量应为采食饲料风干重的4倍或体重的16%，夏季约为5倍或体重的23%，冬季则为2～3倍或体重的10%左右。

猪饮水一般以安装自动饮水器较好或在圈舍内单独设一水槽并保持充足而清洁的饮水，让猪自由饮用。

（五） 应用促生长剂

1. 抗生素添加剂

常用的抗生素添加剂有土霉素、泰乐菌素、利高霉素、杆菌肽锌等，添加剂量与所含抗生素的有效浓度有关，参照产品说明书进行。

2. 饲用微生物添加剂

微生物生长促进剂是指能直接提高动物对饲料的转化率和生长速度的活的微生物培养物，可通过有益微生物形成优势菌群、产酸或竞争营养物质等方式，抑制有害微生物的生长繁殖或通过产生B族维生素、增强机体非特异性免疫功能来预防疾病，从而间接地起到提高生长速度和饲料转化率的作用。

3. 酶制剂

根据酶制剂功效，其可分为两类：一类用于补充内源性消化酶的不足；另一类用于消除饲料中抗营养因子的不良影响。常见的有植酸酶、木聚糖酶、葡萄糖酶、纤维素酶、淀粉酶、酸性蛋白酶、甘露聚糖酶等。目前，在酶制剂的应用上还存在效价不稳定和成本高等问题。

（六） 合理分群及调教

1. 合理分群

生长育肥猪一般采取群饲方法。分群时，除考虑性别外，应把来源、体重、体质、性情和采食习性等方面相近的猪合群饲养。根据猪的生物学特性，可采取“留弱不留强，拆多不拆少，夜并昼不并”的办法分群，并加强新合群猪的管理、调教工作，如在猪体上喷洒少量来苏尔药液或酒精，使每头猪气味一致，避免或减少咬斗的发生，同时可吊挂铁链等小玩物来吸引猪的注意力，减少争斗。分群后要保持猪群相对稳定，除对个别患病、体重差别太大、体质过弱的个体进行适当调整外，不要任意变动猪群。每群头数应根据猪的年龄、设备、圈养密度和饲喂方式等因素而定。

2. 调教

猪在新合群或调入新圈时，要及时加以调教。重点要抓好两项工作，第一是防止强夺弱食。为保证每头猪都能吃到、吃饱，应备有足够的饲槽，对霸槽争食的猪要勤赶、勤教。第二是训练猪养成“三区定位”的习惯。将猪采食、睡卧、排泄地点固定在圈内三处，并形成条件反射，以保持圈舍清洁、干燥，有利于猪生长。具体方法是猪调入新圈前，要预先把圈舍打扫干净，在猪躺卧处铺上垫料，食槽内放入饲料，并在指定排便地点堆放少量粪便、泼点水。把猪调入新圈后，若有个别猪不在指定地点排便，要及时将其粪便铲到指定地点，并守候看管，这样经过一周左右训练，就会使猪养成“三区定位”习惯。

若上一批猪未建立“三区定位”，猪群在栏内到处排泄，会在栏内各个角落留下粪尿的气味。而猪的嗅觉又非常灵敏，很可能会导致下一批猪也很难定位成功。所以，待上一批猪转出后，应对猪栏进行彻底的清洗、消毒，排泄区以外的其他区域务必确保清除上一批猪留下的粪尿气味，可配合喷洒气味较大的消毒药进行。

（七） 免疫和驱虫

1. 免疫

制定合理的免疫程序，认真做好预防接种工作。每头猪都应接种，避免遗漏，对从外地引入的猪，应隔离观察，并及时免疫接种。在集约化养猪生产中，仔猪在育成期前（70 日龄以前）各种传染病疫苗均进行了接种，转入生长育肥猪后到出栏前必须根据猪体内抗体的消长情况再进行接种，同时应考虑地方传染病流行情况，及时采血监测疫苗抗体水平，防止发生意外传染病。

2. 驱虫

主要有蛔虫、疥螨、姜片吸虫和虱子等，通常在 90 日龄时进行第一次驱虫，必要时在 135 日龄左右时再进行第二次驱虫。

（八） 适宜的环境条件

1. 温度和湿度

适宜环境温度为 16～23 ℃，前期为 20～23 ℃，后期为 16～20 ℃。相对湿度以 50%～70%为宜。

2. 饲养密度和圈舍卫生

圈养密度一般以每头猪所占面积来表示，一般猪体重为 15～60 kg，圈养密度为 0.6～1.0 m^2/头；猪体重为 60 kg 以上，圈养密度为 1.0～1.2 m^2/头。每圈头数以 10～20 头为宜。猪舍要清洁干燥、空气新鲜、定期消毒。

3. 合理通风换气

空气流速以 0.1～0.2 m/s 为宜，最大不要超过 0.25 m/s。在高温环境下，增大气流；在寒冷季节要降低气流速度，更要防止“贼风”。

4. 光照

育肥猪舍内的光照可暗淡些，只要便于猪采食和饲养管理工作即可，保证猪得到充分休息。

5. 噪声

保持育肥舍安静，以免干扰猪群休息，影响生产性能。饲养员不要突然进入猪舍，以免惊扰猪群。噪声强度以不超过 85 dB 为宜。

6. 舍内有害气体、尘埃与微生物

猪舍中氨气浓度的最高限度为 25 mg/m^3，硫化氢含量以 10 mg/m^3 为限，二氧化碳应以0.15%为限。若有害气体浓度偏高，应改善猪舍通风换气条件，及时处理粪尿，保持适宜的圈养密度。尘埃可使猪的皮肤发痒以致发炎、破裂，对鼻腔黏膜有刺激作用。病原微生物附着在灰尘上易于存活，对猪的健康有直接不利影响。

（九） 适时屠宰

1. 影响屠宰活重的主要因素

（1）生长育肥猪生物学特性。屠宰活重（期）受到日增重、饲料转化率、屠宰率、瘦肉率等生物学因素的制约。

（2）消费者对胴体的要求。用于制作腊肉、火腿等的猪肉，一般使用肥肉，需要推迟出栏，以增加猪体内脂肪的沉积。

（3）销售价格的影响。一般猪价较高时，可以适当提高屠宰体重；而猪价偏低时应适当降低屠宰体重，提前出栏。

（4）生产者经济效益（利润）的影响，应考虑饲料、仔猪成本、屠宰率和胴体价格。

（5）肥育类型、品种、经济条件和肥育方式。

2. 适宜屠宰活重

地方猪种中早熟、矮小的猪及其杂种猪适宜屠宰活重为70～75 kg。其他地方猪种及其杂种猪的适宜屠宰活重为75～85 kg。我国培养猪种和以我国地方猪种为母本、国外瘦肉型品种猪为父本的二元杂种猪，适宜屠宰活重为85～90 kg。以两个瘦肉型品种猪为父本的三元杂种猪，适宜屠宰活重为90～100 kg。以培育品种猪为母本，两个瘦肉型品种猪为父本的三元杂种猪和瘦肉型品种猪间的杂种后代，适宜屠宰活重为100～115 kg。

【业务知识】

一、 断奶前后仔猪消化道所经历的变化

在自然状态下，仔猪是不会突然从母猪身边被转走的——进化使猪的断奶过程循序渐进地进行至少16周（通常是20周），以便肠道一点点地适应消化固体食物。因为消化道中的微生物和化学信号通路需要时间来调整和适应由喝母乳到处理植物根茎、橡树子、坚果、草、种子、苹果和土壤中的细菌、真菌这一过程。即使在该过程的后期，仔猪仍可以通过快速吸食母乳来稳定机体出现的一系列不适应症状。

除野猪和一小部分现代散养猪外，其他猪的自然断奶过程都被人为地忽略了。在17～32 d突然就把仔猪断奶了，意味着将自然条件下不可能发生的转变强加到了仔猪的消化系统中。如果不帮助仔猪缓解这个突然的变化，那么断奶后的腹泻和生长受阻现象就会不可避免地发生。

1. 断奶前仔猪消化系统的工作状态

(1) 3 周龄断奶仔猪的胃既是一个储藏食物的地方，又是一个最多能容纳约 200 mL 食物的预消化场所。

(2) 经过仔细的测量，每隔 35～45 min 母猪会泌乳一次。母猪受到小猪的吮吸刺激后，通过乳池释放乳汁的方式做出回应，并在 17～30 s 后关闭乳池停止泌乳。然而，不管仔猪吮吸得多用力、吮吸时间多长，每小时只能获得 150～220 mL。

(3) 哺乳仔猪的胃弹性差且只能容纳一定体积的食物——如前所述，大约 200 mL。

(4) 胃壁细胞会同时释放消化酶和盐酸对蛋白质（蛋白酶等）和碳水化合物（淀粉酶等）进行预消化，酸会使随食物进入体内的病原微生物失去活性。哺乳仔猪肠道的内容物（母乳）已经含有以适合的形式存在的营养成分，以便在 35 min 左右的时间里顺利地进行预消化（酶解）和杀菌（酸化）过程。

(5) 接着，胃中的内容物就会进入十二指肠，这里是预消化脂肪的地方，也能容纳大约 200 mL 的量。

(6) 然后，已为小肠的吸收做好充分准备的十二指肠内容物在肠道的蠕动作用下进入小肠。此时内容物中已经没有什么潜在的有害微生物。

(7) 最后，食物（母乳）已经被适当地预消化并可在小肠中被安全地吸收。

2. 断奶过程中消化系统中发生的变化

(1) 哺乳仔猪的胃能容纳 200 mL 的量，不能扩张。食物在这里大概要停留 45 min，以让胃分泌胃酸来杀灭有害微生物。与此同时，食物被酶包裹，这些酶可为淀粉和蛋白质的进一步消化做好准备。过量采食将导致上述两个过程进行得不完全。随后，胃内容物将十二指肠填满，而它本身重新被新鲜的母乳装满。

(2) 十二指肠长为 22.86 cm，厚为 5.08 mm，容积略少于 200 mL。一旦胃内容物到达十二指肠，肠壁细胞就利用脂肪酶对其进行分解，以便为食物中的脂肪在消化道下一个部位的消化和吸收做好准备。来自胃的食物太多、太快，会导致食物没完全处理好就进入十二指肠。

(3) 小肠的前半部分长为 4.6～6.4 m，表面复杂且面积庞大，有半个足球场那么大，因为表面有数以千百万计用于吸收食物的肠绒毛。数以亿计的表层细胞吸收预消化过的营养物质，未充分预消化的不被吸收，说明该部位无法吸收只被简单处理过的食物。

(4) 结肠（或大肠）长为 182.88 cm，厚为 2.54 mm，主要用来吸收水分和消化粗纤维。与断奶后生长受阻现象关系不大。

(5) 断奶阶段腹泻的发生：仔猪断奶后，原有的每 45 min 一次的有规律的摄食活动被中断，仔猪变得饥饿，于是拼命吃食物（摄食过量）。结果食物在胃或十二指肠中没有停留足够的时间，没有经过充分的杀菌和预消化就进入了小肠，引起肠道堵塞，细菌开始大量繁殖，使小肠微绒毛变短并萎缩（图 3-3-1），体内水分就通过肠壁细胞进入小肠，最终导致仔猪腹泻/脱水。

在电镜下可观察到，断奶时肠绒毛表面由高密度手绢状变为平滑的舌状，这种变化持续 7～14 d。Mahan（1989）发现，哺乳仔猪小肠绒毛高度在 21 日龄时为 527 μm，35 日龄时为 410 μm；21 日龄断奶的仔猪，24 日龄时绒毛高度仅为 183 μm，到 42 日龄时恢复到 429 μm；35 日龄断奶的仔猪，在 38 日龄时绒毛高度为 299 μm，到 42 日龄时恢复至 424 μm。

可见，断奶应激导致肠绒毛变短，肠壁萎缩，进而引起营养物质的吸收障碍，大量病原微生物通过受损伤的肠壁侵入机体，体液进入肠腔而流失，最终导致腹泻、脱水死亡。

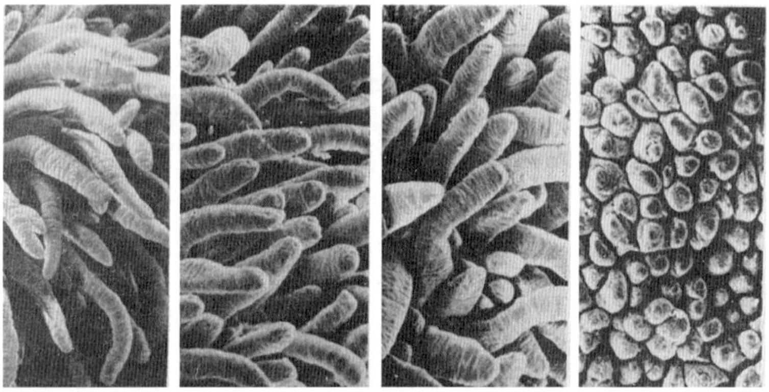

图 3-3-1　断奶对仔猪肠绒毛的影响

二、 生长育肥猪的生长发育规律

1. 评定生长育肥猪的主要指标

评定生长育肥猪的主要指标可以分为 3 个部分，即生长速度、饲料利用效率及胴体和肉质性状。前两个部分的衡量方法如下：

（1）生长速度。通常以日增重来表示。它是指断乳后，试验开始时体重至体重为 75～100 kg（视品种而异）结束时，整个测定期间的日增重。

$$日增重=\frac{末重-始重}{饲养天数}$$

我国目前通常开始体重为 20 kg，结束体重为 100 kg。对于开始体重与结束体重不同的组合的日增重不能相互比较。

（2）饲料利用效率。即整个育肥期中平均每千克增重所需要的饲料量，简称“耗料比”或“料肉比”。

$$单位增重耗料量=\frac{饲料消耗总量}{总增重}$$

饲料消耗总量的概念目前极不统一。国外多指混合料（包括干草粉和粗料）或饲料单位。国内有的只指混合精料，不包括青料或粗料。有的用消化能（Mcal或MJ）来表示。在列举时必须说明其单位，按重量计时为kg/kg，按消化能计时为Mcal/kg（或MJ/kg），按可消化粗蛋白质计时为g/kg；以上数据均计算至小数点后2位。

2. 生长发育的一般规律

(1) 生长速度的变化。生长速度是指整体与时间的关系。猪在生长过程中，是按指数比例增长的，绝对生长呈先慢后快又慢的规律，从幼龄的高速生长到减慢下降的过程出现一个转折点，大致在成年体重的40%，相当于母猪的初配年龄或肉猪的屠宰体重。当生长速度由转折点渐减，增长的内容变更，肉猪的利用饲料效率下降，后备猪的生理活动与营养代谢也发生转移。生长转折点出现得迟与早随品种、环境条件不同而异。在育肥猪生产上要抓住转折点前期阶段，充分发挥这一阶段的生长优势。也就是说，猪在6月龄以前增长速度最快，这个阶段饲料利用率也最高。

另外，还要有一个生长强度的概念，用相对生长来表示。肉猪的生长发育与后备猪相同。在正常的饲养管理条件下，绝对增重随年龄的增长而增加，其相对生长速度则随年龄的增长而降低，到了成年时即稳定在一定的水平上。这说明猪的年龄越小，增重速度越快；猪的年龄越大，绝对增重越高。

因此，加强育肥猪前期的培育条件，提高前期的生长速度，是节约饲料和缩短饲养期的关键。

(2) 猪体各部位与体组织增长规律。猪在生长发育期间，各组织生长速率不同，致使身体各部位生长早晚的顺序不一和体形出现年龄变化，这些变化是由两个生长波引起的。主生长波是从颅骨开始，向下伸向面部，向后移转到腰部，次生长波是由四肢下部开始，向上移行至躯干和腰部。两个生长波在腰部汇合。因此，仔猪出生时头和四肢相对较大，躯干短而浅，后腿发育很差。随着年龄和体重的增长，体高和身长首先增加，而后是深度和宽度增加。腰部则是最高生长速度表现最迟的部分，也是身体上最晚熟的部位。总之，从体形部位的变化来看，增长最快的是头、腿，其次是体长，最后才是体深和体宽。

猪体内骨骼、肌肉、脂肪、皮等组织的生长顺序和强度是不平衡的，而是随着年龄的增长，顺序有先有后，强度有大有小，有快有慢。虽然骨骼、肌肉、脂肪的增长与沉积遵循一定规律同时并进，但在不同时期和不同阶段各有侧重。骨骼是体组织的支架，最先发育，也是最先停止的，肌肉居中，而脂肪是晚熟组织。幼龄阶段沉积脂肪不多，后期加快，能量浓度越高，脂肪沉积越多，直到成年。皮肤的生长基本上随体重的增加而维持均衡的生长速度。一般育肥中期（60～70 kg）时，肌肉生长达到最高峰；后期（90～110 kg）时，脂肪生长达到最高峰（图 3-3-2）。

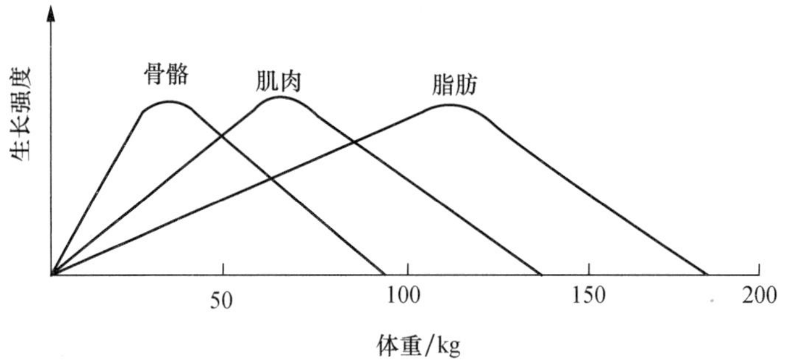

图 3-3-2　骨骼、肌肉、脂肪的生长高峰

因此，民间流传着“小猪长骨，中猪长肉，大猪长油”的说法，基本上反映了对猪体各组织生长规律的概括。虽然不同品种出现了强度的差异，但基本上呈现以上顺序规律。如脂肪型的猪成熟较早，各组织的强烈生长期也来得早，一般活重在 75 kg（如中国猪种）时已经肥满，脂肪和肌肉的比例已达到了屠宰适期；而腌肉型品种在同样体重时身体还在生长，蛋白质仍在较大的沉积，脂肪的比例较小。当然，生长与营养水平关系很大，营养水平低，生长强度小；营养水平高，生长强度大。

对养猪生产者来说，认识猪体各组织的生长发育规律非常重要。因为按照其生长发育规律创造适应某个阶段、某些组织生长发育所需要的营养条件，促进某些组织的生长发育，就能够在一定程度上提高猪的瘦肉率，达到人们所期望的育肥猪的肥育效果。

（3）内脏器官变化规律。猪生长期间各种内脏器官增长的速度不同。内脏器官生长的总规律是前期快、后期慢。内脏器官中胸腔器官生长发育早，在胚胎期即已发育完善；消化器官主要是在出生后才迅速发育和成熟的。

（4）化学成分变化规律。从幼猪全身化学成分变化比例看，水和脂肪变化最大，猪体一生中也是水和脂肪的变化最大。水分随年龄的增长而相对减少，脂肪随年龄的增大而逐渐增多，蛋白质（肌肉）稍降低，矿物质（骨骼）略降。

从增重成分看，年龄越大，增重部分所含水分越少，脂肪越多。蛋白质与矿物质在胚胎期与生后最初几个月增长很快，以后随年龄增长而渐减，但其含量在体重 45 kg（或 4 月龄）以后趋于稳定，而脂肪则迅速增长。同时，随着脂肪量的增加，饱和脂肪酸的含量也增加，而不饱和脂肪酸含量逐渐减少。

从表 3-3-1 可见，水分和脂肪的变化是较大的部分，如果去掉物质中的脂肪，蛋白质和矿物质的比例变化不大，比较稳定。

表 3-3-1 猪体化学组成

项目	分析头数/头	水分/%	脂肪/%	蛋白质/%	灰分/%	去脂干物质/%	
						蛋白质	矿物质
初生	3	77.95	2.45	16.25	4.06	80.00	19.99
25 d	5	70.67	9.74	16.56	3.06	84.40	15.60
45 kg	60	66.76	16.16	14.94	3.12	82.72	17.28
68 kg	6	56.07	29.08	14.03	2.85	83.12	16.88
90 kg	12	53.98	28.54	14.48	2.66	84.48	15.52
114 kg	40	51.28	32.14	13.37	2.75	82.94	17.06
136 kg	10	42.48	42.64	11.63	2.06	84.96	15.05

（5）体脂肪的储积和分布变化。育肥猪体脂肪主要是储积在腹腔、皮下和肌肉间的中性脂肪。以沉积早晚来看，一般以腹腔中沉积脂肪最早，皮下次之，肌肉间最晚；以沉积数量来看，腹腔脂肪最多，皮下次之，肌肉间最少；以沉积脂肪速度而言，腹腔内脂肪沉积最快，肌肉间次之，皮下脂肪最慢。腹腔脂肪又分为花油（肠周及网膜储积的脂肪）和板油（肾周脂肪和内腔及腹壁所储积的脂肪），储积的顺序是先花油，后板油。皮下脂肪的储积顺序也不一致，一般先从肩部开始，以背腰部为中心，由躯干的背上部再前后推移到整个背部，头部及四肢的皮下脂肪沉积最迟。肌肉的脂肪储积顺序是肌纤维束到肌纤维间，最后才是肌纤维内。

综上所述，猪的育肥过程与生长过程总的变化规律和生长曲线基本相似，只是在时间、速度和增长组织成分上有些不同。育肥猪生长时缩短了各个组织部位的生长发育时间，脂肪组织增长加快。主要特点是水分大幅度减少，脂肪组织大幅度增加，而且两者交叉消长。

为了达到预期的育肥效果，我们必须了解这些规律，因为这是组织好猪的饲养管理和育肥时的重要指导依据。掌握这些规律，主动而有效地加以利用，可以根据不同生长发育阶段和营养需要的特点，采用科学的饲养方式，不断提高养猪的生产水平。

【岗位工作检查清单】

（1）保育舍和育肥舍能否做到“全进全出”，每一批猪转出后是否对猪舍进行了彻底的清洗、消毒和空舍。

（2）保育舍进猪前舍内温度是否达到要求，保育舍温度设定是否考虑到体重较小的猪对圈舍温度的要求，舍内温度是否随着猪体重的增加进行了及时调整。

（3）断奶仔猪转入保育舍后是否存在激烈打斗、咬尾、咬耳等情况，若存在，是否分析原因并进行针对性的处理。

（4）仔猪断奶前是否进行了充分的补料，断奶后是否执行了严格的饲料过渡。

(5) 每栏饲养的猪数量是否合适，体重差异是否在合理的范围内，弱猪是否及时挑出，另分组群，并给予额外的照顾。

(6) 及时统计断奶期间腹泻发生的比例，分析腹泻的原因，并给予针对性的处理。

(7) 认真测算断奶期间仔猪生长受阻的时间，全面分析原因，并采取合理的措施使其最大限度缩短。

(8) 是否针对不同阶段猪生长发育的营养需要及时调整饲料配方，是否对保育和育肥阶段的料肉比进行了认真测算，料肉比是否在合适的范围内。

(9) 是否按要求执行了驱虫程序，育肥猪的用药是否严格遵守禁药期。

(10) 圈舍料槽和饮水器的数量是否能满足猪群采食和饮水的需要，饮水器安装的高度是否合适，水流速度是否达到要求。

(11) 圈舍是否按要求进行清扫，舍内空气质量是否达标，尤其是冬季圈舍密闭情况下，更应该关注猪舍内的空气质量。

(12) 料槽中的剩料是否及时清理，是否存在猪采食霉变饲料的情况。

(13) 育肥猪的销售体重是否合适，销售体重的确定是否综合考虑消费者对肉质的要求、育肥成本和销售价格，并根据相关因素的变化进行动态调整。

【业务经验】

一、 仔猪早期断奶生长抑制解决方案

1. 减少断奶应激反应

要解决仔猪早期断奶生长抑制，必须解决营养应激、生理应激和环境应激等问题。

(1) 早期诱食。在仔猪出生后 7 d，使用高质量的教槽饲料进行诱食，使仔猪胃肠系统能提早适应固体饲料的消化。

(2) 断奶仔猪原栏饲养。断奶时把母猪赶回配怀舍，仔猪仍留在原栏饲养，并喂给原来同样的教槽饲料，使其离开母猪的环境条件暂不改变，以减少仔猪环境应激的影响，1 周后再转到保育舍。

(3) 断奶仔猪分餐饲养。断奶后第 1 周控制饲喂量，改自由采食为分餐饲喂，并供给清洁的饮水，3 d 后逐渐增加饲喂量，1 周后再过渡到自由采食，以防仔猪断奶后采食过多的饲料，造成消化不良而诱发胃肠炎。

(4) 保育舍应保持干燥、清洁。寒冷常常是引起仔猪腹泻和呼吸道疾病的诱因，断奶后 2 周内仔猪环境温度应为 28～30 ℃，以后逐渐降至 20～23 ℃并保持稳定，相对湿度保持在 65%～75%。

2. 应用添加剂

(1) 应用酶制剂。在早期断奶仔猪的饲料中添加酶制剂，可弥补仔猪体内各种消

化酶的缺乏，保证仔猪的正常消化吸收功能，消除消化不良，促进生长。

（2）应用酸化剂。早期断奶仔猪生长抑制的原因之一，是胃内酸度低。在早期断奶仔猪饲料中应用酸化剂是克服生长抑制的一项重要措施。添加有机酸，可以降低pH，增加胃内酸度，提高胃蛋白酸的活性；有利于胃肠道内乳酸菌等有益菌的生长，可在一定程度上抑制大肠杆菌等有害菌的繁殖，保持肠道微生物平衡。例如在早期断奶仔猪日粮中，添加1.5%～2.0%的柠檬酸。

（3）应用预防性药物。例如，在仔猪断奶前1周和断奶后1个月的仔猪饲料中添加抗生素，明显提高了日增重，呼吸道疾病和腹泻基本上没有发生。同时添加诱食剂可改变饲料中的不良气味，刺激消化道的活动，促进唾液、胰液和胃液分泌，提高仔猪的采食量。

（4）驱虫添加剂。在猪群适应断奶应激后，及时对全群进行驱虫，以避免寄生虫感染而造成生长缓慢。

采用减少断奶应激反应和应用添加剂两种方法，克服早期断奶仔猪生长抑制，为后期的生长发育创造了良好的条件，为培育出更多品质优良的种猪创造了条件。

二、 减少断奶仔猪腹泻的措施

仔猪产生腹泻有病毒性、细菌性、营养性、环境性等原因。这里讨论的主要是非传染性腹泻。

1. 仔猪腹泻产生与仔猪生理特点的关系

（1）饲粮蛋白抗原过敏。

（2）仔猪消化机能不健全，消化酶谱不适应断奶后日粮组分。

（3）营养因子缺乏，如仔猪缺乏维生素（如叶酸、烟酸、泛酸等），矿物质或其他必需营养物质（如微量元素锌、硒、铁、铜等）而出现下痢，病仔猪排淡黄色、白色、灰绿色糊糊状或水样恶臭稀粪。

（4）应激因素，包括心理应激（母仔分离）、环境应激（猪舍变化、温湿度变化、重新组群等）和营养应激（母乳转为饲料）。

2. 减少非传染性腹泻的措施

（1）加强母猪饲养，妊娠母猪喂全价料，保持营养平衡，防止维生素A、维生素D、维生素E、维生素C及矿物质缺乏，以保持胎儿正常发育；后期加喂精料，特别注意能量供给，以增加初生重；同时在母猪料中加入低分子脂肪酸，以提高母源抗体水平。

（2）及时补料，抓旺食，逐渐适应断奶后所用饲料，并锻炼肠道消化固体饲料的能力。仔猪3周龄时体重应大于5 kg，并在哺乳期间已能每天采食200 g固体饲料，整个哺乳期至少600 g的采食量是可能使仔猪建立免疫耐受的补饲量。

（3）做好“两维持”“三过渡”。

（4）仔猪饲料应该是高能量、高蛋白、营养全价、适口性好、易消化的饲料，最好使用颗粒料，同时正确选择添加剂，注意加入抗生素、益生素、维生素 E、硒合剂、砷制剂等。

（5）注意及时清槽，防止饲喂发霉变质饲料，注意补充电解质，做好三周后的驱虫。

（6）断奶后 10 d 内不要注射疫苗，避免应激。

（7）控制好保育舍的温度，设定温度时要考虑同批次中最小的猪，注意观察猪群睡卧的姿势以判断舍内温度是否合适；随着保育猪体重的增加，逐步降低舍内温度，到体重 11 kg 时降至 24 ℃。

三、 断奶后影响仔猪生长缓慢的因素

一项关于过去 8 年中的 180 个研究和农场试验的调查，记录了下列导致断奶后仔猪生长受阻的因素（表 3-3-2）。这些因素都是在没有其他干扰因素的情况下单独被测量的。

表 3-3-2 导致断奶后仔猪生长缓慢的因素

因素	断奶后生长发育受阻的天数/d
饲养密度超过正常值 15%	2～3
未使用教槽料	2
未使用现代化的过渡料配方	3
劣质的颗粒料（太硬/太脏）	1
对断奶仔猪的混群技术不熟练	2
太冷（低于下限临界温度 3 ℃）	3
太热（高于蒸发临界温度 2 ℃）	2
水压过低	2
料槽空间不够	1～3
脏的料槽	2
喂料器的下料装置不合理	2
存在霉菌毒素	2
劣质的地板	2

在某个农场中同时发现 3～5 个明显的错误操作是常见的。这将使断奶后生长受阻的时间从 2～3 d 增加到 9～10 d。断奶时多饲养的 7～9 d 时间通常在饲养至屠宰的过程中会被放大，轻则 2 倍，重则 3 倍。

因此，快速度过断奶期是影响猪场经济效益的一个主要因素。

四、光照对保育猪采食量的影响

仔猪断奶后需要足够的时间来学习如何采食饲料，不同个体的仔猪学会采食饲料的时间会存在很大差异，有时最慢的仔猪可能需要花费 3 d 时间才会开始采食饲料。同时它们需要通过观察同栏仔猪的采食来学习如何进行采食。断奶仔猪在黑暗的环境下不会采食，延长光照时间可以提升采食量（表 3-3-3）。因此断奶仔猪转移到保育舍前 3 d 要提供 24 h 的光照，这将大大有利于断奶仔猪尽快学会采食饲料并提高采食量。

表 3-3-3　在不同光照时间下刚断奶仔猪日均采食量

参数	光照时间表	
	8 h 光照，16 h 黑暗	23 h 光照，1 h 黑暗
仔猪数/头	20	20
第一周日均采食量/（g/d）	121	140
第二周日均采食量/（g/d）	302	418
全期日均采食量/（g/d）	218	289

五、不同阶段猪饮水器安装高度

饮水器与水管成 90°角安装时要与猪肩部的高度相齐，成 45°角向下倾斜时要高出猪背部高度 5 cm，碗式饮水器的安装高度在 20～25cm，饮水器高度过低会增加水的浪费。饮水器安装高度见表 3-3-4。

表 3-3-4　饮水器安装高度

猪的体重/kg	日饮水量/L	90°饮水器高度/mm	45°饮水器高度/mm	流速/（L/min）	每栏个数
断奶至 30 kg	0.7～3.3	250	350	0.8	2
30 kg	3.3	450	550	0.8～1.2	2
50 kg	5	550	650	1.5	2
100 kg	7.9	700	750	1.5	2

六、提高生长育肥猪生产力的主要技术措施

评定生长育肥猪生产力的主要指标分为 3 部分，即生长速度、饲料转化率、胴体与肉质。生长速度通常以日增重来表示，单位为 g/d，即生长、育肥期间猪的增重与饲养天数之比。饲料转化率是指生长、育肥期间平均每公斤增重所消耗的混合饲料量，也称耗料增重比。胴体与肉质则包括屠宰率、膘厚、眼肌面积、瘦肉率、肉色、pH、系水力、肌肉大理石纹、熟肉率等。影响生长育肥猪生产力的因素是多方面的，既有遗传因素，也有营养、环境等因素，且各因素之间相互影响、相互制约。因此，在饲

养实践中必须抓住主要矛盾，采取综合有效的措施。

1. 选好猪苗

（1）选择优良品种及适宜的杂交组合。不同品种或品系之间进行杂交，利用杂种优势，是提高生长育肥猪生产力的有效措施。在我国，大多利用二元和三元杂种猪育肥。瘦肉型猪种与兼用型猪种和脂肪型猪种相比较，其对能量和蛋白质的利用率更高，增重快，耗料省，瘦肉率高。我国地方猪种的增重速度和饲料转化率不及长白猪等瘦肉型猪种，其胴体短、膘厚、脂肪多、瘦肉少，但是我国猪种对粗纤维的消化率较高，且肉质优良。

通过杂交所得到的后代，生活力强，增重快，饲料转化率高。但是，不同杂交方式及不同环境条件下杂交效果不同，不同杂交组合的杂交效果也不同，因而对杂交组合进行筛选极为重要。三元杂交比二元杂交效果更为显著。最常见的杂交组合是杜长大。

（2）体壮强大。初生重和断奶重越大的仔猪，肥育期生长越快，饲料利用率越高，因此必须重视妊娠母猪的饲养管理和仔猪的培育。

（3）体型好。肋骨开张，胸深大，管围粗和骨骼粗成正比。这样的猪饲料利用率高，胸深的猪背膘薄而瘦肉多。

（4）健康无病。仔猪健康无病的特征：两眼明亮有神，被毛光滑有光泽，站立平稳，呼吸均匀，反应灵敏，行动灵活，摇头摆尾或尾巴上卷，叫声清亮，鼻镜湿润，随群出入；粪软尿清，排便姿势正常；主动采食，食欲旺盛。

2. 适宜的饲粮营养水平

饲粮营养水平是指猪一昼夜采食的营养物质总量，采食的总量越多，则饲粮营养水平越高。对猪肥育效果影响最大的是能量和蛋白质水平。

（1）能量水平。在蛋白质、氨基酸水平一定的情况下，一定限度内能量采食越多则增重越快，饲料利用率越高，沉积脂肪越多，胴体瘦肉率越低。故在兼顾肥育性能和胴体组成的变化时，能量水平必须适度。但不同的品种、类型、性别的猪都有自己的最宜能量水平。为了防止胴体过肥，在育肥后期要实行限制饲养。

（2）蛋白质和必需氨基酸水平。前期（20～55 kg）为16%～17%，后期（55～90 kg）为14%～16%，同时要注意氨基酸含量。猪需要10种必需氨基酸，缺乏任何一种都会影响增重，赖氨酸、蛋氨酸和色氨酸的影响更为突出。当赖氨酸占粗蛋白质6%～8%时（占风干饲粮0.8%～1%），饲粮蛋白质的生物学价值最高。

（3）粗纤维水平。猪为单胃动物，对粗纤维的利用效率低。一定条件下，适当提高可降低能量摄入，提高瘦肉率。粗纤维水平应控制在6%～8%（建议量：小猪低于4%，肥育期低于8%，成年猪可达10%～12%）。猪对粗纤维的利用率因品种、饲粮的消化能、蛋白质水平、粗纤维本身的来源等而异。

【工作任务实施记录与评价】

1. 断奶仔猪培育

<table>
<tr><td rowspan="2">师傅指导记录</td><td colspan="5">断奶仔猪培育</td><td>评价成绩</td></tr>
<tr><td>工作任务</td><td>优</td><td>良</td><td>中</td><td>差</td><td rowspan="4"></td></tr>
<tr><td rowspan="7"></td><td>保育舍的清洗消毒</td><td></td><td></td><td></td><td></td></tr>
<tr><td>断奶日龄和断奶方案的确定</td><td></td><td></td><td></td><td></td></tr>
<tr><td>断奶仔猪的转群</td><td></td><td></td><td></td><td></td></tr>
<tr><td>断奶仔猪“两维持”“三过渡”</td><td></td><td></td><td></td><td></td><td>评价时间</td></tr>
<tr><td>断奶仔猪的合理分群</td><td></td><td></td><td></td><td></td><td rowspan="3">年　月　日</td></tr>
<tr><td>断奶仔猪的“三区定位”</td><td></td><td></td><td></td><td></td></tr>
<tr><td>保育舍环境控制</td><td></td><td></td><td></td><td></td></tr>
</table>

2. 育肥猪饲养管理

<table>
<tr><td rowspan="2">师傅指导记录</td><td colspan="5">育肥猪饲养管理</td><td>评价成绩</td></tr>
<tr><td>工作任务</td><td>优</td><td>良</td><td>中</td><td>差</td><td rowspan="2"></td></tr>
<tr><td rowspan="5"></td><td>育肥猪舍进猪前的清洗消毒</td><td></td><td></td><td></td><td></td></tr>
<tr><td>育肥猪的合理分群</td><td></td><td></td><td></td><td></td><td>评价时间</td></tr>
<tr><td>育肥猪的“三区定位”</td><td></td><td></td><td></td><td></td><td rowspan="3">年　月　日</td></tr>
<tr><td>育肥猪舍环境控制</td><td></td><td></td><td></td><td></td></tr>
<tr><td>育肥猪屠宰体重的确定</td><td></td><td></td><td></td><td></td></tr>
</table>

3. 学徒关键职业能力及职业品质、工匠精神评价

项目	优	良	中	差
工作态度				
吃苦耐劳				
团队协作				
沟通交流				
学习钻研				
认真负责				
诚实守信				

附表　猪场常用记录表格

附表 1　饲料加工记录表

产品名称：

日期	序号	玉米	豆粕	麸皮	鱼粉	棉粕	植物油	…	预混料 浓缩料	执行人	监控人
…											

附表 2　配种记录

配种前栋号	母猪档案号	配种顺序号	种母猪			与配公猪		配种日期	预产日期	断奶/上次配种日期	配后调入栋舍
			品种	耳号	胎次	品种	耳号				
…											

填报日期：　　年　　月　　日　　　　　　　　填表人：　　　　监控人：

附表 3　饲料/饲料原料检测记录表

日期	饲料/原料名称	检测成分及含量	检测机构	检测结果	化验员	记录人	监控人
…							

附表 4　药物休药期列表

药物名称	休药天数	药物名称	休药天数	药物名称	休药天数
…					

附表 5　饲料消耗记录

栋号：　　　　　　　　　　　　饲养员：　　　　　　猪类别：

日期	生理日龄	头数	料号	进料量/kg	日均耗料/头	气温	备注
…							

附表 6　种母猪断奶配种记录

批次	母猪档案号	哺乳舍		品种	耳号	胎次	断奶日期	发情配种日期	空怀天数	断奶14天日期	淘汰日期
		栋号	栏号								
…											

附表 7　种猪淘汰记录表

序号	日期	栋号	品种	耳号	胎次	原因
…						

附表 8　生猪死淘记录表

日期	栋栏号	耳号	日龄	死淘数量	死淘原因	处理方法	饲养员	监控人	记录人
…									

附表 9　转群记录表

转群时间	转出栋号	日龄	数量	平均个体重	转入栋号	饲养员		监控人	记录人
						转出栋号	转入栋号		
…									

附表 10　种猪生长发育记录

测定日期			猪耳号	品种	日龄	体重	体长	胸围	体高	膘厚	腿臀围	膘情
年	月	日										
…												

附表 11　种猪出场销售记录

场名：

日期	品种	耳号	性别	日龄	体重/kg	检疫证编号	消毒证编号	客户信息			回访情况	销售人
								姓名	地址	联系电话		
…												

附表 12 商品猪销售记录

基地场：

日期	栋栏号	头数	单价/kg	重量	日龄	出场批号	产地检疫证编号	消毒证编号	购买者	销售人
…										

附表 13 免疫记录

日期	栋栏号	头数	疫苗名称	剂量	疫苗批号	有效期至	厂家	免疫人	监控人
…									

附表 14 消毒记录

日期	消毒剂名称	消毒对象和范围	配制浓度	消毒方式	操作者	监控人
…						

附表 15 治疗用药记录

日期	栋栏号	日龄	耳号	主要临床症状	处方	休药期	治疗后情况	兽医	监控人
…									

附表 16 兽药疫苗验收记录

日期	名称	厂家	供货商	批准文号	批号	数量	有效期至	验收方法			记录人	监控人
								生产经营许可证*	进口经营许可证*	不含违禁药物说明书		
…												

注：* 在对应栏内有证打“√”，无证打“×”

附表 17　病猪隔离记录

编号：

隔离日期	发病栋栏号	头数	发病症状	疑似病	隔离舍栋栏号	隔离天数	出隔离舍头数	移入栋号	兽医	监控人
…										

附表 18　兽药、疫苗采购记录

基地（场）名称：

日期	品名	数量	生产厂家	批准文号	有效日期	用途	验收人
…							

附表 19　种公猪采精记录表

采精日期	品种	耳号	采精量/mL	活力	密度/(亿个/mL)	总精子数	稀释倍数	稀释液量	头份	每头份精子数	操作人	备注
…												

附表 20　隔离观察期间引进种猪异常情况记录

日期	引进种猪异常情况（病/采食/发育等）记录	处理措施	处理后情况
…			

附表 21　防疫监测记录

编号：

采样日期	圈舍号	采样数量	监测项目	监测单位	监测结果	处理结果	备注
…							

附表 22　种母猪档案记录表

编号：

妊娠舍栋号	母猪档案号	配种顺序号	母猪品种	耳号	胎次	公猪品种	公猪耳号	配种日期	预产期	返情情况	淘汰	流产	空怀	哺乳舍栋号	栏号	分娩日期	活仔数	死胎、木乃伊数	出生窝重	出生平均重
…																				

附表 23　药物保健、驱虫记录

编号：

饲喂起止日期	栋号	头数	起止日龄	药物名称	加药量	加药方法	饲喂天数	操作人	记录人	监控人
…										

附表 24　引种种猪隔离观察记录

编号：

进场日期	品种	数量	来源地	供种单位	检疫证编号	隔离开始日期	隔离终止日期	隔离天数	隔离检疫结果	兽医
…										

附表 25　产仔记录

编号：

产仔日期	栏号	母猪品种	母猪耳号	胎次	总产仔数	活仔数	弱仔数	死胎	木乃伊	窝重	个体重	活淘数	活淘原因	接产员	监控人	记录人
…																

附表 26　母猪档案卡

序号：

品种		耳号		产地		出生日期		进场日期	
出生重		乳头数	左： 右：	断奶重		初配年龄		离场原因	
父		母		祖父		祖母		外祖父	
								外祖母	

胎次	配种				妊娠舍号	分娩舍号	产仔情况										断奶		配种员	接产员	配种顺序号
	日期	与配公猪					预产期	分娩日期	总数	活仔	弱仔	死胎	窝重	寄出	寄入	日期	头数	窝重			
		品种	耳号	方式																	
…																					

参考文献

［1］［英］John Gadd. 现代养猪生产技术：告诉你猪场盈利的秘诀［M］. 周绪斌，张佳，潘雪男，译. 北京：中国农业出版社，2015.

［2］俞正军，温志斌，李伦勇. 猪海拾贝［M］. 北京：中国农业科学技术出版社，2017.

［3］符开星. 北京六马标准养猪模式［M］. 北京：中国农业出版社，2009.

［4］代广军，吴志明，苗连叶. 规模养猪精细管理及新型疫病防控技术［M］. 北京：中国农业出版社，2006.

［5］［美］Palmer JH，Ensminger ME. 养猪学. 7 版［M］. 王爱国译. 北京：中国农业大学出版社，2011.

［6］赵书广. 中国养猪大成［M］. 北京：中国农业出版社，2000.

［7］王林云. 现代中国养猪［M］. 北京：金盾出版社，2007.

［8］顾招兵，徐顺来，刘作华，等. 国外养猪业现状与发展趋势［J］. 畜牧与兽医，2012，44（7）：88-92.

［9］王振华. 中国从养猪大国走向养猪强国的探索之路［J］. 养殖与饲料，2013，7：1-10.